高等院校理工·经管类专业教材

线性代数

何志芳　朱平天　主编

王志华　肖艳艳　段红星　编

东南大学出版社

·南京·

内 容 提 要

本书是以教育部工科类、经济管理类本科教学基础课程教学基本要求为依据编写的通用教材。

本书内容分为:行列式、矩阵及其初等变换与解线性方程组、矩阵的运算、向量的线性相关性与线性方程组的解的结构、特征值与特征向量、二次型、线性空间与线性变换等七章。各章均配有一定数量的习题,书末附有习题参考答案。

根据多年的教学经验,本书将矩阵的初等变换这一简单实用且强有力的工具贯穿使用于全书,既便于教又便于学,是本书的一个特色。

本书可作为高等院校理工、经管各类专业的线性代数课程的使用教材或教学参考书。

图书在版编目(CIP)数据

线性代数/何志芳,朱平天主编.—南京:东南大学出版社,2010.9(2019.7重印)

ISBN 978-7-5641-2375-8

Ⅰ.①线… Ⅱ.①何…②朱… Ⅲ.①线性代数 Ⅳ.①O151.2

中国版本图书馆 CIP 数据核字(2010)第 157272 号

出版发行	东南大学出版社
社　　址	南京市四牌楼 2 号(邮编:210096)
出 版 人	江建中
经　　销	江苏省新华书店
印　　刷	兴化印刷有限责任公司
开　　本	700mm×1000mm 1/16
印　　张	10.75
字　　数	220 千
版　　次	2010 年 9 月第 1 版　2019 年 7 月第 4 次印刷
书　　号	ISBN 978-7-5641-2375-8
印　　数	7 601—9 100 册
定　　价	19.80 元

本社图书若有印装质量问题,请直接与营销部联系。电话(传真):025—83791830

修订前言

本书第一版自2010年出版以来，我们已经供两届学生使用，总体效果良好。在教学实践中，大家对该书的体系等作出了肯定的评价，但也提出了一些意见和建议，我们据此对部分内容做了修改，成为现在的修订版。

本次修订主要是针对书中有关概念、定理及其证明等的表述方法，我们力求使修订后的本书更加科学、更加严谨、更加通俗易懂、更加易教易学。

本次修订工作由南京师范大学何志芳承担。

最后，我们要向关心本书和对这次修订工作提供帮助的人们表示最衷心的谢意。我们还要感谢东南大学出版社对本书的关心和支持。

编　者

2012年4月

前　言

本书内容分为：行列式、矩阵及其初等变换与解线性方程组、矩阵的运算、向量的线性相关性与线性方程组的解的结构、特征值与特征向量、二次型、线性空间与线性变换等七章。各章均配有一定数量的习题，书末附有习题参考答案。

本书可作为高等院校理工、经管各类专业的线性代数课程的使用教材或教学参考书。

南京师范大学何志芳副教授、朱平天教授给出了本书的整体思路、知识体系、各章节的目录、主要知识点的分布与衔接等。南京师范大学泰州学院王志华、肖艳艳、段红星老师编写了各章节。其中第一章、第四章由肖艳艳老师执笔，第二章、第三章由段红星老师执笔，第五章、第六章、第七章由王志华老师执笔，全书由何志芳、朱平天负责统稿。

书稿完成后，2009 年在南京师范大学泰州学院经过一轮试用，在此期间各任课教师提出了不少宝贵意见，在此一并表示衷心感谢！

本书将矩阵的初等变换这一简单实用且强有力的工具贯穿使用于全书，既便于教又便于学，希望能形成特色。但限于编者的水平，书中难免会有不少疏漏和不当之处，恳请广大读者不吝赐教。

编　者

2010 年 6 月

目　　录

第一章　行　列　式

行列式的概念源于线性方程组的求解问题，行列式是研究线性代数的重要工具，它在自然科学的许多领域有着广泛的应用. 本章主要介绍行列式的定义、性质、计算方法与简单应用.

§1　二阶、三阶行列式

一、二阶行列式与二元线性方程组

考虑二元线性方程组

$$\begin{cases} a_{11}x_1 + a_{12}x_2 = b_1 \\ a_{21}x_1 + a_{22}x_2 = b_2 \end{cases}, \tag{1}$$

我们用消元法来解这个方程组. 用 a_{22} 乘第一个方程，再用 a_{12} 乘第二个方程，然后两式相减，得

$$(a_{11}a_{22} - a_{12}a_{21})x_1 = b_1a_{22} - a_{12}b_2.$$

类似地，可得

$$(a_{11}a_{22} - a_{12}a_{21})x_2 = a_{11}b_2 - b_1a_{21}.$$

若 $a_{11}a_{22} - a_{12}a_{21} \neq 0$，则可求得方程组(1)的解为：

$$x_1 = \frac{b_1a_{22} - a_{12}b_2}{a_{11}a_{22} - a_{12}a_{21}},\ x_2 = \frac{a_{11}b_2 - b_1a_{21}}{a_{11}a_{22} - a_{12}a_{21}}. \tag{2}$$

这是方程组(1)的公式解. 为了便于记忆，我们引入二阶行列式的概念.

将 4 个数排成 2 行 2 列，

记

$$\begin{vmatrix} a_{11} & a_{12} \\ a_{21} & a_{22} \end{vmatrix} = a_{11}a_{22} - a_{12}a_{21}, \tag{3}$$

并将这样规定的 $\begin{vmatrix} a_{11} & a_{12} \\ a_{21} & a_{22} \end{vmatrix}$ 称为**二阶行列式**.

二阶行列式可用对角线法则来记忆，见图 1.1. 把 a_{11} 到 a_{22} 的连线称为主对角

线，用实线表示，a_{12} 到 a_{21} 的连线称为次对角线，用虚线表示，于是二阶行列式便是主对角线上的元素之积与次对角线上的元素之积的差.

根据这个规定，若记 $D=\begin{vmatrix} a_{11} & a_{12} \\ a_{21} & a_{22} \end{vmatrix}=a_{11}a_{22}-a_{12}a_{21}$，

$$D_1=\begin{vmatrix} b_1 & a_{12} \\ b_2 & a_{22} \end{vmatrix}=b_1a_{22}-a_{12}b_2,\ D_2=\begin{vmatrix} a_{11} & b_1 \\ a_{21} & b_2 \end{vmatrix}=a_{11}b_2-b_1a_{21},$$

则当 $D\neq 0$ 时，方程组(1) 的解(2) 可表示为：$x_1=\dfrac{D_1}{D},\ x_2=\dfrac{D_2}{D}$.

我们把二阶行列式(3)的横排称为**行**，竖排称为**列**. 数 a_{ij} $(i=1,\ 2;\ j=1,\ 2)$ 称为行列式(3) 的**元素**. 元素 a_{ij} 的第一个下标 i 指示该元素所在的行，称为**行标**，第二个下标 j 指示它所在的列，称为**列标**. 例如元素 a_{21} 位于行列式的第二行第一列.

例 1 求解二元线性方程组

$$\begin{cases} 5x_1-3x_2=1 \\ 4x_1+2x_2=14 \end{cases}.$$

解 由于 $D=\begin{vmatrix} 5 & -3 \\ 4 & 2 \end{vmatrix}=22\neq 0$，又

$$D_1=\begin{vmatrix} 1 & -3 \\ 14 & 2 \end{vmatrix}=44,\ D_2=\begin{vmatrix} 5 & 1 \\ 4 & 14 \end{vmatrix}=66,$$

因此 $x_1=\dfrac{D_1}{D}=\dfrac{44}{22}=2,\ x_2=\dfrac{D_2}{D}=\dfrac{66}{22}=3$.

二、三阶行列式与三元线性方程组

将 9 个数排成 3 行 3 列，

记

$$\begin{vmatrix} a_{11} & a_{12} & a_{13} \\ a_{21} & a_{22} & a_{23} \\ a_{31} & a_{32} & a_{33} \end{vmatrix}=a_{11}a_{22}a_{33}+a_{12}a_{23}a_{31}+a_{13}a_{21}a_{32}$$

$$-a_{13}a_{22}a_{31}-a_{12}a_{21}a_{33}-a_{11}a_{23}a_{32},$$

并将这样规定的 $\begin{vmatrix} a_{11} & a_{12} & a_{13} \\ a_{21} & a_{22} & a_{23} \\ a_{31} & a_{32} & a_{33} \end{vmatrix}$ 称为**三阶行列式**.

三阶行列式有 6 项，每项均为不同行不同列的三个元素的乘积，再冠于正负号，见图 1.2. 图中三条实线看作是平行于主对角线的连线，三条虚线看作是平行于次对角线的连线，实线上三元素的乘积冠正号，虚线上三元素的乘积冠负号.

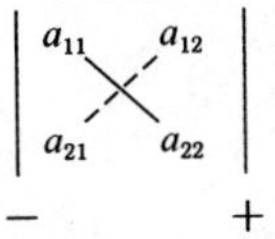

图 1.1

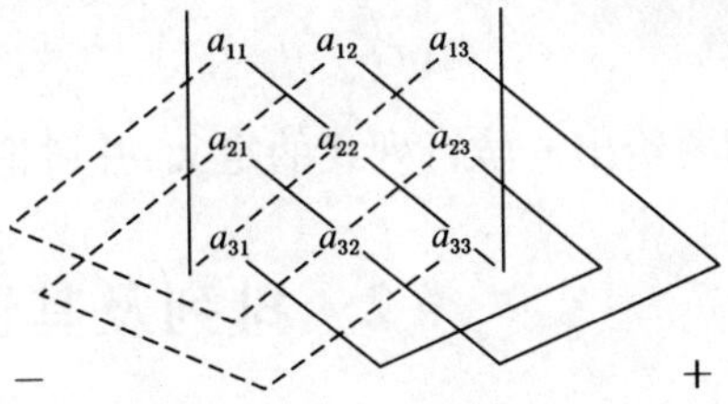

图 1.2

例 2　计算三阶行列式 $D=\begin{vmatrix} 2 & -1 & 3 \\ -3 & 0 & 1 \\ 4 & 1 & -2 \end{vmatrix}$.

解　依据对角线法则，可得

$$\begin{aligned} D &= 2\times 0\times(-2)+(-1)\times 1\times 4+3\times(-3)\times 1 \\ &\quad -3\times 0\times 4-(-1)\times(-3)\times(-2)-2\times 1\times 1 \\ &= 0+(-4)+(-9)-0-(-6)-2=-9. \end{aligned}$$

另外，对三元线性方程组

$$\begin{cases} a_{11}x_1+a_{12}x_2+a_{13}x_3=b_1 \\ a_{21}x_1+a_{22}x_2+a_{23}x_3=b_2, \\ a_{31}x_1+a_{32}x_2+a_{33}x_3=b_3 \end{cases}$$

若记 $D=\begin{vmatrix} a_{11} & a_{12} & a_{13} \\ a_{21} & a_{22} & a_{23} \\ a_{31} & a_{32} & a_{33} \end{vmatrix}$，$D_1=\begin{vmatrix} b_1 & a_{12} & a_{13} \\ b_2 & a_{22} & a_{23} \\ b_3 & a_{32} & a_{33} \end{vmatrix}$，$D_2=\begin{vmatrix} a_{11} & b_1 & a_{13} \\ a_{21} & b_2 & a_{23} \\ a_{31} & b_3 & a_{33} \end{vmatrix}$，$D_3=\begin{vmatrix} a_{11} & a_{12} & b_1 \\ a_{21} & a_{22} & b_2 \\ a_{31} & a_{32} & b_3 \end{vmatrix}$.

则当 $D\neq 0$ 时，通过计算可知该方程组的解可表为

$$x_1=\frac{D_1}{D},\ x_2=\frac{D_2}{D},\ x_3=\frac{D_3}{D},$$

本章要把这个结果推广到 n 元线性方程组

$$\begin{cases} a_{11}x_1 + a_{12}x_2 + \cdots + a_{1n}x_n = b_1 \\ a_{21}x_1 + a_{22}x_2 + \cdots + a_{2n}x_n = b_2 \\ \cdots\cdots\cdots\cdots\cdots\cdots\cdots\cdots \\ a_{n1}x_1 + a_{n2}x_2 + \cdots + a_{nn}x_n = b_n \end{cases}$$

上. 为此,我们要给出 n 阶行列式的定义,并讨论它的性质与计算.

§2 排列及其逆序数

为了定义 n 阶行列式,我们引入排列的概念,并讨论排列的一些性质.

定义 1 由 1, 2, …, n 组成的一个有序数组称为一个 n **级排列**.

例如,4132 是一个 4 级排列,3421 也是一个 4 级排列,而 24135 是一个 5 级排列.

易见,n 级排列的总数为 $n\cdot(n-1)\cdot(n-2)\cdots 2\cdot 1 = n!$.

定义 2 在一个排列中,如果某两个数满足前面的数大于后面的数,则称这两个数组成一个**逆序**.

例如,在排列 4132 中,逆序有 41, 43, 42, 32. 而排列 24135 中的逆序有 21, 41, 43.

定义 3 一个排列中逆序的总数称为这个排列的**逆序数**.

一般,我们可记一个排列 $j_1j_2\cdots j_n$ 的逆序数为 $\tau(j_1j_2\cdots j_n)$. 于是,$\tau(4132)=4$,$\tau(24135)=3$.

由定义 3 可知,若记 τ_{j_s} 为排列 $j_1j_2\cdots j_n$ 中位于 j_s 之前且比 j_s 大的数的个数,则 $\tau(j_1j_2\cdots j_n)=\tau_{j_1}+\tau_{j_2}+\cdots+\tau_{j_n}$. 例如 $\tau(4132)=\tau_4+\tau_1+\tau_3+\tau_2=0+1+1+2=4$.

定义 4 逆序数为偶数的排列称为**偶排列**,逆序数为奇数的排列称为**奇排列**.

因而,排列 4132 为偶排列,排列 24135 为奇排列. 对排列 $12\cdots n$,由于其中各数按从小到大的自然顺序排列,因此称为**自然排列**. 易见,自然排列是一个逆序数为零的偶排列.

我们把互换一个排列中某两个数的位置,而其余的数不动的变换称为一个**对换**. 例如对偶排列 4132 中 3 与 4 实施对换,就可以得到排列 3142,而这个排列是个奇排列. 一般地,我们有

定理 1 对换改变排列的奇偶性.

证 先证对换排列中相邻两个数的情形.

设排列为 $a_1a_2\cdots a_sabb_1b_2\cdots b_t$,对换 a 与 b 后的排列为 $a_1a_2\cdots a_sb'a'b_1b_2\cdots b_t$,其

中 $a'=a$, $b'=b$. 并以 τ_i 表示排列中位于数 i 之前且比 i 大的数的个数. 则

$$\tau(a_1a_2\cdots a_s abb_1b_2\cdots b_t)=\tau_{a_1}+\tau_{a_2}+\cdots+\tau_{a_s}+\tau_a+\tau_b+\tau_{b_1}+\tau_{b_2}+\cdots+\tau_{b_t},$$

该和记为 l_1.

$$\tau(a_1a_2\cdots a_s b'a'b_1b_2\cdots b_t)=\tau_{a_1}+\tau_{a_2}+\cdots+\tau_{a_s}+\tau_{b'}+\tau_{a'}+\tau_{b_1}+\tau_{b_2}+\cdots+\tau_{b_t},$$

该和记为 l_2.

若 $a<b$,则 $\tau_{a'}=\tau_a+1$, $\tau_{b'}=\tau_b$. 从而 $l_2=l_1+1$.

若 $b<a$,则 $\tau_{a'}=\tau_a$, $\tau_{b'}=\tau_b-1$. 从而 $l_2=l_1-1$.

可见,l_1 与 l_2 的奇偶性不相同. 因此,对换排列中相邻两数改变排列的奇偶性.

再证对换排列中任意两个数的情形.

设排列为 $a_1a_2\cdots a_s ab_1b_2\cdots b_t bc_1c_2\cdots c_l$. 欲对换 a 与 b,于是将 a 依次与 b_1, b_2, $\cdots b_t$, b 对换,得到排列 $a_1a_2\cdots a_s b_1b_2\cdots b_t bac_1c_2\cdots c_l$,再将 b 依次与 b_t, $\cdots$, b_2, b_1 对换,从而实现了 a 与 b 的对换.

而上述过程共经 $(t+1)+t=2t+1$ 次相邻两数的对换,又 $2t+1$ 为奇数,于是,对换排列中任意两个数改变排列的奇偶性.

§3 n 阶行列式的定义

有了之前的准备,本节就可以给出 n 阶行列式的定义.

首先我们从二阶行列式

$$\begin{vmatrix} a_{11} & a_{12} \\ a_{21} & a_{22} \end{vmatrix}=a_{11}a_{22}-a_{12}a_{21}$$

与三阶行列式

$$\begin{vmatrix} a_{11} & a_{12} & a_{13} \\ a_{21} & a_{22} & a_{23} \\ a_{31} & a_{32} & a_{33} \end{vmatrix}=a_{11}a_{22}a_{33}+a_{12}a_{23}a_{31}+a_{13}a_{21}a_{32}$$
$$-a_{13}a_{22}a_{31}-a_{12}a_{21}a_{33}-a_{11}a_{23}a_{32}$$

中,可以看出一些规律:

(1) 二阶行列式中每项(如 $a_{11}a_{22}$)都是两个位于不同行、不同列的元素的乘积,三阶行列式中每项(如 $a_{12}a_{23}a_{31}$, $-a_{13}a_{22}a_{31}$)都是三个位于不同行、不同列的元素的乘积.

(2) 二阶行列式是所有取自不同行、不同列的两个元素的乘积的代数和. 三阶

行列式是所有取自不同行、不同列的三个元素的乘积的代数和.

(3) 当二阶行列式与三阶行列式中每项的行指标按自然顺序排列时,若列指标的排列是偶排列,则该项取正号,若列指标的排列是奇排列,则该项取负号.(如$-a_{13}a_{22}a_{31}$中行排列是自然排列,而列排列 321 是奇排列,因此该项取负号.)

据此,我们有

$$\begin{vmatrix} a_{11} & a_{12} \\ a_{21} & a_{22} \end{vmatrix} = \sum_{j_1j_2}(-1)^{\tau(j_1j_2)}a_{1j_1}a_{2j_2},$$

其中 $\tau(j_1j_2)$ 为列排列 j_1j_2 的逆序数,$\sum\limits_{j_1j_2}$ 表示对所有的 2 级排列求和.

$$\begin{vmatrix} a_{11} & a_{12} & a_{13} \\ a_{21} & a_{22} & a_{23} \\ a_{31} & a_{32} & a_{33} \end{vmatrix} = \sum_{j_1j_2j_3}(-1)^{\tau(j_1j_2j_3)}a_{1j_1}a_{2j_2}a_{3j_3},$$

其中 $\tau(j_1j_2j_3)$ 为列排列 $j_1j_2j_3$ 的逆序数,$\sum\limits_{j_1j_2j_3}$ 表示对所有的 3 级排列求和.

由此,我们可以引出 n 阶行列式的概念.

定义 5 将 n^2 个数排成 n 行 n 列

记
$$\begin{vmatrix} a_{11} & a_{12} & \cdots & a_{1n} \\ a_{21} & a_{22} & \cdots & a_{2n} \\ \vdots & \vdots & & \vdots \\ a_{n1} & a_{n2} & \cdots & a_{nn} \end{vmatrix} = \sum_{j_1j_2\cdots j_n}(-1)^{\tau(j_1j_2\cdots j_n)}a_{1j_1}a_{2j_2}\cdots a_{nj_n},$$

其中 $\sum\limits_{j_1j_2\cdots j_n}$ 表示对所有的 n 级排列求和.

并将这样规定的 $\begin{vmatrix} a_{11} & a_{12} & \cdots & a_{1n} \\ a_{21} & a_{22} & \cdots & a_{2n} \\ \vdots & \vdots & & \vdots \\ a_{n1} & a_{n2} & \cdots & a_{nn} \end{vmatrix}$ 称为一个 **n 阶行列式**,其中横排称为**行**,竖排称为**列**,数 a_{ij} 称为行列式的**元素**.

n 阶行列式是所有取自不同行、不同列的 n 个元素的乘积的代数和,因此共 $n!$ 项,每项形如

$$(-1)^{\tau(j_1j_2\cdots j_n)}a_{1j_1}a_{2j_2}\cdots a_{nj_n},$$

其中 $j_1j_2\cdots j_n$ 是一个 n 级排列,$(-1)^{\tau(j_1j_2\cdots j_n)}$ 是由该排列确定的符号.

例 3 计算上三角行列式 $D=\begin{vmatrix} a_{11} & a_{12} & \cdots & a_{1n} \\ & a_{22} & \cdots & a_{2n} \\ & & \ddots & \vdots \\ & & & a_{nn} \end{vmatrix}$.

解 根据行列式的定义,D 的每项形如 $(-1)^{\tau(j_1 j_2 \cdots j_n)} a_{1j_1} a_{2j_2} \cdots a_{nj_n}$,下面考虑 D 的所有非零的项. 首先看 D 的第 n 行,要取得这行元素 $a_{nj_n} \neq 0$,只有 $j_n = n$. 接着看 D 的第 $n-1$ 行,而这行元素 $a_{n-1,\, j_{n-1}} \neq 0$,只有取 $j_{n-1} = n-1$ 或 n,但由于 D 中的每项要求是取自不同行、不同列的 n 个元素,所以此时只有取 $j_{n-1} = n-1$. 依次类推,不难得到 $j_{n-2} = n-2$, $\cdots$, $j_2 = 2$, $j_1 = 1$. 因此 $D = (-1)^{\tau(12\cdots n)} a_{11} a_{22} \cdots a_{nn} = a_{11} a_{22} \cdots a_{nn}$.

同理,我们可得下三角行列式 $\begin{vmatrix} a_{11} & & & \\ a_{21} & a_{22} & & \\ \vdots & \vdots & \ddots & \\ a_{n1} & a_{n2} & \cdots & a_{nn} \end{vmatrix} = a_{11} a_{22} \cdots a_{nn}$.

引理 对换乘积 $a_{p_1 q_1} a_{p_2 q_2} \cdots a_{p_n q_n}$ 中元素的次序,并不改变行排列与列排列的逆序数之和的奇偶性. 特别地,对换乘积 $a_{i_1 1} a_{i_2 2} \cdots a_{i_n n}$ 中元素的次序成为 $a_{1j_1} a_{2j_2} \cdots a_{nj_n}$,则排列 $i_1 i_2 \cdots i_n$ 与 $j_1 j_2 \cdots j_n$ 的逆序数有相同的奇偶性.

证 设对换乘积 $a_{p_1 q_1} \cdots a_{p_k q_k} \cdots a_{p_s q_s} \cdots a_{p_n q_n}$ 中任两个元素 $a_{p_k q_k}$ 与 $a_{p_s q_s}$,得到乘积 $a_{p_1 q_1} \cdots a_{p_s q_s} \cdots a_{p_k q_k} \cdots a_{p_n q_n}$,并记

$$\tau_1 = \tau(p_1 \cdots p_k \cdots p_s \cdots p_n) + \tau(q_1 \cdots q_k \cdots q_s \cdots q_n) = \tau_1' + \tau_1'',$$

$$\tau_2 = \tau(p_1 \cdots p_s \cdots p_k \cdots p_n) + \tau(q_1 \cdots q_s \cdots q_k \cdots q_n) = \tau_2' + \tau_2''.$$

易见,τ_1' 与 τ_2' 的奇偶性相反,τ_1'' 与 τ_2'' 的奇偶性也相反. 因此,τ_1 与 τ_2 的奇偶性相同. 所以结论成立.

定理 2 n 阶行列式也可定义为

$$\begin{vmatrix} a_{11} & a_{12} & \cdots & a_{1n} \\ a_{21} & a_{22} & \cdots & a_{2n} \\ \vdots & \vdots & & \vdots \\ a_{n1} & a_{n2} & \cdots & a_{nn} \end{vmatrix} = \sum_{i_1 i_2 \cdots i_n} (-1)^{\tau(i_1 i_2 \cdots i_n)} a_{i_1 1} a_{i_2 2} \cdots a_{i_n n},$$

其中 $i_1 i_2 \cdots i_n$ 为行排列,$\sum\limits_{i_1 i_2 \cdots i_n}$ 表示对所有的 n 级排列求和.

证 设 $D=\begin{vmatrix} a_{11} & a_{12} & \cdots & a_{1n} \\ a_{21} & a_{22} & \cdots & a_{2n} \\ \vdots & \vdots & & \vdots \\ a_{n1} & a_{n2} & \cdots & a_{nn} \end{vmatrix}$，则根据行列式的定义，$D$ 等于所有取自于不同行不同列的 n 个元素的乘积的代数和，即 D 也可表示为

$$D=\sum_{i_1 i_2 \cdots i_n}(-1)^{\tau} a_{i_1 1} a_{i_2 2} \cdots a_{i_n n}$$

其中 $i_1 i_2 \cdots i_n$ 为行排列，$\sum\limits_{i_1 i_2 \cdots i_n}$ 表示对所有的 n 阶排列求和，$(-1)^{\tau}$ 为乘积项 $a_{i_1 1} a_{i_2 2} \cdots a_{i_n n}$ 的由定义 5 所确定的符号.

考虑对换乘积项 $a_{i_1 1} a_{i_2 2} \cdots a_{i_n n}$ 中元素的次序成为 $a_{1 j_1} a_{2 j_2} \cdots a_{n j_n}$，则由引理知

$$(-1)^{\tau}=(-1)^{\tau(j_1 j_2 \cdots j_n)}=(-1)^{\tau(i_1 i_2 \cdots i_n)}$$

从而
$$D=\sum_{i_1 i_2 \cdots i_n}(-1)^{\tau(i_1 i_2 \cdots i_n)} a_{i_1 1} a_{i_2 2} \cdots a_{i_n n}$$

定理得证.

§4 行列式的性质

有了行列式的定义，理论上我们可以计算任意一个 n 阶行列式，可这通常是件麻烦的事情. 因为此时需要计算 $n!$ 项，而每一项又是 n 个元素的乘积，需要作 $n-1$ 次乘法，因此计算 $n!$ 项时共计需要作 $n!(n-1)$ 次乘法，当 n 较大时，乘法的次数是个相当惊人的数字. 为此，我们研究行列式的性质，以简化行列式的计算.

定义 6 设

$$D=\begin{vmatrix} a_{11} & a_{12} & \cdots & a_{1n} \\ a_{21} & a_{22} & \cdots & a_{2n} \\ \vdots & \vdots & & \vdots \\ a_{n1} & a_{n2} & \cdots & a_{nn} \end{vmatrix},\ \text{记 } D^{\mathrm{T}}=\begin{vmatrix} a_{11} & a_{21} & \cdots & a_{n1} \\ a_{12} & a_{22} & \cdots & a_{n2} \\ \vdots & \vdots & & \vdots \\ a_{1n} & a_{2n} & \cdots & a_{nn} \end{vmatrix},$$

称行列式 D^{T} 为行列式 D 的**转置行列式**.

性质 1 行列式与它的转置行列式相等.

证 记 $D=\begin{vmatrix} a_{11} & a_{12} & \cdots & a_{1n} \\ a_{21} & a_{22} & \cdots & a_{2n} \\ \vdots & \vdots & & \vdots \\ a_{n1} & a_{n2} & \cdots & a_{nn} \end{vmatrix}$ 的转置行列式为 $D^{\mathrm{T}}=\begin{vmatrix} d_{11} & d_{12} & \cdots & d_{1n} \\ d_{21} & d_{22} & \cdots & d_{2n} \\ \vdots & \vdots & & \vdots \\ d_{n1} & d_{n2} & \cdots & d_{nn} \end{vmatrix}$.

又 $D^{\mathrm{T}}=\begin{vmatrix} a_{11} & a_{21} & \cdots & a_{n1} \\ a_{12} & a_{22} & \cdots & a_{n2} \\ \vdots & \vdots & & \vdots \\ a_{1n} & a_{2n} & \cdots & a_{nn} \end{vmatrix}$，于是 $d_{ij}=a_{ji}$，$i, j=1, 2, \cdots, n$. 再由行列式的定义以及§3 定理 2，可得

$$D^{\mathrm{T}}=\sum_{j_1j_2\cdots j_n}(-1)^{\tau(j_1j_2\cdots j_n)}d_{1j_1}d_{2j_2}\cdots d_{nj_n}$$
$$=\sum_{j_1j_2\cdots j_n}(-1)^{\tau(j_1j_2\cdots j_n)}a_{j_11}a_{j_22}\cdots a_{j_nn}$$
$$=D,$$

因此 $D^{\mathrm{T}}=D$.

由性质 1 可知，行列式中行与列具有同等的地位，对行成立的性质，对列也成立. 反之亦然.

性质 2 互换行列式的两行(两列)，行列式变号，即

$$\begin{matrix} \\ \\ \text{第 } i \text{ 行} \\ \\ \text{第 } j \text{ 行} \\ \\ \\ \end{matrix}\begin{vmatrix} a_{11} & a_{12} & \cdots & a_{1n} \\ \vdots & \vdots & & \vdots \\ a_{i1} & a_{i2} & \cdots & a_{in} \\ \vdots & \vdots & & \vdots \\ a_{j1} & a_{j2} & \cdots & a_{jn} \\ \vdots & \vdots & & \vdots \\ a_{n1} & a_{n2} & \cdots & a_{nn} \end{vmatrix}=-\begin{vmatrix} a_{11} & a_{12} & \cdots & a_{1n} \\ \vdots & \vdots & & \vdots \\ a_{j1} & a_{j2} & \cdots & a_{jn} \\ \vdots & \vdots & & \vdots \\ a_{i1} & a_{i2} & \cdots & a_{in} \\ \vdots & \vdots & & \vdots \\ a_{n1} & a_{n2} & \cdots & a_{nn} \end{vmatrix}\begin{matrix} \\ \\ \text{第 } i \text{ 行} \\ \\ \text{第 } j \text{ 行} \\ \\ \\ \end{matrix}.$$

证 左边 $=\sum_{k_1\cdots k_i\cdots k_j\cdots k_n}(-1)^{\tau(k_1\cdots k_i\cdots k_j\cdots k_n)}a_{1k_1}\cdots a_{ik_i}\cdots a_{jk_j}\cdots a_{nk_n}$

$$=\sum_{k_1\cdots k_i\cdots k_j\cdots k_n}(-1)^{\tau(k_1\cdots k_i\cdots k_j\cdots k_n)}a_{1k_1}\cdots a_{jk_j}\cdots a_{ik_i}\cdots a_{nk_n}$$
$$=-\sum_{k_1\cdots k_i\cdots k_j\cdots k_n}(-1)^{\tau(k_1\cdots k_j\cdots k_i\cdots k_n)}a_{1k_1}\cdots a_{jk_j}\cdots a_{ik_i}\cdots a_{nk_n}$$
$$=-\sum_{k_1\cdots k_j\cdots k_i\cdots k_n}(-1)^{\tau(k_1\cdots k_j\cdots k_i\cdots k_n)}a_{1k_1}\cdots a_{jk_j}\cdots a_{ik_i}\cdots a_{nk_n}$$

= 右边.

我们用 r_i 表示行列式的第 i 行，用 c_j 表示行列式的第 j 列，并将互换行列式的第 i 行（或列）与第 j 行（或列）记为 $r_i \leftrightarrow r_j$（或 $c_i \leftrightarrow c_j$）.

推论 若行列式中有两行（两列）相同，则这个行列式为零.

证 设
$$D=\begin{vmatrix} a_{11} & a_{12} & \cdots & a_{1n} \\ \vdots & \vdots & & \vdots \\ a_{i1} & a_{i2} & \cdots & a_{in} \\ \vdots & \vdots & & \vdots \\ a_{i1} & a_{i2} & \cdots & a_{in} \\ \vdots & \vdots & & \vdots \\ a_{n1} & a_{n2} & \cdots & a_{nn} \end{vmatrix} \begin{matrix} \\ \\ \text{第 } i \text{ 行} \\ \\ \text{第 } j \text{ 行} \\ \\ \\ \end{matrix},$$
则由性质 2 知，互换 D 的第 i 行与第 j 行可得 $D=-D$. 于是 $D=0$.

性质 3 用一个数乘行列式的某一行（列）等于用这个数乘这个行列式，即
$$\begin{vmatrix} a_{11} & a_{12} & \cdots & a_{1n} \\ \vdots & \vdots & & \vdots \\ ka_{i1} & ka_{i2} & \cdots & ka_{in} \\ \vdots & \vdots & & \vdots \\ a_{n1} & a_{n2} & \cdots & a_{nn} \end{vmatrix} = k\begin{vmatrix} a_{11} & a_{12} & \cdots & a_{1n} \\ \vdots & \vdots & & \vdots \\ a_{i1} & a_{i2} & \cdots & a_{in} \\ \vdots & \vdots & & \vdots \\ a_{n1} & a_{n2} & \cdots & a_{nn} \end{vmatrix}.$$

将行列式的第 i 行（或列）乘以数 k 记为 kr_i（或 kc_i）.

推论 1 若行列式中有一行（列）全为零，则这个行列式为零.

推论 2 若行列式中有两行（两列）对应成比例，则这个行列式为零，即
$$\begin{matrix} \\ \\ \text{第 } i \text{ 行} \\ \\ \text{第 } j \text{ 行} \\ \\ \\ \end{matrix}\begin{vmatrix} a_{11} & a_{12} & \cdots & a_{1n} \\ \vdots & \vdots & & \vdots \\ a_{i1} & a_{i2} & \cdots & a_{in} \\ \vdots & \vdots & & \vdots \\ ka_{i1} & ka_{i2} & \cdots & ka_{in} \\ \vdots & \vdots & & \vdots \\ a_{n1} & a_{n2} & \cdots & a_{nn} \end{vmatrix}=0.$$

性质 4 若行列式 D 中某一行（列）的元素都是两数之和，如

$$D=\begin{vmatrix} a_{11} & a_{12} & \cdots & a_{1n} \\ \vdots & \vdots & & \vdots \\ a_{i1}+b_{i1} & a_{i2}+b_{i2} & \cdots & a_{in}+b_{in} \\ \vdots & \vdots & & \vdots \\ a_{n1} & a_{n2} & \cdots & a_{nn} \end{vmatrix},$$

则这个行列式 D 等于两个行列式之和，即

$$D=\begin{vmatrix} a_{11} & a_{12} & \cdots & a_{1n} \\ \vdots & \vdots & & \vdots \\ a_{i1} & a_{i2} & \cdots & a_{in} \\ \vdots & \vdots & & \vdots \\ a_{n1} & a_{n2} & \cdots & a_{nn} \end{vmatrix}+\begin{vmatrix} a_{11} & a_{12} & \cdots & a_{1n} \\ \vdots & \vdots & & \vdots \\ b_{i1} & b_{i2} & \cdots & b_{in} \\ \vdots & \vdots & & \vdots \\ a_{n1} & a_{n2} & \cdots & a_{nn} \end{vmatrix}.$$

证　由于

$$\begin{aligned} D &= \sum_{j_1j_2\cdots j_n}(-1)^{\tau(j_1j_2\cdots j_n)}a_{1j_1}\cdots(a_{ij_i}+b_{ij_i})\cdots a_{nj_n} \\ &= \sum_{j_1j_2\cdots j_n}(-1)^{\tau(j_1j_2\cdots j_n)}a_{1j_1}\cdots a_{ij_i}\cdots a_{nj_n} \\ &\quad + \sum_{j_1j_2\cdots j_n}(-1)^{\tau(j_1j_2\cdots j_n)}a_{1j_1}\cdots b_{ij_i}\cdots a_{nj_n}, \end{aligned}$$

于是结论成立.

性质 5　将行列式一行(列)的某倍加至另一行(列)，行列式不变，即

$$\begin{matrix} \\ \\ \text{第 } i \text{ 行} \\ \\ \text{第 } j \text{ 行} \\ \\ \\ \end{matrix}\begin{vmatrix} a_{11} & a_{12} & \cdots & a_{1n} \\ \vdots & \vdots & & \vdots \\ a_{i1}+ka_{j1} & a_{i2}+ka_{j2} & \cdots & a_{in}+ka_{jn} \\ \vdots & \vdots & & \vdots \\ a_{j1} & a_{j2} & \cdots & a_{jn} \\ \vdots & \vdots & & \vdots \\ a_{n1} & a_{n2} & \cdots & a_{nn} \end{vmatrix}=\begin{vmatrix} a_{11} & a_{12} & \cdots & a_{1n} \\ \vdots & \vdots & & \vdots \\ a_{i1} & a_{i2} & \cdots & a_{in} \\ \vdots & \vdots & & \vdots \\ a_{j1} & a_{j2} & \cdots & a_{jn} \\ \vdots & \vdots & & \vdots \\ a_{n1} & a_{n2} & \cdots & a_{nn} \end{vmatrix}\begin{matrix} \\ \\ \text{第 } i \text{ 行} \\ \\ \text{第 } j \text{ 行} \\ \\ \\ \end{matrix}.$$

将行列式的第 j 行(或列) 乘以数 k 加至第 i 行(或列) 记为 r_i+kr_j(或 c_i+kc_j).

以上未证明的性质，请读者自己证明.

例 4　计算行列式

$$D=\begin{vmatrix}-2 & 5 & -1 & 3\\ 1 & -9 & 13 & 7\\ 3 & -1 & 5 & -5\\ 2 & 8 & -7 & -10\end{vmatrix}.$$

解 利用行列式的性质，将其化为上三角行列式.

$$D\xlongequal{r_1\leftrightarrow r_2}-\begin{vmatrix}1 & -9 & 13 & 7\\ -2 & 5 & -1 & 3\\ 3 & -1 & 5 & -5\\ 2 & 8 & -7 & -10\end{vmatrix}\xlongequal[r_4-2r_1]{r_2+2r_1\\ r_3-3r_1}-\begin{vmatrix}1 & -9 & 13 & 7\\ 0 & -13 & 25 & 17\\ 0 & 26 & -34 & -26\\ 0 & 26 & -33 & -24\end{vmatrix}$$

$$\xlongequal[r_4+2r_2]{r_3+2r_2}-\begin{vmatrix}1 & -9 & 13 & 7\\ 0 & -13 & 25 & 17\\ 0 & 0 & 16 & 8\\ 0 & 0 & 17 & 10\end{vmatrix}\xlongequal{r_3-r_4}-\begin{vmatrix}1 & -9 & 13 & 7\\ 0 & -13 & 25 & 17\\ 0 & 0 & -1 & -2\\ 0 & 0 & 17 & 10\end{vmatrix}$$

$$\xlongequal{r_4+17r_3}-\begin{vmatrix}1 & -9 & 13 & 7\\ 0 & -13 & 25 & 17\\ 0 & 0 & -1 & -2\\ 0 & 0 & 0 & -24\end{vmatrix}=-1\times(-13)\times(-1)\times(-24)$$

$$=312.$$

§5 行列式按行(列)展开

由上一节的讨论可知，通常我们可以利用行列式的性质计算一个行列式. 但是，若该行列式的阶数较高，计算就可能会复杂些. 于是我们考虑能否将一个行列式的阶数降低，以简化计算. 这就是本节所讨论的内容.

定义 7 在 n 阶行列式中，将 a_{ij} 所在的第 i 行和第 j 列的所有元素划去，而其余元素保持原先的相对位置不变，这样得到的 $n-1$ 阶行列式称为元素 a_{ij} 的**余子式**，记作 M_{ij}，并称 $A_{ij}=(-1)^{i+j}M_{ij}$ 为元素 a_{ij} 的**代数余子式**.

例如，在行列式 $D=\begin{vmatrix}a_{11} & a_{12} & a_{13}\\ a_{21} & a_{22} & a_{23}\\ a_{31} & a_{32} & a_{33}\end{vmatrix}$ 中，元素 a_{23} 的余子式和代数余子式分别为：

$$M_{23}=\begin{vmatrix}a_{11} & a_{12}\\ a_{31} & a_{32}\end{vmatrix},\ A_{23}=(-1)^{2+3}M_{23}=-M_{23}.$$

容易证明 $\begin{vmatrix} a_{11} & a_{12} & a_{13} \\ a_{21} & a_{22} & a_{23} \\ a_{31} & a_{32} & a_{33} \end{vmatrix} = a_{21}A_{21} + a_{22}A_{22} + a_{23}A_{23}$，并且我们有更一般的结论.

定理 3 行列式等于它的任一行(列)的各元素与其对应的代数余子式乘积之和,即

$$D = a_{i1}A_{i1} + a_{i2}A_{i2} + \cdots + a_{in}A_{in},\ (i = 1,\ 2,\ \cdots,\ n),$$

或
$$D = a_{1j}A_{1j} + a_{2j}A_{2j} + \cdots + a_{nj}A_{nj},\ (j = 1,\ 2,\ \cdots,\ n).$$

证 (1) 首先证明行列式 D 的第一行中除 a_{11} 外,其余元素全为零的情形,即

$$D = \begin{vmatrix} a_{11} & 0 & \cdots & 0 \\ a_{21} & a_{22} & \cdots & a_{2n} \\ \vdots & \vdots & & \vdots \\ a_{n1} & a_{n2} & \cdots & a_{nn} \end{vmatrix}.$$

由定理 2 给出的行列式的定义可得

$$D = \sum_{i_1 i_2 \cdots i_n} (-1)^{\tau(i_1 i_2 \cdots i_n)} a_{i_1 1} a_{i_2 2} \cdots a_{i_n n} = \sum_{1 i_2 \cdots i_n} (-1)^{\tau(1 i_2 \cdots i_n)} a_{11} a_{i_2 2} \cdots a_{i_n n}$$

$$= a_{11} \sum_{i_2 \cdots i_n} (-1)^{\tau(i_2 \cdots i_n)} a_{i_2 2} \cdots a_{i_n n} = a_{11}M_{11} = a_{11}A_{11}.$$

(2) 其次证明 D 的第 i 行元素除 a_{ij} 外,其余元素全为零的情形,即

$$D = \begin{vmatrix} a_{11} & \cdots & a_{1,\,j-1} & a_{1j} & a_{1,\,j+1} & \cdots & a_{1n} \\ \vdots & & \vdots & \vdots & \vdots & & \vdots \\ a_{i-1,\,1} & \cdots & a_{i-1,\,j-1} & a_{i-1,\,j} & a_{i-1,\,j+1} & \cdots & a_{i-1,\,n} \\ 0 & \cdots & 0 & a_{ij} & 0 & \cdots & 0 \\ a_{i+1,\,1} & \cdots & a_{i+1,\,j-1} & a_{i+1,\,j} & a_{i+1,\,j+1} & \cdots & a_{i+1,\,n} \\ \vdots & & \vdots & \vdots & \vdots & & \vdots \\ a_{n1} & \cdots & a_{n,\,j-1} & a_{nj} & a_{n,\,j+1} & \cdots & a_{nn} \end{vmatrix}.$$

首先将 D 的第 i 行依次与第 $i-1,\ \cdots,\ 2,\ 1$ 行做 $i-1$ 次相邻对换后换至第一行,然后再将第 j 列依次与 $j-1,\ \cdots,\ 2,\ 1$ 列做 $j-1$ 次相邻对换后换至第一列,这样对 D 共进行了 $i+j-2$ 次对换,于是由行列式的性质 2 及(1) 的结论可知

$$D=(-1)^{i+j-2}\begin{vmatrix} a_{ij} & 0 & \cdots & 0 & 0 & \cdots & 0 \\ a_{1j} & a_{11} & \cdots & a_{1,j-1} & a_{1,j+1} & \cdots & a_{1n} \\ \vdots & \vdots & & \vdots & \vdots & & \vdots \\ a_{i-1,j} & a_{i-1,1} & \cdots & a_{i-1,j-1} & a_{i-1,j+1} & \cdots & a_{i-1,n} \\ a_{i+1,j} & a_{i+1,1} & \cdots & a_{i+1,j-1} & a_{i+1,j+1} & \cdots & a_{i+1,n} \\ \vdots & \vdots & & \vdots & \vdots & & \vdots \\ a_{nj} & a_{n1} & \cdots & a_{n,j-1} & a_{n,j+1} & \cdots & a_{nn} \end{vmatrix}$$

$$=(-1)^{i+j}a_{ij}M_{ij}=a_{ij}A_{ij}.$$

(3) 最后证明一般情形. 将 D 写成

$$D=\begin{vmatrix} a_{11} & a_{12} & \cdots & a_{1n} \\ \vdots & \vdots & & \vdots \\ a_{i1}+0+0+\cdots+0 & 0+a_{i2}+0+\cdots+0 & \cdots & 0+0+\cdots+0+a_{in} \\ \vdots & \vdots & & \vdots \\ a_{n1} & a_{n2} & \cdots & a_{nn} \end{vmatrix},$$

由行列式的性质 4 及(2)的结论可得

$$D=\begin{vmatrix} a_{11} & a_{12} & \cdots & a_{1n} \\ \vdots & \vdots & & \vdots \\ a_{i1} & 0 & \cdots & 0 \\ \vdots & \vdots & & \vdots \\ a_{n1} & a_{n2} & \cdots & a_{nn} \end{vmatrix}+\begin{vmatrix} a_{11} & a_{12} & \cdots & a_{1n} \\ \vdots & \vdots & & \vdots \\ 0 & a_{i2} & \cdots & 0 \\ \vdots & \vdots & & \vdots \\ a_{n1} & a_{n2} & \cdots & a_{nn} \end{vmatrix}+\cdots+\begin{vmatrix} a_{11} & a_{12} & \cdots & a_{1n} \\ \vdots & \vdots & & \vdots \\ 0 & 0 & \cdots & a_{in} \\ \vdots & \vdots & & \vdots \\ a_{n1} & a_{n2} & \cdots & a_{nn} \end{vmatrix}$$

$$=a_{i1}A_{i1}+a_{i2}A_{i2}+\cdots+a_{in}A_{in}.$$

这样就证明了行列式按行展开的公式. 同理可证行列式按列展开的公式.

定理 3 说明行列式可按任意一行(列)展开. 有时利用该定理将一个行列式用比其阶数较低的行列式表示出来,可以简化行列式的计算.

例 5 计算行列式 $D=\begin{vmatrix} 2 & 1 & -1 & 5 \\ -4 & 1 & 3 & -7 \\ -1 & 0 & 1 & 0 \\ -3 & -5 & 3 & -5 \end{vmatrix}$.

解 $D\xlongequal{c_1+c_3}\begin{vmatrix}1&1&-1&5\\-1&1&3&-7\\0&0&1&0\\0&-5&3&-5\end{vmatrix}\xlongequal[\text{行展开}]{\text{按第三}}1\times(-1)^{3+3}\begin{vmatrix}1&1&5\\-1&1&-7\\0&-5&-5\end{vmatrix}$

$$\xlongequal{c_3-c_2}\begin{vmatrix}1&1&4\\-1&1&-8\\0&-5&0\end{vmatrix}\xlongequal[\text{行展开}]{\text{按第三}}-5\times(-1)^{3+2}\begin{vmatrix}1&4\\-1&-8\end{vmatrix}=-20.$$

易见,上例中两次运用了按行展开的公式,而且运用该公式前都是将一行除某个元素外的其余元素全部化为零.例如,例 5 中先将行列式 D 的第 3 列加至第 1 列,使得 D 的第 3 行只有一个非零元素 1,然后再按第 3 行展开.一般而言,这样的方法会使得计算简单.

由定理 3 我们还可以得到如下推论,

推论 行列式某一行(列)的元素与另一行(列)对应元素的代数余子式的乘积之和等于零,即

$$a_{i1}A_{j1}+a_{i2}A_{j2}+\cdots+a_{in}A_{jn}=0,\ i\neq j,$$

或

$$a_{1i}A_{1j}+a_{2i}A_{2j}+\cdots+a_{ni}A_{nj}=0,\ i\neq j.$$

证 设 $D=\begin{vmatrix}a_{11}&a_{12}&\cdots&a_{1n}\\\vdots&\vdots&&\vdots\\a_{i1}&a_{i2}&\cdots&a_{in}\\\vdots&\vdots&&\vdots\\a_{j1}&a_{j2}&\cdots&a_{jn}\\\vdots&\vdots&&\vdots\\a_{n1}&a_{n2}&\cdots&a_{nn}\end{vmatrix}$,其中 $i\neq j$,且 $a_{js}=a_{is}$, $s=1,2,\cdots,n$.

则由行列式的性质 2 的推论知,$D=0$.又将 D 按第 j 行展开得

$$D=a_{j1}A_{j1}+a_{j2}A_{j2}+\cdots+a_{jn}A_{jn}.$$

由于 $a_{js}=a_{is}$, $s=1,2,\cdots,n$,于是

$$D=a_{i1}A_{j1}+a_{i2}A_{j2}+\cdots+a_{in}A_{jn}.$$

因此

$$a_{i1}A_{j1}+a_{i2}A_{j2}+\cdots+a_{in}A_{jn}=0,\ i\neq j.$$

若对列利用上述方法,则可得

$$a_{1i}A_{1j}+a_{2i}A_{2j}+\cdots+a_{ni}A_{nj}=0,\ i\neq j.$$

注1 综合定理3以及推论,可得有关代数余子式的重要性质:

$$\sum_{k=1}^{n} a_{ik}A_{jk} = D\delta_{ij} = \begin{cases} D, & i=j \\ 0, & i\neq j \end{cases},$$

$$\sum_{k=1}^{n} a_{ki}A_{kj} = D\delta_{ij} = \begin{cases} D, & i=j \\ 0, & i\neq j \end{cases},$$

其中 $\delta_{ij} = \begin{cases} 1, & i=j \\ 0, & i\neq j \end{cases}$.

注2 由于行列式 D 的第 j 行各元素的代数余子式与第 j 行元素的取值无关,于是在推论的证明中,若用 $b_1, b_2, \cdots, b_n$ 分别替换 D 的第 j 行元素 a_{j1}, $a_{j2}, \cdots, a_{jn}$,则可以得到

$$\begin{vmatrix} a_{11} & a_{12} & \cdots & a_{1n} \\ \vdots & \vdots & & \vdots \\ a_{j-1,1} & a_{j-1,2} & \cdots & a_{j-1,n} \\ b_1 & b_2 & \cdots & b_n \\ a_{j+1,1} & a_{j+1,2} & \cdots & a_{j+1,n} \\ \vdots & \vdots & & \vdots \\ a_{n1} & a_{n2} & \cdots & a_{nn} \end{vmatrix} = b_1A_{j1} + b_2A_{j2} + \cdots + b_nA_{jn}.$$

同理,若用 $b_1, b_2, \cdots, b_n$ 分别替换 D 的第 j 列元素 $a_{1j}, a_{2j}, \cdots, a_{nj}$,则可以得到

$$\begin{vmatrix} a_{11} & \cdots & a_{1,j-1} & b_1 & a_{1,j+1} & \cdots & a_{1n} \\ a_{21} & \cdots & a_{2,j-1} & b_2 & a_{2,j+1} & \cdots & a_{2n} \\ \vdots & & \vdots & \vdots & \vdots & & \vdots \\ a_{n1} & \cdots & a_{n,j-1} & b_n & a_{n,j+1} & \cdots & a_{nn} \end{vmatrix} = b_1A_{1j} + b_2A_{2j} + \cdots + b_nA_{nj}.$$

例6 设 $D = \begin{vmatrix} 2 & 1 & -1 & 5 \\ -4 & 1 & 3 & -7 \\ -1 & 0 & 1 & 0 \\ -3 & -5 & 3 & -5 \end{vmatrix}$,以 M_{ij} 与 A_{ij} 分别表示 D 的第 i 行第 j 列元素的余子式与代数余子式,求 $A_{21}+A_{22}+A_{23}+A_{24}$ 以及 $M_{21}+M_{22}+M_{23}+M_{24}$.

解 用1, 1, 1, 1替换 D 的第二行的元素得到的行列式即为所求的 $A_{21}+A_{22}+A_{23}+A_{24}$,即

$$A_{21}+A_{22}+A_{23}+A_{24}=\begin{vmatrix}2&1&-1&5\\1&1&1&1\\-1&0&1&0\\-3&-5&3&-5\end{vmatrix}\xlongequal{c_1+c_3}\begin{vmatrix}1&1&-1&5\\2&1&1&1\\0&0&1&0\\0&-5&3&-5\end{vmatrix}$$

$$=1\times(-1)^{3+3}\begin{vmatrix}1&1&5\\2&1&1\\0&-5&-5\end{vmatrix}\xlongequal{c_3-c_2}\begin{vmatrix}1&1&4\\2&1&0\\0&-5&0\end{vmatrix}$$

$$\xlongequal{\text{按第三列展开}}4\times(-1)^{1+3}\begin{vmatrix}2&1\\0&-5\end{vmatrix}=-40.$$

又
$$M_{21}+M_{22}+M_{23}+M_{24}=-A_{21}+A_{22}-A_{23}+A_{24},$$
于是，用 $-1, 1, -1, 1$ 替换 D 的第二行的元素得到的行列式即为所求的 $-A_{21}+A_{22}-A_{23}+A_{24}$，即

$$M_{21}+M_{22}+M_{23}+M_{24}=-A_{21}+A_{22}-A_{23}+A_{24}=\begin{vmatrix}2&1&-1&5\\-1&1&-1&1\\-1&0&1&0\\-3&-5&3&-5\end{vmatrix}$$

$$\xlongequal{c_1+c_3}\begin{vmatrix}1&1&-1&5\\-2&1&-1&1\\0&0&1&0\\0&-5&3&-5\end{vmatrix}=1\times(-1)^{3+3}\begin{vmatrix}1&1&5\\-2&1&1\\0&-5&-5\end{vmatrix}$$

$$\xlongequal{c_3-c_2}\begin{vmatrix}1&1&4\\-2&1&0\\0&-5&0\end{vmatrix}=4\times(-1)^{1+3}\begin{vmatrix}-2&1\\0&-5\end{vmatrix}=40.$$

例 7 证明范德蒙(Vandermonde)行列式

$$D_n=\begin{vmatrix}1&1&\cdots&1\\x_1&x_2&\cdots&x_n\\x_1^2&x_2^2&\cdots&x_n^2\\\vdots&\vdots&&\vdots\\x_1^{n-1}&x_2^{n-1}&\cdots&x_n^{n-1}\end{vmatrix}=\prod_{1\leqslant j<i\leqslant n}(x_i-x_j),$$

其中记号“$\prod$”表示全体同类因式的乘积，$n\geqslant 2$.

证 对阶数 n 用数学归纳法. 因为

$$D_2=\begin{vmatrix}1 & 1\\ x_1 & x_2\end{vmatrix}=x_2-x_1=\prod_{1\leqslant j<i\leqslant 2}(x_i-x_j),$$

所以当 $n=2$ 时结论成立. 现假设结论对 $n-1$ 阶范德蒙行列式成立, 下面证明结论对 n 阶范德蒙行列式也成立. 我们利用降阶法: 从 D_n 的第 n 行开始, 用后一行减去前一行的 x_1 倍, 得到

$$D_n=\begin{vmatrix}1 & 1 & 1 & \cdots & 1\\ 0 & x_2-x_1 & x_3-x_1 & \cdots & x_n-x_1\\ 0 & x_2(x_2-x_1) & x_3(x_3-x_1) & \cdots & x_n(x_n-x_1)\\ \vdots & \vdots & \vdots & & \vdots\\ 0 & x_2^{n-2}(x_2-x_1) & x_3^{n-2}(x_3-x_1) & \cdots & x_n^{n-2}(x_n-x_1)\end{vmatrix}.$$

然后, 按第一列展开, 并提取每列的公因子 (x_i-x_1), 得到

$$D_n=(x_2-x_1)(x_3-x_1)\cdots(x_n-x_1)\begin{vmatrix}1 & 1 & \cdots & 1\\ x_2 & x_3 & \cdots & x_n\\ \vdots & \vdots & & \vdots\\ x_2^{n-2} & x_3^{n-2} & \cdots & x_n^{n-2}\end{vmatrix}.$$

易见, 上式右端的行列式是一个 $n-1$ 阶范德蒙行列式, 由归纳假设, 它等于 $\prod\limits_{2\leqslant j<i\leqslant n}(x_i-x_j)$, 即所有形如 (x_i-x_j) 的因子乘积, 其中 $2\leqslant j<i\leqslant n$. 于是

$$D_n=(x_2-x_1)(x_3-x_1)\cdots(x_n-x_1)\prod_{2\leqslant j<i\leqslant n}(x_i-x_j)=\prod_{1\leqslant j<i\leqslant n}(x_i-x_j).$$

§6 行列式的计算

在行列式计算中, 我们可以利用行列式的定义、性质、行列式按一行(列)展开等方法. 而本节主要讨论行列式计算的一些常用方法.

例 8 计算行列式

$$\begin{vmatrix}0 & 0 & 0 & a\\ 0 & 0 & b & 0\\ 0 & c & 0 & 0\\ d & 0 & 0 & 0\end{vmatrix}.$$

解 这是一个四阶行列式, 根据行列式的定义, 它的展开式共有 4! 项, 即 24 项. 但是由于行列式中有很多零, 所以展开式中有许多项等于零, 于是只要找出那

些不为零的项即可.而行列式中只有 4 个元素不等于零,并且这 4 个元素分别位于不同行、不同列,于是这个行列式就只有含 $abcd$ 的一项,再考虑它的符号,因为乘积 $abcd$ 的行排列已经是自然排列,而此时它的列排列为 4321,所以

$$\begin{vmatrix} 0 & 0 & 0 & a \\ 0 & 0 & b & 0 \\ 0 & c & 0 & 0 \\ d & 0 & 0 & 0 \end{vmatrix} = (-1)^{\tau(4321)}abcd = abcd.$$

例 9 证明对一个 n 阶行列式 D,如果 D 中零的个数大于 n^2-n,则行列式 D 为零.

证 由于 n 阶行列式的展开式中一般项可表示为 $(-1)^{\tau(j_1j_2\cdots j_n)}a_{1j_1}a_{2j_2}\cdots a_{nj_n}$,即每项都是取自不同行、不同列的 n 个元素的乘积.而 n 阶行列式 D 中共 n^2 个元素,于是不为零的元素的个数小于 $n^2-(n^2-n)=n$ 个,从而 n 阶行列式 D 中每项均为零,于是 D 为零.

例 10 计算行列式

$$D = \begin{vmatrix} 1 & a & b & c \\ a & 1 & 0 & 0 \\ b & 0 & 1 & 0 \\ c & 0 & 0 & 1 \end{vmatrix}.$$

解 $$D \xlongequal[c_1+(-c)c_3]{\substack{c_1+(-a)c_2 \\ c_1+(-b)c_3}} \begin{vmatrix} 1-a^2-b^2-c^2 & a & b & c \\ 0 & 1 & 0 & 0 \\ 0 & 0 & 1 & 0 \\ 0 & 0 & 0 & 1 \end{vmatrix} = 1-a^2-b^2-c^2.$$

注 形如上例的行列式称为"**爪形行列式**",它是一种重要类型的行列式.在行列式计算中,有时可以利用行列式的性质化为爪形行列式,然后再将其化为上三角行列式进行计算.

例 11 计算 n 阶行列式

$$D = \begin{vmatrix} x & y & 0 & \cdots & 0 & 0 \\ 0 & x & y & \cdots & 0 & 0 \\ \vdots & \vdots & \vdots & & \vdots & \vdots \\ 0 & 0 & 0 & \cdots & x & y \\ y & 0 & 0 & \cdots & 0 & x \end{vmatrix}.$$

解 $D \xlongequal[\text{列展开}]{\text{按第一}} x(-1)^{1+1}\begin{vmatrix} x & y & \cdots & 0 & 0 \\ 0 & x & \cdots & 0 & 0 \\ \vdots & \vdots & & \vdots & \vdots \\ 0 & 0 & \cdots & x & y \\ 0 & 0 & \cdots & 0 & x \end{vmatrix}_{n-1}$

$$+y(-1)^{n+1}\begin{vmatrix} y & 0 & \cdots & 0 & 0 \\ x & y & \cdots & 0 & 0 \\ \vdots & \vdots & & \vdots & \vdots \\ 0 & 0 & \cdots & y & 0 \\ 0 & 0 & \cdots & x & y \end{vmatrix}_{n-1} = x^n + (-1)^{n+1}y^n.$$

注 将行列式按一行(列)展开,可以实现行列式的降阶,这是计算行列式的重要方法之一.

例 12 计算行列式

$$D=\begin{vmatrix} 4 & 1 & 1 & 1 \\ 1 & 4 & 1 & 1 \\ 1 & 1 & 4 & 1 \\ 1 & 1 & 1 & 4 \end{vmatrix}.$$

解 $D \xlongequal[i=2,3,4]{c_1+c_i} \begin{vmatrix} 7 & 1 & 1 & 1 \\ 7 & 4 & 1 & 1 \\ 7 & 1 & 4 & 1 \\ 7 & 1 & 1 & 4 \end{vmatrix} = 7\begin{vmatrix} 1 & 1 & 1 & 1 \\ 1 & 4 & 1 & 1 \\ 1 & 1 & 4 & 1 \\ 1 & 1 & 1 & 4 \end{vmatrix}$

$$\xlongequal[i=2,3,4]{r_i-r_1} 7\begin{vmatrix} 1 & 1 & 1 & 1 \\ 0 & 3 & 0 & 0 \\ 0 & 0 & 3 & 0 \\ 0 & 0 & 0 & 3 \end{vmatrix} = 7\times 27 = 189.$$

注 例 12 给出了分离行列式因子的一种方法.

例 13 计算行列式

$$D=\begin{vmatrix} 1 & 2 & 3 & 4 \\ 2 & 3 & 4 & 1 \\ 3 & 4 & 1 & 2 \\ 4 & 1 & 2 & 3 \end{vmatrix}.$$

解 首先利用例 12 的方法分离出行列式的一个因子

$$D=\begin{vmatrix}1&2&3&4\\2&3&4&1\\3&4&1&2\\4&1&2&3\end{vmatrix}\xlongequal[i=2,3,4]{c_1+c_i}\begin{vmatrix}10&2&3&4\\10&3&4&1\\10&4&1&2\\10&1&2&3\end{vmatrix}=10\begin{vmatrix}1&2&3&4\\1&3&4&1\\1&4&1&2\\1&1&2&3\end{vmatrix},$$

然后从第 4 行开始，依次用后一行减去前一行，再按第 1 列展开

$$D\xlongequal[r_2-r_1]{\substack{r_4-r_3\\r_3-r_2}}10\begin{vmatrix}1&2&3&4\\0&1&1&-3\\0&1&-3&1\\0&-3&1&1\end{vmatrix}=10\begin{vmatrix}1&1&-3\\1&-3&1\\-3&1&1\end{vmatrix},$$

最后将第 2 列与第 3 列加至第 1 列，使得第 1 列元素全化为 -1，再将第 2 行、第 3 行分别减去第 1 行，得到

$$D\xlongequal[c_1+c_3]{c_1+c_2}10\begin{vmatrix}-1&1&-3\\-1&-3&1\\-1&1&1\end{vmatrix}\xlongequal[r_3-r_1]{r_2-r_1}10\begin{vmatrix}-1&1&-3\\0&-4&4\\0&0&4\end{vmatrix}$$

$$=160.$$

例 14 计算 n 阶行列式

$$D=\begin{vmatrix}a+x_1&x_2&\cdots&x_n\\x_1&a+x_2&\cdots&x_n\\\vdots&\vdots&&\vdots\\x_1&x_2&\cdots&a+x_n\end{vmatrix},\text{其中 } a\neq 0.$$

解 将行列式 D 增加一行、一列，得到一个与 D 相等的 $n+1$ 阶行列式进行计算

$$D=\begin{vmatrix}1&x_1&x_2&\cdots&x_n\\0&a+x_1&x_2&\cdots&x_n\\0&x_1&a+x_2&\cdots&x_n\\\vdots&\vdots&\vdots&&\vdots\\0&x_1&x_2&\cdots&a+x_n\end{vmatrix}_{n+1}$$

$$\xrightarrow[i=2,3,\cdots,n+1]{r_i - r_1} \begin{vmatrix} 1 & x_1 & x_2 & \cdots & x_n \\ -1 & a & 0 & \cdots & 0 \\ -1 & 0 & a & \cdots & 0 \\ \vdots & \vdots & \vdots & & \vdots \\ -1 & 0 & 0 & \cdots & a \end{vmatrix}_{n+1}$$

$$\xrightarrow[i=1,2,\cdots,n]{c_1 + \frac{1}{a}c_{i+1}} \begin{vmatrix} 1+\frac{1}{a}\sum_{i=1}^{n} x_i & x_1 & x_2 & \cdots & x_n \\ 0 & a & 0 & \cdots & 0 \\ 0 & 0 & a & \cdots & 0 \\ \vdots & \vdots & \vdots & & \vdots \\ 0 & 0 & 0 & \cdots & a \end{vmatrix}_{n+1} = \left(1+\frac{1}{a}\sum_{i=1}^{n} x_i\right)a^n.$$

注 将第一步所用的方法称为升阶法(或加边法). 这是行列式按行(列)展开的逆向运用.

例 15 计算 n 阶行列式

$$D_n = \begin{vmatrix} a+b & ab & & & & \\ 1 & a+b & ab & & & \\ & 1 & a+b & ab & & \\ & & \ddots & \ddots & \ddots & \\ & & & 1 & a+b & ab \\ & & & & 1 & a+b \end{vmatrix}.$$

解 按第1行展开,得 $D_n = (a+b)D_{n-1} - abD_{n-2}$. 由此,我们有递推关系式

$$D_n - aD_{n-1} = b(D_{n-1} - aD_{n-2}).$$

于是

$$D_n - aD_{n-1} = b(D_{n-1} - aD_{n-2}) = b^2(D_{n-2} - aD_{n-3}) = \cdots = b^{n-2}(D_2 - aD_1).$$

又 $D_1 = a+b$, $D_2 = \begin{vmatrix} a+b & ab \\ 1 & a+b \end{vmatrix} = (a+b)^2 - ab$,因而 $D_n - aD_{n-1} = b^n$. 同理可得 $D_n - bD_{n-1} = a^n$. 于是解得 $(a-b)D_n = a^{n+1} - b^{n+1}$.

若 $a \neq b$,则 $D_n = \dfrac{a^{n+1} - b^{n+1}}{a-b}$.

若 $a = b$,则由递推公式 $D_n - aD_{n-1} = a^n$, 可得

$$\begin{aligned} D_n &= a^n + aD_{n-1} = a^n + a(a^{n-1} + aD_{n-2}) = \cdots = (n-1)a^n + a^{n-1}D_1 \\ &= (n+1)a^n. \end{aligned}$$

例 16 证明

$$\begin{vmatrix} a_{11} & \cdots & a_{1k} & 0 & \cdots & 0 \\ \vdots & & \vdots & \vdots & & \vdots \\ a_{k1} & \cdots & a_{kk} & 0 & \cdots & 0 \\ c_{11} & \cdots & c_{1k} & b_{11} & \cdots & b_{1r} \\ \vdots & & \vdots & \vdots & & \vdots \\ c_{r1} & \cdots & c_{rk} & b_{r1} & \cdots & b_{rr} \end{vmatrix} = \begin{vmatrix} a_{11} & \cdots & a_{1k} \\ \vdots & & \vdots \\ a_{k1} & \cdots & a_{kk} \end{vmatrix} \cdot \begin{vmatrix} b_{11} & \cdots & b_{1r} \\ \vdots & & \vdots \\ b_{r1} & \cdots & b_{rr} \end{vmatrix}.$$

证 对 k 用数学归纳法.

当 $k=1$ 时，上式左端为

$$\begin{vmatrix} a_{11} & 0 & \cdots & 0 \\ c_{11} & b_{11} & \cdots & b_{1r} \\ \vdots & \vdots & & \vdots \\ c_{r1} & b_{r1} & \cdots & b_{rr} \end{vmatrix}.$$

按第 1 行展开，即得结论对 $k=1$ 成立.

假设结论对 $k-1$ 成立，下面考虑 k 的情形：按第 1 行展开得

$$\begin{vmatrix} a_{11} & \cdots & a_{1k} & 0 & \cdots & 0 \\ \vdots & & \vdots & \vdots & & \vdots \\ a_{k1} & \cdots & a_{kk} & 0 & \cdots & 0 \\ c_{11} & \cdots & c_{1k} & b_{11} & \cdots & b_{1r} \\ \vdots & & \vdots & \vdots & & \vdots \\ c_{r1} & \cdots & c_{rk} & b_{r1} & \cdots & b_{rr} \end{vmatrix} = a_{11} \begin{vmatrix} a_{22} & \cdots & a_{2k} & 0 & \cdots & 0 \\ \vdots & & \vdots & \vdots & & \vdots \\ a_{k2} & \cdots & a_{kk} & 0 & \cdots & 0 \\ c_{12} & \cdots & c_{1k} & b_{11} & \cdots & b_{1r} \\ \vdots & & \vdots & \vdots & & \vdots \\ c_{r2} & \cdots & c_{rk} & b_{r1} & \cdots & b_{rr} \end{vmatrix} + \cdots$$

$$+(-1)^{1+i}a_{1i} \begin{vmatrix} a_{21} & \cdots & a_{2,\,i-1} & a_{2,\,i+1} & \cdots & a_{2k} & 0 & \cdots & 0 \\ \vdots & & \vdots & \vdots & & \vdots & \vdots & & \vdots \\ a_{k1} & \cdots & a_{k,\,i-1} & a_{k,\,i+1} & \cdots & a_{kk} & 0 & \cdots & 0 \\ c_{11} & \cdots & c_{1,\,i-1} & c_{1,\,i+1} & \cdots & c_{1k} & b_{11} & \cdots & b_{1r} \\ \vdots & & \vdots & \vdots & & \vdots & \vdots & & \vdots \\ c_{r1} & \cdots & c_{r,\,i-1} & c_{r,\,i+1} & \cdots & c_{rk} & b_{r1} & \cdots & b_{rr} \end{vmatrix} + \cdots$$

$$+(-1)^{1+k}a_{1k}\begin{vmatrix} a_{21} & \cdots & a_{2,k-1} & 0 & \cdots & 0 \\ \vdots & & \vdots & \vdots & & \vdots \\ a_{k1} & \cdots & a_{k,k-1} & 0 & \cdots & 0 \\ c_{11} & \cdots & c_{1,k-1} & b_{11} & \cdots & b_{1r} \\ \vdots & & \vdots & \vdots & & \vdots \\ c_{r1} & \cdots & c_{r,k-1} & b_{r1} & \cdots & b_{rr} \end{vmatrix},$$

此时,由归纳假设得上式为

$$\left(a_{11}\begin{vmatrix} a_{22} & \cdots & a_{2k} \\ \vdots & & \vdots \\ a_{k2} & \cdots & a_{kk} \end{vmatrix}+\cdots+(-1)^{1+i}a_{1i}\begin{vmatrix} a_{21} & \cdots & a_{2,i-1} & a_{2,i+1} & \cdots & a_{2k} \\ \vdots & & \vdots & \vdots & & \vdots \\ a_{k1} & \cdots & a_{k,i-1} & a_{k,i+1} & \cdots & a_{kk} \end{vmatrix}+\cdots\right.$$

$$\left.+(-1)^{1+k}a_{1k}\begin{vmatrix} a_{21} & \cdots & a_{2,k-1} \\ \vdots & & \vdots \\ a_{k1} & \cdots & a_{k,k-1} \end{vmatrix}\right)\cdot\begin{vmatrix} b_{11} & \cdots & b_{1r} \\ \vdots & & \vdots \\ b_{r1} & \cdots & b_{rr} \end{vmatrix}$$

$$=\begin{vmatrix} a_{11} & \cdots & a_{1k} \\ \vdots & & \vdots \\ a_{k1} & \cdots & a_{kk} \end{vmatrix}\cdot\begin{vmatrix} b_{11} & \cdots & b_{1r} \\ \vdots & & \vdots \\ b_{r1} & \cdots & b_{rr} \end{vmatrix}.$$

例 17 计算行列式

$$D=\begin{vmatrix} b+c & c+a & a+b \\ a & b & c \\ a^2 & b^2 & c^2 \end{vmatrix}.$$

解 $D \xlongequal{r_1+r_2} \begin{vmatrix} a+b+c & a+b+c & a+b+c \\ a & b & c \\ a^2 & b^2 & c^2 \end{vmatrix}$

$$=(a+b+c)\begin{vmatrix} 1 & 1 & 1 \\ a & b & c \\ a^2 & b^2 & c^2 \end{vmatrix}$$

$$=(a+b+c)(b-a)(c-a)(c-b).$$

注 例 17 的计算中利用了已知的范德蒙行列式的结果.

§7　克拉默法则

对于含 n 个未知量和 n 个方程的线性方程组

$$\begin{cases} a_{11}x_1 + a_{12}x_2 + \cdots + a_{1n}x_n = b_1 \\ a_{21}x_1 + a_{22}x_2 + \cdots + a_{2n}x_n = b_2 \\ \cdots\cdots\cdots\cdots\cdots\cdots\cdots\cdots\cdots\cdots \\ a_{n1}x_1 + a_{n2}x_2 + \cdots + a_{nn}x_n = b_n \end{cases}, \tag{4}$$

它的解有时可用 n 阶行列式表示，即

克拉默(Cramer)法则　若线性方程组(4)的系数行列式 D 不等于零，即

$$D = \begin{vmatrix} a_{11} & a_{12} & \cdots & a_{1n} \\ a_{21} & a_{22} & \cdots & a_{2n} \\ \vdots & \vdots & & \vdots \\ a_{n1} & a_{n2} & \cdots & a_{nn} \end{vmatrix} \neq 0,$$

则方程组(4) 有唯一解，且其解为 $x_1 = \dfrac{D_1}{D}$, $x_2 = \dfrac{D_2}{D}$, $\cdots$, $x_n = \dfrac{D_n}{D}$，其中

$$D_j = \begin{vmatrix} a_{11} & \cdots & a_{1,\,j-1} & b_1 & a_{1,\,j+1} & \cdots & a_{1n} \\ a_{21} & \cdots & a_{2,\,j-1} & b_2 & a_{2,\,j+1} & \cdots & a_{2n} \\ \vdots & & \vdots & \vdots & \vdots & & \vdots \\ a_{n1} & \cdots & a_{n,\,j-1} & b_n & a_{n,\,j+1} & \cdots & a_{nn} \end{vmatrix},\ j = 1, 2, \cdots, n,$$

即将行列式 D 中第 j 列的元素替换为方程组中等号右端的常数列.

特别地，当 $n = 2$、3 时，即为本章第一节所述二、三元线性方程组的结论.

本定理将在第三章 § 3 中加以证明.

推论 1　若线性方程组(4)无解或至少有两个不同的解，则它的系数行列式等于零.

例 18　解线性方程组

$$\begin{cases} 3x_1 + x_2 - x_3 + x_4 = -3 \\ x_1 - x_2 + x_3 + 2x_4 = 4 \\ 2x_1 + x_2 + 2x_3 - x_4 = 7 \\ x_1 + 2x_3 + x_4 = 6 \end{cases}.$$

解　方程组的系数行列式

$$D=\begin{vmatrix}3&1&-1&1\\1&-1&1&2\\2&1&2&-1\\1&0&2&1\end{vmatrix}\xlongequal{r_1\leftrightarrow r_4}-\begin{vmatrix}1&0&2&1\\1&-1&1&2\\2&1&2&-1\\3&1&-1&1\end{vmatrix}$$

$$\xlongequal[r_4-3r_1]{\substack{r_2-r_1\\r_3-2r_1}}-\begin{vmatrix}1&0&2&1\\0&-1&-1&1\\0&1&-2&-3\\0&1&-7&-2\end{vmatrix}\xlongequal{\text{按第一列展开}}-\begin{vmatrix}-1&-1&1\\1&-2&-3\\1&-7&-2\end{vmatrix}$$

$$\xlongequal{\substack{r_2+r_1\\r_3+r_1}}-\begin{vmatrix}-1&-1&1\\0&-3&-2\\0&-8&-1\end{vmatrix}\xlongequal{\text{按第一列展开}}\begin{vmatrix}-3&-2\\-8&-1\end{vmatrix}$$

$$=-3\times(-1)-(-2)\times(-8)=-13\neq 0.$$

所以由克拉默法则可知，方程组有唯一解. 又

$$D_1=\begin{vmatrix}-3&1&-1&1\\4&-1&1&2\\7&1&2&-1\\6&0&2&1\end{vmatrix}=-13,\quad D_2=\begin{vmatrix}3&-3&-1&1\\1&4&1&2\\2&7&2&-1\\1&6&2&1\end{vmatrix}=26,$$

$$D_3=\begin{vmatrix}3&1&-3&1\\1&-1&4&2\\2&1&7&-1\\1&0&6&1\end{vmatrix}=-39,\quad D_4=\begin{vmatrix}3&1&-1&-3\\1&-1&1&4\\2&1&2&7\\1&0&2&6\end{vmatrix}=13,$$

于是，方程组的解为 $x_1=\dfrac{D_1}{D}=1$，$x_2=\dfrac{D_2}{D}=-2$，$x_3=\dfrac{D_3}{D}=3$，$x_4=\dfrac{D_4}{D}=-1$.

例 19 已知对称轴平行于 y 轴的抛物线经过三点 $(1,1)$，$(2,-1)$，$(3,1)$，试求该抛物线方程.

解 由于该抛物线的对称轴平行于 y 轴，于是可设其方程为 $y=ax^2+bx+c$，其中 a，b，c 为待定常数. 又由条件知该曲线过三个点，于是有

$$\begin{cases}a+b+c=1\\4a+2b+c=-1.\\9a+3b+c=1\end{cases}$$

若将其视为以 a、b、c 为未知量的线性方程组，则其系数行列式为

$$D=\begin{vmatrix}1&1&1\\4&2&1\\9&3&1\end{vmatrix}.$$

将 D 的第 1 列与第 3 列互换,得到的行列式是一个范德蒙行列式(此行列式的转置行列式是例 7 中范德蒙行列式的形式),于是

$$D=\begin{vmatrix}1&1&1\\4&2&1\\9&3&1\end{vmatrix}\xlongequal{c_1\leftrightarrow c_3}-\begin{vmatrix}1&1&1\\1&2&4\\1&3&9\end{vmatrix}=-(2-1)\times(3-1)\times(3-2)=-2\neq 0.$$

而

$$D_1=\begin{vmatrix}1&1&1\\-1&2&1\\1&3&1\end{vmatrix}=-4,\ D_2=\begin{vmatrix}1&1&1\\4&-1&1\\9&1&1\end{vmatrix}=16,\ D_3=\begin{vmatrix}1&1&1\\4&2&-1\\9&3&1\end{vmatrix}=-14,$$

于是由克拉默法则可得 $a=2$, $b=-8$, $c=7$.

因此所求抛物线的方程为 $y=2x^2-8x+7$.

我们将常数项全为 0 的线性方程组称为齐次线性方程组,将常数项不全为 0 的线性方程组称为非齐次线性方程组.

推论 2 若齐次线性方程组

$$\begin{cases}a_{11}x_1+a_{12}x_2+\cdots+a_{1n}x_n=0\\a_{21}x_1+a_{22}x_2+\cdots+a_{2n}x_n=0\\\cdots\cdots\cdots\cdots\cdots\cdots\cdots\cdots\cdots\cdots\\a_{n1}x_1+a_{n2}x_2+\cdots+a_{nn}x_n=0\end{cases}\tag{5}$$

的系数行列式不等于零,则它只有零解.

换句话说,若齐次线性方程组(5)有非零解,则它的系数行列式一定等于零.

进一步,我们在第二章还可以证明,当齐次线性方程组(5)的系数行列式等于零时,该齐次线性方程组一定存在非零解. 也就是说,齐次线性方程组(5)存在非零解的充分必要条件是(5)的系数行列式为零.

例 20 问 λ 为何值时,齐次线性方程组

$$\begin{cases}(5-\lambda)x+2y+2z=0\\2x+(6-\lambda)y=0\\2x+(4-\lambda)z=0\end{cases}$$

有非零解?

解 由推论 2 知,若齐次线性方程组有非零解,则其系数行列式 $D=0$. 又

$$D=\begin{vmatrix}5-\lambda & 2 & 2\\ 2 & 6-\lambda & 0\\ 2 & 0 & 4-\lambda\end{vmatrix}$$

$$=(5-\lambda)(6-\lambda)(4-\lambda)-4(6-\lambda)-4(4-\lambda)$$

$$=(5-\lambda)(2-\lambda)(8-\lambda),$$

于是解得 $\lambda=2$, $\lambda=5$ 或 $\lambda=8$.

不难验证,当 $\lambda=2$, $\lambda=5$ 或 $\lambda=8$ 时,该齐次线性方程组确有非零解.

习 题 一

1. 计算下列二阶与三阶行列式:

(1) $\begin{vmatrix}3 & -1\\ -2 & 5\end{vmatrix}$; (2) $\begin{vmatrix}-1 & 0\\ 4 & 2\end{vmatrix}$;

(3) $\begin{vmatrix}-1 & 2 & 0\\ 2 & 0 & 1\\ 3 & -1 & -4\end{vmatrix}$; (4) $\begin{vmatrix}a & 0 & 0\\ 0 & b & 0\\ c & 0 & d\end{vmatrix}$.

2. 计算下列排列的逆序数:

(1) 3412; (2) 421653; (3) $(n-3)(n-4)\cdots 21n(n-1)(n-2)$;

(4) $(2n-1)(2n-3)\cdots 124\cdots(2n)$.

3. 在 5 阶行列式中,下列各元素的乘积应取什么符号?

(1) $a_{23}a_{51}a_{42}a_{35}a_{14}$; (2) $a_{22}a_{31}a_{43}a_{54}a_{15}$.

4. 写出四阶行列式中含有下列因子的项:

(1) $a_{13}a_{42}$; (2) $a_{12}a_{33}$.

5. 计算下列行列式:

(1) $\begin{vmatrix}0 & a & 0 & 0\\ 0 & 0 & 0 & b\\ c & 0 & 0 & 0\\ 0 & 0 & d & 0\end{vmatrix}$; (2) $\begin{vmatrix}3 & 6 & 6 & 3\\ 1 & 2 & -1 & 0\\ 0 & 1 & -3 & 2\\ -2 & -5 & 0 & -1\end{vmatrix}$;

(3) $\begin{vmatrix}bf & ab & -bc\\ ef & -ae & ce\\ -df & ad & cd\end{vmatrix}$; (4) $\begin{vmatrix}x & y & x+y\\ y & x+y & x\\ x+y & x & y\end{vmatrix}$;

(5) $\begin{vmatrix} 1 & 1 & 1 & 1 \\ -1 & 1 & 1 & 1 \\ -1 & -1 & 1 & 1 \\ -1 & -1 & -1 & 1 \end{vmatrix}$； (6) $\begin{vmatrix} 1 & x & y & z \\ x & 2 & 0 & 0 \\ y & 0 & 3 & 0 \\ z & 0 & 0 & 4 \end{vmatrix}$；

(7) $\begin{vmatrix} 1 & a & a^2 & a^3 \\ 1 & b & b^2 & b^3 \\ 1 & c & c^2 & c^3 \\ 1 & d & d^2 & d^3 \end{vmatrix}$； (8) $\begin{vmatrix} a & 0 & \cdots & 0 & b \\ 0 & a & \cdots & 0 & 0 \\ \vdots & \vdots & \ddots & \vdots & \vdots \\ 0 & 0 & \cdots & a & 0 \\ b & 0 & \cdots & 0 & a \end{vmatrix}_n$；

(9) $\begin{vmatrix} a & b & b & \cdots & b \\ b & a & b & \cdots & b \\ b & b & a & \cdots & b \\ \vdots & \vdots & \vdots & & \vdots \\ b & b & b & \cdots & a \end{vmatrix}_n$； (10) $\begin{vmatrix} a & a+b & a+2b & a+3b \\ -a & a & 0 & 0 \\ 0 & -a & a & 0 \\ 0 & 0 & -a & a \end{vmatrix}$；

(11) $\begin{vmatrix} 1+a & 1 & 1 & 1 \\ 1 & 1-a & 1 & 1 \\ 1 & 1 & 1+b & 1 \\ 1 & 1 & 1 & 1-b \end{vmatrix}$，其中 $ab \neq 0$；

(12) $\begin{vmatrix} 3 & 2 & 0 & 0 & 0 \\ 1 & 3 & 2 & 0 & 0 \\ 0 & 1 & 3 & 2 & 0 \\ 0 & 0 & 1 & 3 & 2 \\ 0 & 0 & 0 & 1 & 3 \end{vmatrix}$； (13) $\begin{vmatrix} 3 & 5 & 0 & 0 & 0 \\ 1 & 4 & 0 & 0 & 0 \\ 2 & 1 & 2 & 1 & 0 \\ 0 & -1 & 1 & 2 & 1 \\ 3 & 2 & 0 & 1 & 2 \end{vmatrix}$.

6. 解方程 $\begin{vmatrix} x & x & 2 \\ -1 & 0 & 1 \\ 2 & 1 & x \end{vmatrix} = 0$.

7. 计算下列行列式（D_k 表示 k 阶行列式）：

(1) $D_{n+1} = \begin{vmatrix} a_0 & 1 & 1 & \cdots & 1 \\ 1 & a_1 & 0 & \cdots & 0 \\ 1 & 0 & a_2 & \cdots & 0 \\ \vdots & \vdots & \vdots & & \vdots \\ 1 & 0 & 0 & \cdots & a_n \end{vmatrix}$，其中 $a_1a_2\cdots a_n \neq 0$（提示：此为爪形行列式）；

(2) $D_n = \begin{vmatrix} 1+a_1 & a_2 & \cdots & a_n \\ a_1 & 1+a_2 & \cdots & a_n \\ \vdots & \vdots & & \vdots \\ a_1 & a_2 & \cdots & 1+a_n \end{vmatrix}$;

(3) $D_n = \begin{vmatrix} 1+x_1^2 & x_1x_2 & \cdots & x_1x_n \\ x_2x_1 & 1+x_2^2 & \cdots & x_2x_n \\ \vdots & \vdots & & \vdots \\ x_nx_1 & x_nx_2 & \cdots & 1+x_n^2 \end{vmatrix}$（提示:用升阶法计算）;

(4) $D_n = \begin{vmatrix} 1 & 2 & 2 & \cdots & 2 \\ 2 & 2 & 2 & \cdots & 2 \\ 2 & 2 & 3 & \cdots & 2 \\ \vdots & \vdots & \vdots & & \vdots \\ 2 & 2 & 2 & \cdots & n \end{vmatrix}$;

(5) $D_n = \begin{vmatrix} 1 & 2 & 3 & \cdots & n \\ 2 & 3 & 4 & \cdots & 1 \\ 3 & 4 & 5 & \cdots & 2 \\ \vdots & \vdots & \vdots & & \vdots \\ n & 1 & 2 & \cdots & n-1 \end{vmatrix}$（提示:可用例 13 的方法计算）.

8. 设 $D = \begin{vmatrix} -4 & 1 & 3 & 0 \\ 1 & 0 & 2 & -2 \\ 0 & -2 & 1 & 3 \\ -1 & 1 & -4 & 1 \end{vmatrix}$,求 $A_{11}+A_{12}+A_{13}+A_{14}$ 以及 $M_{11}+M_{12}+M_{13}+M_{14}$.

9. 证明:

(1) $\begin{vmatrix} c & a & d & b \\ a & c & d & b \\ a & c & b & d \\ c & a & b & d \end{vmatrix} = 0$;　　(2) $\begin{vmatrix} 1 & 1 & 1 \\ x^2 & xy & y^2 \\ 2x & x+y & 2y \end{vmatrix} = (x-y)^3$;

(3) $\begin{vmatrix} x_1+ax_2+bx_3 & x_2+cx_3 & x_3 \\ y_1+ay_2+by_3 & y_2+cy_3 & y_3 \\ z_1+az_2+bz_3 & z_2+cz_3 & z_3 \end{vmatrix} = \begin{vmatrix} x_1 & x_2 & x_3 \\ y_1 & y_2 & y_3 \\ z_1 & z_2 & z_3 \end{vmatrix}$;

(4) $\begin{vmatrix} x^2 & (x-1)^2 & (x-2)^2 & (x-3)^2 \\ y^2 & (y-1)^2 & (y-2)^2 & (y-3)^2 \\ z^2 & (z-1)^2 & (z-2)^2 & (z-3)^2 \\ w^2 & (w-1)^2 & (w-2)^2 & (w-3)^2 \end{vmatrix} = 0$；

(5) $\begin{vmatrix} ax+by & ay+bz & az+bx \\ ay+bz & az+bx & ax+by \\ az+bx & ax+by & ay+bz \end{vmatrix} = (a^3+b^3)\begin{vmatrix} x & y & z \\ y & z & x \\ z & x & y \end{vmatrix}$；

(6) $\begin{vmatrix} x & 0 & 0 & \cdots & 0 & a_0 \\ -1 & x & 0 & \cdots & 0 & a_1 \\ 0 & -1 & x & \cdots & 0 & a_2 \\ \vdots & \vdots & \vdots & & \vdots & \vdots \\ 0 & 0 & 0 & \cdots & x & a_{n-2} \\ 0 & 0 & 0 & \cdots & -1 & x+a_{n-1} \end{vmatrix} = x^n + a_{n-1}x^{n-1} + \cdots + a_1 x + a_0$；

(7) $\begin{vmatrix} 1 & 1 & 1 & 1 \\ x & y & z & w \\ x^2 & y^2 & z^2 & w^2 \\ x^4 & y^4 & z^4 & w^4 \end{vmatrix}$

$= (y-x)(z-x)(w-x)(z-y)(w-y)(w-z)(x+y+z+w)$.

10. 用克拉默法则解下列线性方程组：

(1) $\begin{cases} x_1 + x_2 + 2x_3 = 1 \\ x_1 - 2x_2 = 3 \\ 4x_1 + x_2 + 4x_3 = 2 \end{cases}$；　(2) $\begin{cases} x_1 + x_2 + 2x_3 + 3x_4 = 1 \\ 3x_1 - x_2 - x_3 - 2x_4 = -4 \\ 2x_1 + 3x_2 - x_3 - x_4 = -6 \\ x_1 + 2x_2 + 3x_3 - x_4 = -4 \end{cases}$；

(3) $\begin{cases} x_1 + x_2 + x_3 + x_4 = 0 \\ x_2 + x_3 + x_4 + x_5 = 0 \\ x_1 + 2x_2 + 3x_3 = 2 \\ x_2 + 2x_3 + 3x_4 = -2 \\ x_3 + 2x_4 + 3x_5 = 2 \end{cases}$.

11. 问 λ 取何值时，线性方程组

$$\begin{cases} \lambda x_1 + x_2 + x_3 = 1 \\ x_1 + \lambda x_2 + x_3 = 2 \\ x_1 + x_2 + \lambda x_3 = 3 \end{cases}$$

有唯一解？

12. 问 λ 取何值时，齐次线性方程组

$$\begin{cases} x_1 + \lambda x_2 + x_3 = 0 \\ x_1 - x_2 - \lambda x_3 = 0 \\ x_1 + 2x_2 - x_3 = 0 \end{cases}$$

有非零解？

13. 问 k 取何值时，齐次线性方程组

$$\begin{cases} kx_1 + (k-1)x_2 + x_3 = 0 \\ (k+3)x_1 + x_2 + 2x_3 = 0 \\ 3(k+1)x_1 + kx_2 + (k+3)x_3 = 0 \end{cases}$$

只有零解？

14. 问 k、m 取何值时，齐次线性方程组

$$\begin{cases} x_1 + x_2 + kx_3 = 0 \\ x_1 + mx_2 + x_3 = 0 \\ x_1 + 2mx_2 + x_3 = 0 \end{cases}$$

只有零解？

第二章　矩阵的初等变换与线性方程组

本章先引进矩阵的概念，再引进矩阵的初等变换，建立矩阵秩的概念，然后介绍用初等变换求解线性方程组的方法即消元法，并利用矩阵的秩讨论线性方程组的无解、有唯一解或有无穷多解的充分必要条件.

§1　矩阵及其初等变换

一、矩阵的概念

矩阵在科学计算和日常生活中经常用到，如某厂向两个商店发送三种产品的数量，我们可以用一个矩形数表表示如下：

$$\begin{pmatrix} a_{11} & a_{12} & a_{13} \\ a_{21} & a_{22} & a_{23} \end{pmatrix},$$

其中 a_{ij} $(i=1,2;\ j=1,2,3)$ 为工厂向第 i 个商店发送第 j 种商品的数量. 下面给出矩阵的一般概念.

定义 1　由 $m\times n$ 个数 a_{ij} $(i=1,2,\cdots,m;\ j=1,2,\cdots,n)$ 排成 m 行 n 列的数表

$$\begin{pmatrix} a_{11} & a_{12} & \cdots & a_{1n} \\ a_{21} & a_{22} & \cdots & a_{2n} \\ \vdots & \vdots & & \vdots \\ a_{m1} & a_{m2} & \cdots & a_{mn} \end{pmatrix}$$

称为 ***m* 行 *n* 列矩阵**，简称 $m\times n$ 矩阵，其中 a_{ij} 表示第 i 行第 j 列元素. 通常用大写字母 $\boldsymbol{A}$、$\boldsymbol{B}$、$\boldsymbol{C}$ 等来表示矩阵，如上述矩阵可记作

$$\boldsymbol{A}=\begin{pmatrix} a_{11} & a_{12} & \cdots & a_{1n} \\ a_{21} & a_{22} & \cdots & a_{2n} \\ \vdots & \vdots & & \vdots \\ a_{m1} & a_{m2} & \cdots & a_{mn} \end{pmatrix}, \tag{1}$$

也可记作 $\boldsymbol{A}=(a_{ij})$ 或 $\boldsymbol{A}=(a_{ij})_{m\times n}$ 或 $\boldsymbol{A}_{m\times n}$.

当 $m=n$ 时，$\boldsymbol{A}_{n\times n}$ 称为 **$\boldsymbol{n}$ 阶方阵**或 **$\boldsymbol{n}$ 阶矩阵**. 这时，从左上角到右下角的直线叫做主对角线，主对角线上的元素 $a_{11}, a_{22}, \cdots, a_{nn}$ 称为主对角元.

元素全是实数的矩阵称为**实矩阵**，元素全是复数的矩阵称为**复矩阵**. 本书中的矩阵除非特别说明都是指实矩阵.

对于由 n 个未知量、m 个方程组成的线性方程组：

$$\begin{cases} a_{11}x_1+a_{12}x_2+\cdots+a_{1n}x_n=b_1 \\ a_{21}x_1+a_{22}x_2+\cdots+a_{2n}x_n=b_2 \\ \cdots\cdots\cdots\cdots\cdots\cdots\cdots\cdots\cdots\cdots \\ a_{m1}x_1+a_{m2}x_2+\cdots+a_{mn}x_n=b_m \end{cases} \tag{2}$$

矩阵

$$\boldsymbol{A}=\begin{pmatrix} a_{11} & a_{12} & \cdots & a_{1n} \\ a_{21} & a_{22} & \cdots & a_{2n} \\ \vdots & \vdots & & \vdots \\ a_{m1} & a_{m2} & \cdots & a_{mn} \end{pmatrix}$$

称为线性方程组(2)的**系数矩阵**；矩阵

$$\boldsymbol{b}=\begin{pmatrix} b_1 \\ b_2 \\ \vdots \\ b_m \end{pmatrix}$$

称为线性方程组(2)的**常数项矩阵**；矩阵

$$\widetilde{\boldsymbol{A}}=\begin{pmatrix} a_{11} & a_{12} & \cdots & a_{1n} & b_1 \\ a_{21} & a_{22} & \cdots & a_{2n} & b_2 \\ \vdots & \vdots & & \vdots & \vdots \\ a_{m1} & a_{m2} & \cdots & a_{mn} & b_m \end{pmatrix} \tag{3}$$

称为线性方程组(2) 的**增广矩阵**，增广矩阵可记为$\widetilde{\boldsymbol{A}}=(\boldsymbol{A}, \boldsymbol{b})$.

显然，线性方程组(2)与矩阵(3)相互唯一确定.

下面介绍一些特殊类型的矩阵.

(1) 零矩阵：元素都是零的矩阵称为**零矩阵**，记作 $\mathbf{0}$.

(2) 行矩阵、列矩阵：只有一行的矩阵 $\boldsymbol{A}=(a_{11}\quad a_{12}\quad \cdots\quad a_{1n})$称为**行矩阵**，又称为行向量，有时也记作 $\boldsymbol{A}=(a_{11}, a_{12}, \cdots, a_{1n})$. 只有一列的矩阵

$$A=\begin{pmatrix}b_{11}\\b_{21}\\\vdots\\b_{m1}\end{pmatrix}$$

称为**列矩阵**，又称为列向量.

(3) 负矩阵：设矩阵 $\boldsymbol{A}=(a_{ij})_{m\times n}$，则$(-a_{ij})_{m\times n}$ 称为矩阵$\boldsymbol{A}$ 的**负矩阵**，记作$-\boldsymbol{A}$，即$-\boldsymbol{A}=(-a_{ij})_{m\times n}$.

(4) 对角矩阵、单位矩阵：主对角元外的元素全为 0 的方阵称为**对角矩阵**，即

$$\begin{pmatrix}a_{11}&0&\cdots&0\\0&a_{22}&\cdots&0\\\vdots&\vdots&\ddots&\vdots\\0&0&\cdots&a_{nn}\end{pmatrix}，(\text{或简记为 } \mathrm{diag}(a_{11}, a_{22}, \cdots, a_{nn}))$$

特别地，主对角元均为 1 的对角矩阵称为**单位矩阵**，记作$\boldsymbol{E}_n$ 或$\boldsymbol{E}$.

(5) 上三角矩阵、下三角矩阵：

形如 $\begin{pmatrix}a_{11}&a_{12}&\cdots&a_{1n}\\0&a_{22}&\cdots&a_{2n}\\\vdots&\vdots&\ddots&\vdots\\0&0&\cdots&a_{nn}\end{pmatrix}$，$\begin{pmatrix}a_{11}&0&\cdots&0\\a_{21}&a_{22}&\cdots&0\\\vdots&\vdots&\ddots&\vdots\\a_{n1}&a_{n2}&\cdots&a_{nn}\end{pmatrix}$ 的方阵分别称为**上三角矩阵**和**下三角矩阵**.

(6) 同型矩阵：当两个矩阵的行数、列数分别相等时，称为**同型矩阵**. 若 $\boldsymbol{A}=(a_{ij})$ 与 $\boldsymbol{B}=(b_{ij})$ 是 $m\times n$ 的同型矩阵，且它们对应元素相等，即 $a_{ij}=b_{ij}$ $(i=1, 2, \cdots, m; j=1, 2, \cdots, n)$ 则称矩阵$\boldsymbol{A}$ 与矩阵$\boldsymbol{B}$ **相等**，记作$\boldsymbol{A}=\boldsymbol{B}$.

二、矩阵的初等变换

以前曾学过消元法解二元、三元线性方程组，这里再来研究一下.

例 1　解三元线性方程组

$$\begin{cases}-2x_1-3x_2+4x_3=4\\ x_1+2x_2-x_3=-3.\\ 2x_1+2x_2-6x_3=-2\end{cases}\tag{4}$$

解　为叙述方便，方程组的第 i 个方程记作 r_i $(i=1, 2, 3)$. $r_i\leftrightarrow r_j$ 表示对换第 i、j 个方程的次序，$kr_i(k\neq 0)$ 表示用 k 乘第 i 个方程的两边，r_i+kr_j 表示第 j 个方程的两边乘以 k 然后加到第 i 个方程上.

$$(4)\ \underset{\sim}{\overset{r_1\leftrightarrow r_2}{\frac{1}{2}r_3}}\begin{cases}x_1+2x_2-x_3=-3\\-2x_1-3x_2+4x_3=4\\x_1+x_2-3x_3=-1\end{cases}\tag{5}$$

$$(5)\ \underset{\sim}{\overset{r_2+2r_1}{r_3-r_1}}\begin{cases}x_1+2x_2-x_3=-3\\x_2+2x_3=-2\\-x_2-2x_3=2\end{cases}\tag{6}$$

$$(6)\ \underset{\sim}{\overset{r_3+r_2}{r_1-2r_2}}\begin{cases}x_1-5x_3=1\\x_2+2x_3=-2\\0=0\end{cases}\tag{7}$$

其中“～”表示方程组间的同解变换.

方程组(7)有3个未知量,但有效方程只有2个,因此有1个未知量可以任意取值,称为自由未知量.我们不妨取 x_3 为自由未知量.先由方程组(7)中的 r_2 得:$x_2=-2x_3-2$,再由(7)中的 r_1 得:$x_1=5x_3+1$.取 $x_3=c$,于是解得

$$\begin{cases}x_1=5c+1\\x_2=-2c-2,\\x_3=c\end{cases}\tag{8}$$

其中 x_3 为自由未知量,c 为任意常数.

在上述消元过程中,始终把方程组看作一个整体,即将整个方程组变成另外一个方程组.其中用到三种变换,即(i)对换两方程次序($r_i\leftrightarrow r_j$);(ii)以数 $k(k\neq 0)$ 乘某个方程(kr_i);(iii)一个方程加上另一个方程的 k 倍(r_i+kr_j).由于这三种变换都是可逆的,即($\boldsymbol{A}$、$\boldsymbol{B}$ 表示两个线性方程组)

若$(\boldsymbol{A})\xrightarrow{r_i\leftrightarrow r_j}(\boldsymbol{B})$,　　则$(\boldsymbol{B})\xrightarrow{r_i\leftrightarrow r_j}(\boldsymbol{A})$;

若$(\boldsymbol{A})\xrightarrow{kr_i}(\boldsymbol{B})$,　　则$(\boldsymbol{B})\xrightarrow{r_i\div k}(\boldsymbol{A})$;

若$(\boldsymbol{A})\xrightarrow{r_i+kr_j}(\boldsymbol{B})$,　　则$(\boldsymbol{B})\xrightarrow{r_i-kr_j}(\boldsymbol{A})$,

因此变换前后的方程组(4)与(7)是同解的,这三种变换都是方程组的同解变换,所以最后求得的解(8)就是方程组(4)的全部解.

在上述变换过程中,实际上只对方程组的系数与常数项进行运算,未知量并未参与运算.因此上述方程组的变换完全可以转换为对其增广矩阵的变换.把方程组的上述三种同解变换移到矩阵上,就得到矩阵的三种初等行变换.

定义 2　下面三种变换称为矩阵的**初等行变换**：

(1) 对换两行(对换 i、j 两行，记作 $r_i \leftrightarrow r_j$)；

(2) 以数 $k \neq 0$ 乘某一行中的所有元素(第 i 行乘 k，记作 kr_i)；

(3) 某一行所有元素的 k 倍加到另一行对应的元素上去(第 j 行的 k 倍加到第 i 行上，记作 $r_i + kr_j$).

把定义 2 中的“行”换成“列”，即得矩阵的**初等列变换**的定义(把所有记号“r”换成“c”).

矩阵的初等行变换与初等列变换，统称为**初等变换**.

显然，矩阵的三种初等变换都可逆，且其逆变换是同一类型的初等变换；变换 $r_i \leftrightarrow r_j$ 的逆变换就是其本身；变换 kr_i 的逆变换为 $\frac{1}{k}r_i$(或记作 $r_i \div k$)；变换 $r_i + kr_j$ 的逆变换为 $r_i + (-k)r_j$(或记作 $r_i - kr_j$).

利用矩阵的初等变换将矩阵 $\boldsymbol{A}$ 化成形状“简单”的矩阵 $\boldsymbol{B}$，虽然矩阵的元素发生了变化，但它们之间却存在着不可割舍的联系，可以保持矩阵的一些重要性质不变. 因此，通过“简单”的矩阵 $\boldsymbol{B}$ 来探讨矩阵 $\boldsymbol{A}$ 的某些性质就成为常用的方法. 事实上，例 1 中方程组(4)的消元过程可以用增广矩阵的初等行变换表示如下：

$$\widetilde{\boldsymbol{A}} = \begin{pmatrix} -2 & -3 & 4 & 4 \\ 1 & 2 & -1 & -3 \\ 2 & 2 & -6 & -2 \end{pmatrix}$$

$$\underbrace{\substack{r_1 \leftrightarrow r_2 \\ \frac{1}{2}r_3}}\begin{pmatrix} 1 & 2 & -1 & -3 \\ -2 & -3 & 4 & 4 \\ 1 & 1 & -3 & -1 \end{pmatrix} = \widetilde{\boldsymbol{A}}_1$$

$$\underbrace{\substack{r_2 + 2r_1 \\ r_3 - r_1}}\begin{pmatrix} 1 & 2 & -1 & -3 \\ 0 & 1 & 2 & -2 \\ 0 & -1 & -2 & 2 \end{pmatrix} = \widetilde{\boldsymbol{A}}_2$$

$$\underbrace{r_3 + r_2}\begin{pmatrix} 1 & 2 & -1 & -3 \\ 0 & 1 & 2 & -2 \\ 0 & 0 & 0 & 0 \end{pmatrix} = \widetilde{\boldsymbol{A}}_3$$

$$\underbrace{r_1 - 2r_2}\begin{pmatrix} 1 & 0 & -5 & 1 \\ 0 & 1 & 2 & -2 \\ 0 & 0 & 0 & 0 \end{pmatrix} = \widetilde{\boldsymbol{A}}_4.$$

$\widetilde{A}_3$ 是行阶梯形矩阵，$\widetilde{A}_4$ 是行最简形矩阵（定义在下节），$\widetilde{A}_4$ 对应的方程组为

$$\begin{cases} x_1 \quad -5x_3 = 1 \\ \quad x_2 + 2x_3 = -2, \\ \qquad\qquad 0 = 0 \end{cases}$$

其中 x_3 为自由未知量.

§2 矩阵的等价与秩

一、矩阵的等价

定义 3 若矩阵 $\boldsymbol{A}$ 经过有限次初等行变换化为矩阵 $\boldsymbol{B}$，则称矩阵 $\boldsymbol{A}$ 与 $\boldsymbol{B}$ **行等价**，记作 $\boldsymbol{A} \overset{r}{\sim} \boldsymbol{B}$；若矩阵 $\boldsymbol{A}$ 经过有限次初等列变换化为矩阵 $\boldsymbol{B}$，则称矩阵 $\boldsymbol{A}$ 与 $\boldsymbol{B}$ **列等价**，记作 $\boldsymbol{A} \overset{c}{\sim} \boldsymbol{B}$；若矩阵 $\boldsymbol{A}$ 经过有限次初等变换化为矩阵 $\boldsymbol{B}$，则称矩阵 $\boldsymbol{A}$ 与 $\boldsymbol{B}$ **等价**，记作 $\boldsymbol{A} \sim \boldsymbol{B}$.

容易验证矩阵之间的等价关系满足下列性质：

(1) 反身性：$\boldsymbol{A} \sim \boldsymbol{A}$；

(2) 对称性：若 $\boldsymbol{A} \sim \boldsymbol{B}$，则 $\boldsymbol{B} \sim \boldsymbol{A}$；

(3) 传递性：若 $\boldsymbol{A} \sim \boldsymbol{B}$，$\boldsymbol{B} \sim \boldsymbol{C}$，则 $\boldsymbol{A} \sim \boldsymbol{C}$.

对矩阵施行初等变换是对矩阵进行的一种特殊运算，矩阵之间的等价关系完全不同于矩阵的相等关系，注意两者不要混淆.

利用矩阵的初等行变换，可以把一个矩阵化成行阶梯形矩阵. 例如，对矩阵

$$\boldsymbol{A} = \begin{pmatrix} 1 & 1 & 0 & -3 & -1 \\ 1 & -1 & 2 & -1 & 0 \\ 4 & -2 & 6 & 3 & -4 \\ 2 & 4 & -2 & 4 & -7 \end{pmatrix}$$

相继施行一系列初等行变换，有

$$\boldsymbol{A} = \begin{pmatrix} 1 & 1 & 0 & -3 & -1 \\ 1 & -1 & 2 & -1 & 0 \\ 4 & -2 & 6 & 3 & -4 \\ 2 & 4 & -2 & 4 & -7 \end{pmatrix} \underset{\substack{r_3 - 4r_1 \\ r_4 - 2r_1}}{\overset{r_2 - r_1}{\sim}} \begin{pmatrix} 1 & 1 & 0 & -3 & -1 \\ 0 & -2 & 2 & 2 & 1 \\ 0 & -6 & 6 & 15 & 0 \\ 0 & 2 & -2 & 10 & -5 \end{pmatrix}$$

$$\xrightarrow[r_4+r_2]{r_3-3r_2}\begin{pmatrix}1&1&0&-3&-1\\0&-2&2&2&1\\0&0&0&9&-3\\0&0&0&12&-4\end{pmatrix}\xrightarrow[\frac{1}{4}r_4]{\frac{1}{3}r_3}\begin{pmatrix}1&1&0&-3&-1\\0&-2&2&2&1\\0&0&0&3&-1\\0&0&0&3&-1\end{pmatrix}$$

$$\xrightarrow{r_4-r_3}\begin{pmatrix}1&1&0&-3&-1\\0&-2&2&2&1\\0&0&0&3&-1\\0&0&0&0&0\end{pmatrix}=\boldsymbol{B}$$

上述矩阵 $\boldsymbol{B}=\begin{pmatrix}1&1&0&-3&-1\\0&-2&2&2&1\\0&0&0&3&-1\\0&0&0&0&0\end{pmatrix}$ 称为**行阶梯形矩阵**,它有以下特点:

(1) 非零行在上面,零行(元素全为零的行)在下面.

(2) 每个非零行的第一个非零元下方的元素全为零.

形象地说,就是在该矩阵内可以画出一条阶梯线,使横线的下方元素全为零,竖线后面第一个元素为非零元;每个阶梯只有一行,阶梯数等于非零行的行数,即

$$\boldsymbol{B}=\begin{pmatrix}1&1&0&-3&-1\\0&-2&2&2&1\\0&0&0&3&-1\\0&0&0&0&0\end{pmatrix}.$$

若对矩阵 $\boldsymbol{B}$ 继续进行初等行变换,则有

$$\boldsymbol{B}=\begin{pmatrix}1&1&0&-3&-1\\0&-2&2&2&1\\0&0&0&3&-1\\0&0&0&0&0\end{pmatrix}\xrightarrow[\frac{1}{3}r_3]{-\frac{1}{2}r_2}\begin{pmatrix}1&1&0&-3&-1\\0&1&-1&-1&-\frac{1}{2}\\0&0&0&1&-\frac{1}{3}\\0&0&0&0&0\end{pmatrix}\xrightarrow[r_1+3r_3]{r_2+r_3}$$

$$\begin{pmatrix}1&1&0&0&-2\\0&1&-1&0&-\frac{5}{6}\\0&0&0&1&-\frac{1}{3}\\0&0&0&0&0\end{pmatrix}\xrightarrow{r_1-r_2}\begin{pmatrix}1&0&1&0&-\frac{7}{6}\\0&1&-1&0&-\frac{5}{6}\\0&0&0&1&-\frac{1}{3}\\0&0&0&0&0\end{pmatrix}=\boldsymbol{C}.$$

上面的矩阵 $\boldsymbol{C}$ 除具有行阶梯形矩阵的特点外，它比矩阵 $\boldsymbol{B}$ 更简单，称之为**行最简形矩阵**，其特点是非零行的第一个非零元是 1，且它所在列的其它元素全为零.

若再对矩阵 $\boldsymbol{C}$ 继续做初等列变换，则矩阵 $\boldsymbol{C}$ 可进一步被简化为

$$\boldsymbol{C}=\begin{pmatrix}1&0&1&0&-\frac{7}{6}\\0&1&-1&0&-\frac{5}{6}\\0&0&0&1&-\frac{1}{3}\\0&0&0&0&0\end{pmatrix}\xrightarrow{c_3\leftrightarrow c_4}\begin{pmatrix}1&0&0&1&-\frac{7}{6}\\0&1&0&-1&-\frac{5}{6}\\0&0&1&0&-\frac{1}{3}\\0&0&0&0&0\end{pmatrix}\xrightarrow{c_5+\frac{7}{6}c_1+\frac{5}{6}c_2+\frac{1}{3}c_3}$$

$$\begin{pmatrix}1&0&0&1&0\\0&1&0&-1&0\\0&0&1&0&0\\0&0&0&0&0\end{pmatrix}\xrightarrow{c_4-c_1+c_2}\begin{pmatrix}1&0&0&0&0\\0&1&0&0&0\\0&0&1&0&0\\0&0&0&0&0\end{pmatrix}=\boldsymbol{F},$$

其中，最后一个矩阵 $\boldsymbol{F}$ 的特点是其左上角是一个单位矩阵，而其余元素全为零. 这样的矩阵称之为标准形矩阵.

用归纳法不难证明以下定理.

定理 1 对任何矩阵 $\boldsymbol{A}_{m\times n}$，总可以经过有限次初等行变换把它化为行阶梯形矩阵和行最简形矩阵；总可以经过有限次初等变换把它化为标准形矩阵.

例 2 用初等变换化矩阵 $\boldsymbol{A}=\begin{pmatrix}0&3&-6&2\\1&-7&8&-1\\1&-9&12&1\end{pmatrix}$ 为行最简形矩阵和等价标准形矩阵.

解 先通过交换矩阵 $\boldsymbol{A}$ 的第 1、3 两行使元素 a_{11} 为非零元(可能的话，尽量使其为 1，以方便后面的运算)，然后利用矩阵的初等行变换将 a_{11} 下方元素化为零，即

$$\boldsymbol{A}=\begin{pmatrix}0&3&-6&2\\1&-7&8&-1\\1&-9&12&1\end{pmatrix}\xrightarrow{r_1\leftrightarrow r_3}\begin{pmatrix}1&-9&12&1\\1&-7&8&-1\\0&3&-6&2\end{pmatrix}$$

$$\xrightarrow{r_2-r_1}\begin{pmatrix}1&-9&12&1\\0&2&-4&-2\\0&3&-6&2\end{pmatrix}=\boldsymbol{B}.$$

其次以矩阵 $\boldsymbol{B}$ 的 a_{22} 元素为准，利用矩阵的初等行变换将 a_{22} 下方元素化为零，即

$$\boldsymbol{B}\overset{\frac{1}{2}r_2}{\sim}\begin{pmatrix}1&-9&12&1\\0&1&-2&-1\\0&3&-6&2\end{pmatrix}\overset{r_3-3r_2}{\sim}\begin{pmatrix}1&-9&12&1\\0&1&-2&-1\\0&0&0&5\end{pmatrix}=\boldsymbol{C}(\text{行阶梯形}).$$

再利用矩阵的初等行变换将矩阵 $\boldsymbol{C}$ 的非零行的非零首元都化为 1，且将非零首元的上方元素均化为零，即

$$\boldsymbol{C}\overset{\frac{1}{5}r_3}{\sim}\begin{pmatrix}1&-9&12&1\\0&1&-2&-1\\0&0&0&1\end{pmatrix}\overset{r_1+9r_2}{\sim}\begin{pmatrix}1&0&-6&-8\\0&1&-2&-1\\0&0&0&1\end{pmatrix}$$

$$\overset{\substack{r_2+r_3\\r_1+8r_3}}{\sim}\begin{pmatrix}1&0&-6&0\\0&1&-2&0\\0&0&0&1\end{pmatrix}=\boldsymbol{D},$$

其中 $\boldsymbol{D}$ 为行最简形矩阵.

最后对矩阵 $\boldsymbol{D}$ 施行初等列变换，有

$$\boldsymbol{D}=\begin{pmatrix}1&0&-6&0\\0&1&-2&0\\0&0&0&1\end{pmatrix}\overset{c_3\leftrightarrow c_4}{\sim}\begin{pmatrix}1&0&0&-6\\0&1&0&-2\\0&0&1&0\end{pmatrix}$$

$$\overset{c_4+6c_1+2c_2}{\sim}\begin{pmatrix}1&0&0&0\\0&1&0&0\\0&0&1&0\end{pmatrix}=\boldsymbol{F}(\text{标准形}),$$

其中，矩阵 $\boldsymbol{D}$、$\boldsymbol{F}$ 分别为矩阵 $\boldsymbol{A}$ 的行最简形矩阵与等价标准形矩阵.

例 3　用初等行变换化矩阵 $\boldsymbol{A}=\begin{pmatrix}2&1&1\\3&1&0\\0&1&2\end{pmatrix}$ 为行最简形矩阵.

解　先将第 2 行减第 1 行然后再交换第 1、2 两行，就可使 a_{11} 元素化为 1，然后类似于上例的做法继续进行，即

$$\begin{pmatrix}2&1&1\\3&1&0\\0&1&2\end{pmatrix}\overset{r_2-r_1}{\sim}\begin{pmatrix}2&1&1\\1&0&-1\\0&1&2\end{pmatrix}\overset{r_2\leftrightarrow r_1}{\sim}\begin{pmatrix}1&0&-1\\2&1&1\\0&1&2\end{pmatrix}\overset{r_2-2r_1}{\sim}\begin{pmatrix}1&0&-1\\0&1&3\\0&1&2\end{pmatrix}$$

$$\xrightarrow{r_3 - r_2} \begin{pmatrix} 1 & 0 & -1 \\ 0 & 1 & 3 \\ 0 & 0 & -1 \end{pmatrix} \xrightarrow{-r_3} \begin{pmatrix} 1 & 0 & -1 \\ 0 & 1 & 3 \\ 0 & 0 & 1 \end{pmatrix} \xrightarrow[r_2 - 3r_3]{r_1 + r_3} \begin{pmatrix} 1 & 0 & 0 \\ 0 & 1 & 0 \\ 0 & 0 & 1 \end{pmatrix}.$$

例 4 用初等行变换化矩阵 $\boldsymbol{A} = \begin{pmatrix} 0 & 1 & 2 & 1 \\ 0 & 2 & 3 & -1 \\ 0 & 1 & 4 & 6 \end{pmatrix}$ 为行最简形矩阵.

解 此矩阵的第一列元素全为 0,直接从第二列开始用类似于本节例 2 的方法,即

$$\begin{pmatrix} 0 & 1 & 2 & 1 \\ 0 & 2 & 3 & -1 \\ 0 & 1 & 4 & 6 \end{pmatrix} \xrightarrow[r_3 - r_1]{r_2 - 2r_1} \begin{pmatrix} 0 & 1 & 2 & 1 \\ 0 & 0 & -1 & -3 \\ 0 & 0 & 2 & 5 \end{pmatrix} \xrightarrow{r_3 + 2r_2} \begin{pmatrix} 0 & 1 & 2 & 1 \\ 0 & 0 & -1 & -3 \\ 0 & 0 & 0 & -1 \end{pmatrix}$$

$$\xrightarrow[-r_3]{-r_2} \begin{pmatrix} 0 & 1 & 2 & 1 \\ 0 & 0 & 1 & 3 \\ 0 & 0 & 0 & 1 \end{pmatrix} \xrightarrow{r_1 - 2r_2} \begin{pmatrix} 0 & 1 & 0 & -5 \\ 0 & 0 & 1 & 3 \\ 0 & 0 & 0 & 1 \end{pmatrix} \xrightarrow[r_2 - 3r_3]{r_1 + 5r_3} \begin{pmatrix} 0 & 1 & 0 & 0 \\ 0 & 0 & 1 & 0 \\ 0 & 0 & 0 & 1 \end{pmatrix}.$$

二、矩阵的秩

定义 5 在 $m \times n$ 矩阵 $\boldsymbol{A}$ 中,任取 k 行 k 列($1 \leqslant k \leqslant m,\ 1 \leqslant k \leqslant n$),位于这些行、列交叉处的 k^2 个元素,不改变它们在 $\boldsymbol{A}$ 中所处的位置次序而得到的 k 阶行列式,称为矩阵 $\boldsymbol{A}$ 的 **k 阶子式**.

一个 $m \times n$ 矩阵 $\boldsymbol{A}$ 的 k 阶子式共有 $C_m^k C_n^k$ 个. 特别地,n 阶方阵只有一个 n 阶子式,即方阵 $\boldsymbol{A}$ 的行列式 $|\boldsymbol{A}|$.

例如,在矩阵 $\boldsymbol{A} = \begin{pmatrix} 1 & 2 & 8 & 5 \\ 0 & 4 & -1 & 2 \\ 6 & 3 & 7 & 0 \end{pmatrix}$ 中,可有 $C_4^3 C_3^3 = 4$ 个三阶子式,而选定 1、2、3 行和 1、2、4 列的子式为 $\begin{vmatrix} 1 & 2 & 5 \\ 0 & 4 & 2 \\ 6 & 3 & 0 \end{vmatrix}$.

定义 6 若矩阵 $\boldsymbol{A}$ 中有一个 r 阶子式 $D_r \neq 0$,且所有的 $r+1$ 阶子式(若存在的话)都为 0,则称 D_r 为矩阵 $\boldsymbol{A}$ 的**最高阶非零子式**,其阶数 r 称为矩阵 $\boldsymbol{A}$ **的秩**,记作 $R(\boldsymbol{A})$ 或 $\operatorname{rank} \boldsymbol{A}$. 并规定零矩阵的秩为 0.

由于 $R(\boldsymbol{A})$ 是 $\boldsymbol{A}$ 的非零子式的最高阶数,因此,若矩阵 $\boldsymbol{A}$ 有某个 s 阶子式不为 0,则 $R(\boldsymbol{A}) \geqslant s$;若 $\boldsymbol{A}$ 中所有 t 阶子式全为 0,则 $R(\boldsymbol{A}) < t$.

对于 $m \times n$ 矩阵 $\boldsymbol{A}$,若 $R(\boldsymbol{A}) = m$,则称 $\boldsymbol{A}$ 为**行满秩矩阵**;若 $R(\boldsymbol{A}) = n$,则称 $\boldsymbol{A}$

为**列满秩矩阵**. 对于n阶方阵$\boldsymbol{A}$，若$R(\boldsymbol{A})=n$，则称$\boldsymbol{A}$为满秩矩阵；若$R(\boldsymbol{A})<n$，则称$\boldsymbol{A}$为**降秩矩阵**.

对于任意$m\times n$矩阵$\boldsymbol{A}$，显然有$0\leqslant R(\boldsymbol{A})\leqslant\min\{m,\ n\}$和$R(\boldsymbol{A}^{\mathrm{T}})=R(\boldsymbol{A})$.

另外，由矩阵秩的定义可知，n阶方阵$\boldsymbol{A}$满秩的充分必要条件是$|\boldsymbol{A}|\neq 0$.

下面来讨论如何求矩阵的秩，这里主要介绍两种方法，即利用定义求矩阵的秩和利用初等变换求矩阵的秩.

1. 用矩阵秩的定义求矩阵的秩

对于一个非零矩阵，一般来说可从二阶子式开始逐一算起，若它所有的二阶子式都为零，则该矩阵的秩为1；若找到一个不为零的二阶子式，就继续计算它的三阶子式，若它所有的三阶子式都为零，则该矩阵的秩为2；若找到一个不为零的三阶子式，就继续计算它的四阶子式，直到求出矩阵的秩为止.

例5　求矩阵$\boldsymbol{A}$和$\boldsymbol{B}$的秩，其中

$$\boldsymbol{A}=\begin{pmatrix}1 & 2 & 2 & 11\\ 1 & -3 & -3 & -14\\ 3 & 1 & 1 & 8\end{pmatrix},\ \boldsymbol{B}=\begin{pmatrix}1 & 2 & 2 & 11\\ 0 & -5 & -5 & -25\\ 0 & 0 & 0 & 0\end{pmatrix}.$$

解　计算矩阵$\boldsymbol{A}$的二阶子式，因为$\begin{vmatrix}1 & 2\\ 1 & -3\end{vmatrix}=-5\neq 0$，所以继续计算其三阶子式

$$\begin{vmatrix}1 & 2 & 2\\ 1 & -3 & -3\\ 3 & 1 & 1\end{vmatrix}=0,\ \begin{vmatrix}1 & 2 & 11\\ 1 & -3 & -14\\ 3 & 1 & 8\end{vmatrix}=0,$$

$$\begin{vmatrix}1 & 2 & 11\\ 1 & -3 & -14\\ 3 & 1 & 8\end{vmatrix}=0,\ \begin{vmatrix}2 & 2 & 11\\ -3 & -3 & -14\\ 1 & 1 & 8\end{vmatrix}=0,$$

由于该矩阵共有四个三阶子式且均为零，故$R(\boldsymbol{A})=2$.

$\boldsymbol{B}$是一个行阶梯形矩阵，其非零行有2行，即知$\boldsymbol{B}$的所有3阶子式均为零，而以两个非零行的第一个非零元素为对角线元素的二阶行列式

$$\begin{vmatrix}1 & 2\\ 0 & -5\end{vmatrix}=-5\neq 0,$$

因此$R(\boldsymbol{B})=2$.

2. 用初等变换求矩阵的秩

在利用定义求矩阵秩的过程中，主要看其子式是否为零，但对于行数与列数较多的矩阵而言，计算量很大. 从例 5 可看出，对于行阶梯形矩阵，它的秩就等于其非零行的行数. 于是，我们想到如果能利用初等变换将一般的 $m\times n$ 矩阵 $\boldsymbol{A}$ 化成一个与之同秩的行阶梯形矩阵，则 $R(\boldsymbol{A})$ 就求出来了.

事实上，对于例 5 中的矩阵 $\boldsymbol{A}$ 施行一系列初等变换，得

$$\boldsymbol{A}=\begin{pmatrix}1&2&2&11\\1&-3&-3&-14\\3&1&1&8\end{pmatrix}\xrightarrow[r_3-3r_1]{r_2-r_1}\begin{pmatrix}1&2&2&11\\0&-5&-5&-25\\0&-5&-5&-25\end{pmatrix}$$

$$\xrightarrow{r_3-r_2}\begin{pmatrix}1&2&2&11\\0&-5&-5&-25\\0&0&0&0\end{pmatrix}=\boldsymbol{B}.$$

也就是说，例 5 中的矩阵 $\boldsymbol{B}$ 就是矩阵 $\boldsymbol{A}$ 的行阶梯形矩阵，且 $\boldsymbol{A}$ 经初等变换化为 $\boldsymbol{B}$ 后，恰有 $R(\boldsymbol{A})=R(\boldsymbol{B})=2$，即初等变换没有改变矩阵 $\boldsymbol{A}$ 的秩. 此结果并非偶然，一般地，有如下结论成立.

定理 2 初等变换不改变矩阵的秩，即若 $\boldsymbol{A}\sim\boldsymbol{B}$，则 $R(\boldsymbol{A})=R(\boldsymbol{B})$.

证 $\boldsymbol{A}\sim\boldsymbol{B}$ 表示矩阵 $\boldsymbol{A}$ 可经过一系列初等变换化为 $\boldsymbol{B}$，因此只需证明 $\boldsymbol{A}$ 经过一次初等变换化为 $\boldsymbol{B}_1$ 时，有 $R(\boldsymbol{A})=R(\boldsymbol{B}_1)$ 即可. 又因为初等变换是可逆的，所以只需证 $\boldsymbol{A}$ 经过一次初等变换有 $R(\boldsymbol{B}_1)\leqslant R(\boldsymbol{A})$.

下面以行变换为例按三种初等行变换分别来证：

(1) 设 $\boldsymbol{A}\xrightarrow{r_i+kr_j}\boldsymbol{B}_1$，且 $R(\boldsymbol{A})=r$，要证 $\boldsymbol{B}_1$ 的任意 $r+1$ 阶子式 D 全为零.

$$\boldsymbol{A}=\begin{pmatrix}\cdots&\cdots&\cdots\\a_{i1}&\cdots&a_{in}\\\cdots&\cdots&\cdots\\a_{j1}&\cdots&a_{jn}\\\cdots&\cdots&\cdots\end{pmatrix},\ \boldsymbol{B}_1=\begin{pmatrix}\cdots&\cdots&\cdots\\a_{i1}+ka_{j1}&\cdots&a_{in}+ka_{jn}\\\cdots&\cdots&\cdots\\a_{j1}&\cdots&a_{jn}\\\cdots&\cdots&\cdots\end{pmatrix},$$

若矩阵 $\boldsymbol{B}_1$ 没有阶数大于 r 的子式，则它当然没有阶数大于 r 的非零子式；若矩阵 $\boldsymbol{B}_1$ 有 $r+1$ 阶子式 D，则需分以下三种情形：

① D 不含第 i 行元素，这时 D 也是矩阵 $\boldsymbol{A}$ 的一个 $r+1$ 阶子式，而 $R(\boldsymbol{A})=r$，所以 $D=0$.

② D 含第 i 行元素，也含第 j 行元素，则有

$$D=\begin{vmatrix} \cdots & \cdots & \cdots \\ a_{it_1}+ka_{jt_1} & \cdots & a_{it_{r+1}}+ka_{jt_{r+1}} \\ \cdots & \cdots & \cdots \\ a_{jt_1} & \cdots & a_{jt_{r+1}} \\ \cdots & \cdots & \cdots \end{vmatrix}=\begin{vmatrix} \cdots & \cdots & \cdots \\ a_{it_1} & \cdots & a_{it_{r+1}} \\ \cdots & \cdots & \cdots \\ a_{jt_1} & \cdots & a_{jt_{r+1}} \\ \cdots & \cdots & \cdots \end{vmatrix}=D_1,$$

由于 D_1 是 $\boldsymbol{A}$ 的一个 $r+1$ 阶子式，且 $R(\boldsymbol{A})=r$，所以 $D_1=0$，从而 $D=0$.

③ D 含第 i 行元素，但不含第 j 行元素，则有

$$D=\begin{vmatrix} \cdots & \cdots & \cdots \\ a_{it_1}+ka_{jt_1} & \cdots & a_{it_{r+1}}+ka_{jt_{r+1}} \\ \cdots & \cdots & \cdots \end{vmatrix}=D_2+kD_3,$$

其中

$$D_2=\begin{vmatrix} \cdots & \cdots & \cdots \\ a_{it_1} & \cdots & a_{it_{r+1}} \\ \cdots & \cdots & \cdots \end{vmatrix},D_3=\begin{vmatrix} \cdots & \cdots & \cdots \\ a_{jt_1} & \cdots & a_{jt_{r+1}} \\ \cdots & \cdots & \cdots \end{vmatrix}.$$

由于 D_2 是矩阵 $\boldsymbol{A}$ 的一个 $r+1$ 阶子式，且 $R(\boldsymbol{A})=r$，所以 $D_2=0$，而 D_3 与 $\boldsymbol{A}$ 的一个 $r+1$ 阶子式最多只差一个符号，所以 $D_3=0$，从而 $D=0$.

(2) 设 $\boldsymbol{A}\xrightarrow{r_j\leftrightarrow r_i}\boldsymbol{B}_1$，且 $R(\boldsymbol{A})=r$，要证 $\boldsymbol{B}_1$ 的任意 $r+1$ 阶子式 D 全为零.

$$\boldsymbol{A}=\begin{pmatrix} \cdots & \cdots & \cdots \\ a_{i1} & \cdots & a_{in} \\ \cdots & \cdots & \cdots \\ a_{j1} & \cdots & a_{jn} \\ \cdots & \cdots & \cdots \end{pmatrix},\boldsymbol{B}_1=\begin{pmatrix} \cdots & \cdots & \cdots \\ a_{j1} & \cdots & a_{jn} \\ \cdots & \cdots & \cdots \\ a_{i1} & \cdots & a_{in} \\ \cdots & \cdots & \cdots \end{pmatrix}.$$

若矩阵 $\boldsymbol{B}_1$ 的 $r+1$ 阶子式 D 含第 i 行元素，也含第 j 行元素，则由行列式性质得

$$D=\begin{vmatrix} \cdots & \cdots & \cdots \\ a_{jt_1} & \cdots & a_{jt_{r+1}} \\ \cdots & \cdots & \cdots \\ a_{it_1} & \cdots & a_{it_{r+1}} \\ \cdots & \cdots & \cdots \end{vmatrix}=-\begin{vmatrix} \cdots & \cdots & \cdots \\ a_{it_1} & \cdots & a_{it_{r+1}} \\ \cdots & \cdots & \cdots \\ a_{jt_1} & \cdots & a_{jt_{r+1}} \\ \cdots & \cdots & \cdots \end{vmatrix}=-D_4,$$

其中，D_4 是矩阵 $\boldsymbol{A}$ 的一个 $r+1$ 阶子式，从而 $D=0$. 若矩阵 $\boldsymbol{B}_1$ 的 $r+1$ 阶子式 D 不

同时含第 i 行元素与第 j 行元素，则此时的 D 与 $\boldsymbol{A}$ 的一个 $r+1$ 阶子式最多只差一个符号，由 $R(\boldsymbol{A})=r$，得 $D=0$.

(3) 设 $\boldsymbol{A}\xrightarrow{kr_i}\boldsymbol{B}_1$，且 $R(\boldsymbol{A})=r$，要证 $\boldsymbol{B}_1$ 的任意 $r+1$ 阶子式 D 全为零.

若矩阵 $\boldsymbol{B}_1$ 的 $r+1$ 阶子式 D 含第 i 行元素，则由行列式性质得

$$D=\begin{vmatrix}\cdots & \cdots & \cdots \\ ka_{it_1} & \cdots & ka_{it_{r+1}} \\ \cdots & \cdots & \cdots\end{vmatrix}=k\begin{vmatrix}\cdots & \cdots & \cdots \\ a_{it_1} & \cdots & a_{it_{r+1}} \\ \cdots & \cdots & \cdots\end{vmatrix}=kD_5,$$

其中，D_5 是矩阵 $\boldsymbol{A}$ 的一个 $r+1$ 阶子式，由 $R(\boldsymbol{A})=r$ 知 $D=0$. 若矩阵 $\boldsymbol{B}_1$ 的 $r+1$ 阶子式 D 不含第 i 行元素，则 D 本身就是矩阵 $\boldsymbol{A}$ 的一个 $r+1$ 阶子式，从而 $D=0$.

综上所述，无论哪种情况都有 $D=0$，即经过初等行变换 $\boldsymbol{A}\to\boldsymbol{B}_1$ 有 $R(\boldsymbol{B}_1)\leqslant R(\boldsymbol{A})$.

关于初等列变换的证明完全类似，不再赘述.

此定理说明，要求一个矩阵的秩，只要利用初等行变换将矩阵化为行阶梯形矩阵，行阶梯形矩阵的非零行行数即为所求. 同时也说明，一个矩阵的行阶梯形矩阵可能不唯一，但行阶梯形矩阵的非零行行数是唯一的. 另外，矩阵的等价标准形是由初等变换得到的，其中的数 r 就是矩阵的秩，因此矩阵的等价标准形也是唯一确定的.

例 6 设 $\boldsymbol{A}=\begin{pmatrix}1 & -2 & -1 & 0 & 2 \\ -2 & 4 & 2 & 6 & -6 \\ 2 & -1 & 0 & 2 & 3 \\ 3 & 3 & 3 & 3 & 4\end{pmatrix}$，求矩阵 $\boldsymbol{A}$ 的秩，并求 $\boldsymbol{A}$ 的一个最高阶非零子式.

解 利用初等行变换化矩阵 $\boldsymbol{A}$ 为行阶梯形

$$\boldsymbol{A}=\begin{pmatrix}1 & -2 & -1 & 0 & 2 \\ -2 & 4 & 2 & 6 & -6 \\ 2 & -1 & 0 & 2 & 3 \\ 3 & 3 & 3 & 3 & 4\end{pmatrix}\underset{\sim}{\overset{\substack{r_2+2r_1\\ r_3-2r_1\\ r_4-3r_1}}{}}\begin{pmatrix}1 & -2 & -1 & 0 & 2 \\ 0 & 0 & 0 & 6 & -2 \\ 0 & 3 & 2 & 2 & -1 \\ 0 & 9 & 6 & 3 & -2\end{pmatrix}$$

$$\underset{\sim}{\overset{r_2\leftrightarrow r_3}{}}\begin{pmatrix}1 & -2 & -1 & 0 & 2 \\ 0 & 3 & 2 & 2 & -1 \\ 0 & 0 & 0 & 6 & -2 \\ 0 & 9 & 6 & 3 & -2\end{pmatrix}\underset{\sim}{\overset{\substack{r_4-3r_2\\ \frac{1}{2}r_3}}{}}\begin{pmatrix}1 & -2 & -1 & 0 & 2 \\ 0 & 3 & 2 & 2 & -1 \\ 0 & 0 & 0 & 3 & -1 \\ 0 & 0 & 0 & -3 & 1\end{pmatrix}$$

$$\underset{\sim}{r_4+r_3}\begin{pmatrix}1 & -2 & -1 & 0 & 2\\ 0 & 3 & 2 & 2 & -1\\ 0 & 0 & 0 & 3 & -1\\ 0 & 0 & 0 & 0 & 0\end{pmatrix}.$$

行阶梯形矩阵有 3 个非零行，于是 $R(\boldsymbol{A})=3$.

再求 $\boldsymbol{A}$ 的一个最高阶非零子式. 因 $R(\boldsymbol{A})=3$，知 $\boldsymbol{A}$ 的最高阶非零子式的阶为 3. $\boldsymbol{A}$ 的 3 阶子式有 $C_4^3C_5^3=40$ 个，而在 40 个中找出一个非零子式很困难. 考察矩阵 $\boldsymbol{A}$ 的行阶梯形矩阵的三个非零首元分别在第 1、2、4 列，而 $\boldsymbol{A}$ 中的第 1、2、4 列所组成的矩阵

$$\boldsymbol{A}^0=\begin{pmatrix}1 & -2 & 0\\ -2 & 4 & 6\\ 2 & -1 & 2\\ 3 & 3 & 3\end{pmatrix},\ \boldsymbol{A}^0 \text{ 的行阶梯形为}\begin{pmatrix}1 & -2 & 0\\ 0 & 3 & 2\\ 0 & 0 & 3\\ 0 & 0 & 0\end{pmatrix},$$

知 $R(\boldsymbol{A}^0)=3$，故 $\boldsymbol{A}^0$ 中必存在 3 阶非零子式，$\boldsymbol{A}^0$ 中 3 阶非零子式共有 4 个，在 $\boldsymbol{A}^0$ 中找非零子式比较简单. 现计算 $\boldsymbol{A}^0$ 的前 3 行构成的子式

$$\begin{vmatrix}1 & -2 & 0\\ -2 & 4 & 6\\ 2 & -1 & 2\end{vmatrix}=-18\neq 0.$$

因此这个子式便是 $\boldsymbol{A}$ 的一个最高阶非零子式.

例 7　设 $\boldsymbol{A}=\begin{pmatrix}1 & 0 & -1 & 1\\ 0 & 1 & 1 & 1\\ 1 & 1 & 0 & 2\\ 2 & 2 & 1 & 3\end{pmatrix}$，$\boldsymbol{B}=\begin{pmatrix}1\\ 2\\ 4\\ 6\end{pmatrix}$，求矩阵 $\boldsymbol{A}$ 及矩阵 $\boldsymbol{C}=(\boldsymbol{A},\boldsymbol{B})$ 的秩.

解　利用初等行变换化 $\boldsymbol{C}$ 为行阶梯形矩阵，设 $\boldsymbol{C}$ 的行阶梯形矩阵为 $\boldsymbol{C}_1=(\boldsymbol{A}_1,\boldsymbol{B}_1)$，则 $\boldsymbol{A}_1$ 就是 $\boldsymbol{A}$ 的行阶梯形矩阵，因此从 $\boldsymbol{C}_1=(\boldsymbol{A}_1,\boldsymbol{B}_1)$ 中可同时看出 $R(\boldsymbol{C})$ 及 $R(\boldsymbol{A})$.

$$\boldsymbol{C}=\begin{pmatrix}1 & 0 & -1 & 1 & 1\\ 0 & 1 & 1 & 1 & 2\\ 1 & 1 & 0 & 2 & 4\\ 2 & 2 & 1 & 3 & 6\end{pmatrix}\underset{\sim}{\begin{matrix}r_3-r_1\\ r_4-2r_1\end{matrix}}\begin{pmatrix}1 & 0 & -1 & 1 & 1\\ 0 & 1 & 1 & 1 & 2\\ 0 & 1 & 1 & 1 & 3\\ 0 & 2 & 3 & 1 & 4\end{pmatrix}\underset{\sim}{\begin{matrix}r_3-r_2\\ r_4-2r_2\end{matrix}}$$

$$\begin{pmatrix}1&0&-1&1&1\\0&1&1&1&2\\0&0&0&0&1\\0&0&1&-1&0\end{pmatrix}\xrightarrow{r_3\leftrightarrow r_4}\begin{pmatrix}1&0&-1&1&1\\0&1&1&1&2\\0&0&1&-1&0\\0&0&0&0&1\end{pmatrix},$$

因此，$R(\boldsymbol{A})=3$，$R(\boldsymbol{C})=4$.

例 8 设

$$\boldsymbol{A}=\begin{pmatrix}1&-1&1&2\\3&\lambda&-1&2\\5&3&\mu&6\end{pmatrix},$$

已知 $R(\boldsymbol{A})=2$，求 λ 与 μ 的值.

解 $\boldsymbol{A}\xrightarrow[r_3-5r_1]{r_2-3r_1}\begin{pmatrix}1&-1&1&2\\0&\lambda+3&-4&-4\\0&8&\mu-5&-4\end{pmatrix}\xrightarrow{r_3-r_2}\begin{pmatrix}1&-1&1&2\\0&\lambda+3&-4&-4\\0&5-\lambda&\mu-1&0\end{pmatrix}$，

因 $R(\boldsymbol{A})=2$，故

$$\begin{cases}5-\lambda=0\\\mu-1=0\end{cases},\quad 即\quad \begin{cases}\lambda=5\\\mu=1\end{cases}.$$

§3 消元法解线性方程组

本节主要介绍利用初等变换求解线性方程组的方法.

第一章中介绍的克拉默法则只能用于求解未知量个数等于方程个数，并且系数行列式不等于零的线性方程组. 然而，许多方程组并不能同时满足这两个条件. 为此，必须研究一般形式线性方程组的求解方法和解的各种情况（第 4 节中讨论）. 而消元法为我们提供了解决这些问题的一种较为简便的方法和求解形式. 设线性方程组的一般形式为

$$\begin{cases}a_{11}x_1+a_{12}x_2+\cdots+a_{1n}x_n=b_1\\a_{21}x_1+a_{22}x_2+\cdots+a_{2n}x_n=b_2\\\cdots\cdots\cdots\cdots\cdots\cdots\cdots\cdots\cdots\cdots\cdots\\a_{m1}x_1+a_{m2}x_2+\cdots+a_{mn}x_n=b_m\end{cases},\tag{9}$$

如果存在 n 个数 $c_1, c_2, \cdots, c_n$，当 $x_1=c_1, x_2=c_2, \cdots, x_n=c_n$ 时可使上述方程组的 m 个等式成立，则称 $x_1=c_1, x_2=c_2, \cdots, x_n=c_n$ 为该方程组的一个解.

对于两个 n 元线性方程组(Ⅰ)与(Ⅱ)，如果方程组(Ⅰ)的每个解都是方程组(Ⅱ)的解，同时方程组(Ⅱ)的每个解也都是方程组(Ⅰ)的解，则称方程组(Ⅰ)与(Ⅱ)同解.

为了给出求解上述线性方程组的一般方法，我们回顾一下例 1 的求解过程. 从例 1 的求解过程可看出，线性方程组可通过这样的方式求解，即：利用初等行变换将方程组的增广矩阵(或系数矩阵)化为行最简形矩阵(有时化为行阶梯形矩阵即可)，行最简形矩阵所对应的方程组与原方程组同解，于是解出行最简形矩阵所对应的方程组即可.

例 9　求解下列齐次线性方程组

$$\begin{cases} x_1+2x_2+2x_3+x_4=0 \\ 2x_1+x_2-2x_3-2x_4=0. \\ x_1-x_2-4x_3-3x_4=0 \end{cases}$$

解　对系数矩阵 $\boldsymbol{A}$ 施行初等行变换化为行最简形

$$\boldsymbol{A}=\begin{pmatrix} 1 & 2 & 2 & 1 \\ 2 & 1 & -2 & -2 \\ 1 & -1 & -4 & -3 \end{pmatrix} \xrightarrow[r_3-r_1]{r_2-2r_1} \begin{pmatrix} 1 & 2 & 2 & 1 \\ 0 & -3 & -6 & -4 \\ 0 & -3 & -6 & -4 \end{pmatrix}$$

$$\xrightarrow[-\frac{1}{3}r_2]{r_3-r_2} \begin{pmatrix} 1 & 2 & 2 & 1 \\ 0 & 1 & 2 & \frac{4}{3} \\ 0 & 0 & 0 & 0 \end{pmatrix} \xrightarrow{r_1-2r_2} \begin{pmatrix} 1 & 0 & -2 & -\frac{5}{3} \\ 0 & 1 & 2 & \frac{4}{3} \\ 0 & 0 & 0 & 0 \end{pmatrix},$$

即得与原方程组同解的方程组

$$\begin{cases} x_1 \quad -2x_3-\dfrac{5}{3}x_4=0 \\ x_2+2x_3+\dfrac{4}{3}x_4=0 \end{cases}.$$

令 x_3，x_4 为自由未知量，取 $x_3=c_1$，$x_4=c_2$，于是原方程组的解为

$$\begin{cases} x_1=2c_1+\dfrac{5}{3}c_2 \\ x_2=-2c_1-\dfrac{4}{3}c_2, \\ x_3=c_1 \\ x_4=c_2 \end{cases}$$

其中 c_1、c_2 为任意常数.

例 10 求解下列非齐次线性方程组

$$\begin{cases} x_1 + x_2 + x_3 = -2 \\ 2x_1 - 3x_2 - x_3 = 1 \\ -2x_1 + x_2 + 4x_3 = 1 \\ -3x_1 + 2x_2 = 2 \end{cases}.$$

解 对增广矩阵 $\widetilde{\boldsymbol{A}}$ 施行初等行变换化为行阶梯形矩阵:

$$\widetilde{\boldsymbol{A}} = \begin{pmatrix} 1 & 1 & 1 & -2 \\ 2 & -3 & -1 & 1 \\ -2 & 1 & 4 & 1 \\ -3 & 2 & 0 & 2 \end{pmatrix} \underset{\sim}{\overset{\substack{r_2 - 2r_1 \\ r_3 + 2r_1 \\ r_4 + 3r_1}}{}} \begin{pmatrix} 1 & 1 & 1 & -2 \\ 0 & -5 & -3 & 5 \\ 0 & 3 & 6 & -3 \\ 0 & 5 & 3 & -4 \end{pmatrix} \underset{\sim}{\overset{r_4 + r_2}{}}$$

$$\begin{pmatrix} 1 & 1 & 1 & -2 \\ 0 & -5 & -3 & 5 \\ 0 & 3 & 6 & -3 \\ 0 & 0 & 0 & 1 \end{pmatrix} \underset{\sim}{\overset{\frac{1}{3}r_3}{}} \begin{pmatrix} 1 & 1 & 1 & -2 \\ 0 & -5 & -3 & 5 \\ 0 & 1 & 2 & -1 \\ 0 & 0 & 0 & 1 \end{pmatrix} \underset{\sim}{\overset{r_2 + 5r_3}{}}$$

$$\begin{pmatrix} 1 & 1 & 1 & -2 \\ 0 & 0 & 7 & 0 \\ 0 & 1 & 2 & -1 \\ 0 & 0 & 0 & 1 \end{pmatrix} \underset{\sim}{\overset{r_2 \leftrightarrow r_3}{}} \begin{pmatrix} 1 & 1 & 1 & -2 \\ 0 & 1 & 2 & -1 \\ 0 & 0 & 7 & 0 \\ 0 & 0 & 0 & 1 \end{pmatrix},$$

即得与原方程组同解的方程组

$$\begin{cases} x_1 + x_2 + x_3 = -2 \\ x_2 + 2x_3 = -1 \\ 7x_3 = 0 \\ 0 = 1 \end{cases}.$$

这是一个矛盾方程组,无解,从而原方程组无解.

例 11 求解下列非齐次线性方程组

$$\begin{cases} x_1 + x_2 + x_3 = -2 \\ 2x_1 - 3x_2 - x_3 = 1 \\ 4x_1 - x_2 + x_3 = -3 \\ -3x_1 + 2x_2 = 1 \end{cases}.$$

解　对增广矩阵 $\widetilde{\mathbf{A}}$ 施行初等行变换化为行最简形矩阵：

$$\widetilde{\mathbf{A}}=\begin{pmatrix}1&1&1&-2\\2&-3&-1&1\\4&-1&1&-3\\-3&2&0&1\end{pmatrix}\xrightarrow[r_4+3r_1]{\substack{r_2-2r_1\\r_3-4r_1}}\begin{pmatrix}1&1&1&-2\\0&-5&-3&5\\0&-5&-3&5\\0&5&3&-5\end{pmatrix}$$

$$\xrightarrow[-\frac{1}{5}r_2]{\substack{r_3-r_2\\r_4+r_2}}\begin{pmatrix}1&1&1&-2\\0&1&\frac{3}{5}&-1\\0&0&0&0\\0&0&0&0\end{pmatrix}\xrightarrow{r_1-r_2}\begin{pmatrix}1&0&\frac{2}{5}&-1\\0&1&\frac{3}{5}&-1\\0&0&0&0\\0&0&0&0\end{pmatrix},$$

即得与原方程组同解的方程组

$$\begin{cases}x_1+\dfrac{2}{5}x_3=-1\\x_2+\dfrac{3}{5}x_3=-1\end{cases}.$$

令 x_3 为自由未知量，取 $x_3=c$，于是原方程组的解为

$$\begin{cases}x_1=-1-\dfrac{2}{5}c\\x_2=-1-\dfrac{3}{5}c,\\x_3=c\end{cases}$$

其中 c 为任意常数.

§4　线性方程组有解的判定

一、齐次线性方程组有非零解的条件

我们知道，齐次线性方程组总有零解，不存在无解的情况，那么在什么条件下齐次线性方程组除了零解还存在非零解呢？下面的定理就回答了这个问题.

定理 3　n 元齐次线性方程组有非零解的充分必要条件是 $R(\mathbf{A})<n$，其中 $\mathbf{A}$ 为齐次线性方程组的系数矩阵.

证　先证必要性. 设齐次线性方程组有非零解，要证 $R(\mathbf{A})<n$，用反证法. 假

设 $R(\boldsymbol{A})=n$，则在 $\boldsymbol{A}$ 中存在一个 n 阶非零子式 D_n，据克拉默法则，D_n 所对应的 n 个方程只有零解，这与原方程组有非零解相矛盾，因此 $R(\boldsymbol{A})<n$.

再证充分性. 设 $R(\boldsymbol{A})=r<n$，则 $\boldsymbol{A}$ 的行阶梯形矩阵只含有 r 个非零行，因此有 $n-r$ 个自由未知量. 任取一个自由未知量为 1，其余自由未知量为 0，即可得方程组的一个非零解. 由于自由未知量的存在，方程组应有无穷多个非零解.

特别地，当 $\boldsymbol{A}$ 为 n 阶方阵时，$R(\boldsymbol{A})=r<n$ 当且仅当 $|\boldsymbol{A}|=0$，因此系数矩阵为 n 阶方阵的齐次线性方程组有非零解的充分必要条件是 $|\boldsymbol{A}|=0$.

例 12 问 λ 取何值时，齐次线性方程组

$$\begin{cases}(1-\lambda)x_1-2x_2+4x_3=0\\ 2x_1+(3-\lambda)x_2+x_3=0\\ x_1+x_2+(1-\lambda)x_3=0\end{cases}$$

有非零解？并求出其非零解.

解 对系数矩阵 $\boldsymbol{A}$ 施行初等行变换：

$$\boldsymbol{A}=\begin{pmatrix}1-\lambda & -2 & 4\\ 2 & 3-\lambda & 1\\ 1 & 1 & 1-\lambda\end{pmatrix}\xrightarrow{r_1\leftrightarrow r_3}\begin{pmatrix}1 & 1 & 1-\lambda\\ 2 & 3-\lambda & 1\\ 1-\lambda & -2 & 4\end{pmatrix}\xrightarrow[r_3-(1-\lambda)r_1]{r_2-2r_1}$$

$$\begin{pmatrix}1 & 1 & 1-\lambda\\ 0 & 1-\lambda & -1+2\lambda\\ 0 & -3+\lambda & 3+2\lambda-\lambda^2\end{pmatrix}\xrightarrow{r_2+r_3}\begin{pmatrix}1 & 1 & 1-\lambda\\ 0 & -2 & 2+4\lambda-\lambda^2\\ 0 & -3+\lambda & 3+2\lambda-\lambda^2\end{pmatrix}$$

$$\xrightarrow{2r_3+(-3+\lambda)r_2}\begin{pmatrix}1 & 1 & 1-\lambda\\ 0 & -2 & 2+4\lambda-\lambda^2\\ 0 & 0 & -\lambda(2-\lambda)(3-\lambda)\end{pmatrix}=\boldsymbol{A}_1.$$

(1) 当 $\lambda\neq 0, 2, 3$ 时，$R(\boldsymbol{A})=R(\boldsymbol{A}_1)=3$. 由定理 3 知，原方程组只有零解.

(2) 当 $\lambda=0$ 或 $\lambda=2$ 或 $\lambda=3$ 时，$R(\boldsymbol{A})=R(\boldsymbol{A}_3)=2<3$. 由定理 3 知，原方程组有非零解.

下面分别求出非零解：

当 $\lambda=0$ 时，

$$\boldsymbol{A}_1=\begin{pmatrix}1 & 1 & 1\\ 0 & -2 & 2\\ 0 & 0 & 0\end{pmatrix}\xrightarrow{-\frac{1}{2}r_2}\begin{pmatrix}1 & 1 & 1\\ 0 & 1 & -1\\ 0 & 0 & 0\end{pmatrix}\xrightarrow{r_1-r_2}\begin{pmatrix}1 & 0 & 2\\ 0 & 1 & -1\\ 0 & 0 & 0\end{pmatrix},$$

此时 $\boldsymbol{A}_1$ 的行最简形矩阵对应的方程组为

$$\begin{cases}x_1+2x_3=0\\ x_2-x_3=0\end{cases}.$$

令 x_3 为自由未知量，取 $x_3=c_1$，于是原方程组的解为

$$\begin{cases}x_1=-2c_1\\ x_2=c_1\\ x_3=c_1\end{cases},$$

其中 c_1 为任意常数.

当 $\lambda=2$ 时，

$$\mathbf{A}_1=\begin{pmatrix}1&1&-1\\0&-2&6\\0&0&0\end{pmatrix}\xrightarrow{-\frac{1}{2}r_2}\begin{pmatrix}1&1&-1\\0&1&-3\\0&0&0\end{pmatrix}\xrightarrow{r_1-r_2}\begin{pmatrix}1&0&2\\0&1&-3\\0&0&0\end{pmatrix},$$

此时$\mathbf{A}_1$ 的行最简形矩阵对应的方程组为

$$\begin{cases}x_1+2x_3=0\\ x_2-3x_3=0\end{cases}.$$

令 x_3 为自由未知量，取 $x_3=c_2$，于是原方程组的解为

$$\begin{cases}x_1=-2c_2\\ x_2=3c_2\\ x_3=c_2\end{cases},$$

其中 c_2 为任意常数.

当 $\lambda=3$ 时，

$$\mathbf{A}_1=\begin{pmatrix}1&1&-2\\0&-2&5\\0&0&0\end{pmatrix}\xrightarrow{-\frac{1}{2}r_2}\begin{pmatrix}1&1&-2\\0&1&-\frac{5}{2}\\0&0&0\end{pmatrix}\xrightarrow{r_1-r_2}\begin{pmatrix}1&0&\frac{1}{2}\\0&1&-\frac{5}{2}\\0&0&0\end{pmatrix},$$

此时$\mathbf{A}_1$ 的行最简形矩阵对应的方程组为

$$\begin{cases}x_1+\frac{1}{2}x_3=0\\ x_2-\frac{5}{2}x_3=0\end{cases}.$$

令 x_3 为自由未知量，取 $x_3 = c_3$，于是原方程组的解为

$$\begin{cases} x_1 = -\dfrac{1}{2}c_3 \\ x_2 = \dfrac{5}{2}c_3 \\ x_3 = c_3 \end{cases},$$

其中 c_3 为任意常数.

二、非齐次线性方程组有解的条件

利用系数矩阵 $\boldsymbol{A}$ 和增广矩阵$\widetilde{\boldsymbol{A}}$的秩，可以很方便地讨论非齐次线性方程组的解，结论如下：

定理 4 n 元非齐次线性方程组有解的充分必要条件是系数矩阵 $\boldsymbol{A}$ 的秩等于增广矩阵$\widetilde{\boldsymbol{A}}$ 的秩，即 $R(\boldsymbol{A}) = R(\widetilde{\boldsymbol{A}})$；且有唯一解的充分必要条件是 $R(\boldsymbol{A}) = R(\widetilde{\boldsymbol{A}}) = n$；有无穷多解的充分必要条件是 $R(\boldsymbol{A}) = R(\widetilde{\boldsymbol{A}}) < n$.

证 必要性. 设非齐次线性方程组有解，要证 $R(\boldsymbol{A}) = R(\widetilde{\boldsymbol{A}})$，用反证法. 设 $R(\boldsymbol{A}) < R(\widetilde{\boldsymbol{A}})$，则 $\boldsymbol{A}$ 的行阶梯形矩阵中最后一个非零行对应矛盾方程 $0 = 1$，这与方程组有解矛盾，因此 $R(\boldsymbol{A}) = R(\widetilde{\boldsymbol{A}})$.

充分性. 设 $R(\boldsymbol{A}) = R(\widetilde{\boldsymbol{A}})$，要证方程组有解，把$\widetilde{\boldsymbol{A}}$ 化为行阶梯形矩阵，设 $R(\boldsymbol{A}) = R(\widetilde{\boldsymbol{A}}) = r(r \leqslant n)$，则$\widetilde{\boldsymbol{A}}$ 的行阶梯形矩阵中含 r 个非零行，把这 r 行的第一个非零元所对应的未知量作为非自由未知量，其余 $n-r$ 个作为自由未知量，对这 $n-r$ 个未知量任意取定一组值，即得方程组的一个解.

当 $R(\boldsymbol{A}) = R(\widetilde{\boldsymbol{A}}) = n$ 时，方程组没有自由未知量，只有唯一解；

当 $R(\boldsymbol{A}) = R(\widetilde{\boldsymbol{A}}) < n$ 时，方程组有 $n-r$ 个自由未知量，由于这些自由未知量可任意取值，因此这时方程组有无穷多个解.

例 13 问 λ、μ 取何值时，方程组

$$\begin{cases} x_1 + 2x_2 + 3x_3 = 6 \\ x_1 - x_2 + 6x_3 = 0 \\ 3x_1 - 2x_2 + \lambda x_3 = \mu \end{cases}$$

无解？有唯一解？有无穷多解？并在有无穷多解时求出它的解.

解 对增广矩阵$\widetilde{\boldsymbol{A}}$施行初等行变换：

$$\widetilde{\boldsymbol{A}}=\begin{pmatrix}1&2&3&6\\1&-1&6&0\\3&-2&\lambda&\mu\end{pmatrix}\xrightarrow[r_3-3r_1]{r_2-r_1}\begin{pmatrix}1&2&3&6\\0&-3&3&-6\\0&-8&\lambda-9&\mu-18\end{pmatrix}\xrightarrow{-\frac{1}{3}r_2}$$

$$\begin{pmatrix}1&2&3&6\\0&1&-1&2\\0&-8&\lambda-9&\mu-18\end{pmatrix}\xrightarrow{r_3+8r_2}\begin{pmatrix}1&2&3&6\\0&1&-1&2\\0&0&\lambda-17&\mu-2\end{pmatrix}$$

$=\widetilde{\boldsymbol{A}}_1$(行阶梯形矩阵)

可知,当 $\lambda\neq17$ 时, $R(\boldsymbol{A})=3$;当 $\lambda=17$, $R(\boldsymbol{A})=2$;当 $\lambda\neq17$ 时,$R(\widetilde{\boldsymbol{A}})=3$;当 $\lambda=17$, $\mu\neq2$ 时,$R(\widetilde{\boldsymbol{A}})=3$;当 $\lambda=17$, $\mu=2$ 时,$R(\widetilde{\boldsymbol{A}})=2$.

由定理 4 知,当 $\lambda=17$ 而 $\mu\neq2$ 时,方程组无解;当 $\lambda\neq17$ 时,方程组有唯一解;当 $\lambda=17$ 且 $\mu=2$ 时,方程组有无穷多解,此时

$$\widetilde{\boldsymbol{A}}_1=\begin{pmatrix}1&2&3&6\\0&1&-1&2\\0&0&0&0\end{pmatrix}\xrightarrow{r_1-2r_2}\begin{pmatrix}1&0&5&2\\0&1&-1&2\\0&0&0&0\end{pmatrix}\text{(行最简形矩阵)},$$

其对应的方程组为

$$\begin{cases}x_1+5x_3=2\\ \quad x_2-x_3=2\end{cases}.$$

令 x_3 为自由未知量,取 $x_3=c$,于是原方程组解为

$$\begin{cases}x_1=2-5c\\x_2=2+c\\x_3=c\end{cases},$$

其中 c 为任意常数.

习　题　二

1. 判断下列每个命题的正误,并给出理由:

(1) 每个矩阵行等价于唯一的阶梯形矩阵;

(2) 含有 n 个未知数的 n 个方程至多有 n 个解;

(3) 若增广矩阵 $\widetilde{\boldsymbol{A}}$ 由初等变换化为 $\widetilde{\boldsymbol{A}}_1$,则由这两个矩阵决定的两个线性方程组有相同解集;

(4) 若一个非齐次线性方程组有多于一个解,则其对应的齐次线性方程组也

有多于一个解.

2. 填空题：

(1) 设$\boldsymbol{A}=\begin{pmatrix} a_1b_1 & a_1b_2 & \cdots & a_1b_n \\ a_2b_1 & a_2b_2 & \cdots & a_2b_n \\ \vdots & \vdots & \ddots & \vdots \\ a_nb_1 & a_nb_2 & \cdots & a_nb_n \end{pmatrix}$,其中$a_i \neq 0, b_i \neq 0, (i=1, 2, \cdots, n)$，则矩阵$\boldsymbol{A}$的秩为________；

(2) 设$\boldsymbol{A}=\begin{pmatrix} a & 1 & 1 \\ 1 & a & 1 \\ 1 & 1 & a \end{pmatrix}$,则当$a=$ ________ 时,$R(\boldsymbol{A})=2$；

(3) 齐次线性方程组$\begin{cases} \lambda x_1 + x_2 + x_3 = 0 \\ x_1 + \lambda x_2 + x_3 = 0 \\ x_1 + x_2 + x_3 = 0 \end{cases}$只有零解，则$\lambda$应满足的条件是________；

(4) 若线性方程组$\begin{cases} x_1 - x_2 = a_1 \\ x_2 - x_3 = a_2 \\ x_3 - x_4 = a_3 \\ x_4 - x_1 = a_4 \end{cases}$有解，则常数$a_1, a_2, a_3, a_4$应满足的条件为________；

(5) 当$\lambda=$ ________ 时,下列方程组有无穷多解：

$$\begin{cases} x_1 + 2x_2 - x_3 = \lambda - 1 \\ 3x_2 - x_3 = \lambda - 2 \\ \lambda x_2 - x_3 = (\lambda-3)(\lambda-4)+(\lambda-2) \end{cases};$$

(6) 若下列方程组无解,则$\lambda=$ ________，

$$\begin{cases} x_1 + 2x_2 - x_3 = 4 \\ x_2 + 2x_3 = 2 \\ (\lambda-1)(\lambda-2)x_3 = (\lambda-3)(\lambda-4) \end{cases};$$

(7) 设$\boldsymbol{A}$为$m \times n$阶矩阵,且$R(\boldsymbol{A})=m<n$,则以$\boldsymbol{A}$为系数矩阵的非齐次线性方程组一定有________ 个解；

(8) 设有方程组$\begin{cases} \lambda x_1 + x_2 + x_3 = 1 \\ x_1 + \lambda x_2 + x_3 = \lambda \\ x_1 + x_2 + \lambda x_3 = \lambda^2 \end{cases}$，则当$\lambda$ ________时,方程组有唯一

解；当 λ ________时，方程组有无穷多解；当 λ ________时，方程组无解.

3. 选择题：

(1) 设 $\boldsymbol{A}$ 为 $m \times n$ 阶矩阵，且 $R(\boldsymbol{A}) = r < \min\{m, n\}$，则 $\boldsymbol{A}$ 中(　　)

(a) 至少有一个 r 阶子式不等于 0，没有等于 0 的 $r-1$ 阶子式；

(b) 必有等于 0 的 $r-1$ 阶子式，有不等于 0 的 r 阶子式；

(c) 有不等于 0 的 r 阶子式，所有 $r+1$ 阶子式都等于 0；

(d) 所有 r 阶子式不等于 0，所有 $r+1$ 阶子式都等于 0.

(2) 设 n 元齐次线性方程组的系数矩阵 $\boldsymbol{A}$ 的秩为 r，则此 n 元齐次线性方程组有非零解的充分必要条件是(　　)

(a) $r = n$；　(b) $r < n$；　(c) $r \geqslant n$；　(d) $r > n$.

(3) 设齐次线性方程组的系数矩阵 $\boldsymbol{A}$ 为 $n \times m$ 阶矩阵，$R(\boldsymbol{A}) = r$，则此方程组有非零解的充要条件是(　　)

(a) $m < n$；　(b) $r < n$；　(c) $r < m$；　(d) $r > n$.

(4) 若 n 元非齐次线性方程组的系数矩阵 $\boldsymbol{A}$ 的秩小于 n，则(　　)

(a) 方程组有无穷多解；　(b) 方程组有唯一解；

(c) 方程组无解；　(d) 不能断定解的情况.

(5) 设非齐次线性方程组的未知量个数为 n，方程个数为 m，系数矩阵 $\boldsymbol{A}$ 的秩为 r，则下列叙述正确的是(　　)

(a) $r = n$ 时，此方程组有唯一解；

(b) $m = n$ 时，此方程组有唯一解；

(c) $r < n$ 时，此方程组有无穷多解；

(d) $r = m$ 时，此方程组有解.

4. 把下列矩阵化为行最简形矩阵：

(1) $\begin{pmatrix} 1 & 0 & 2 & -1 \\ 4 & 0 & 5 & 1 \\ -6 & 0 & 7 & -3 \end{pmatrix}$；　(2) $\begin{pmatrix} 0 & 2 & -3 & 1 \\ 0 & -9 & -4 & 3 \\ 0 & 4 & 8 & -1 \end{pmatrix}$；

(3) $\begin{pmatrix} 1 & 1 & 1 & 1 & 5 \\ 3 & 2 & 1 & 1 & 4 \\ 0 & 1 & 2 & 2 & 11 \\ 5 & 4 & 3 & 3 & 14 \end{pmatrix}$；　(4) $\begin{pmatrix} 2 & 3 & 1 & -3 & -7 \\ 1 & 2 & 0 & -2 & -4 \\ 3 & -2 & 8 & 3 & 0 \\ 2 & -3 & 7 & 4 & 3 \end{pmatrix}$；

(5) $\begin{pmatrix} 0 & 1 & 1 & -1 & 2 \\ 0 & 2 & -2 & -2 & 0 \\ 0 & -1 & -1 & 1 & 1 \\ 1 & 1 & 0 & 1 & -1 \end{pmatrix}$.

5. 求下列矩阵的秩：

(1) $\begin{pmatrix}0 & 1 & 2 & 3\end{pmatrix}$；

(2) $\begin{pmatrix}3 & 2 & -1 & -3 & -2 \\ 2 & -1 & 3 & 1 & -2 \\ 7 & 0 & 5 & -1 & -8\end{pmatrix}$；

(3) $\begin{pmatrix}1 & 1 & 2 & 2 & 1 \\ 0 & 2 & 1 & 5 & -1 \\ 2 & 0 & 3 & -1 & 3 \\ 1 & 1 & 0 & 4 & -1\end{pmatrix}$；

(4) $\begin{pmatrix}1 & -1 & 2 & 1 & 0 \\ 2 & -2 & 4 & 2 & 0 \\ 3 & 0 & 6 & -1 & 1 \\ 0 & 3 & 0 & 0 & 1\end{pmatrix}$；

(5) $\begin{pmatrix}1 & 0 & 0 & 1 & 4 \\ 0 & 1 & 0 & 2 & 5 \\ 0 & 0 & 1 & 3 & 6 \\ 1 & 2 & 3 & 14 & 32 \\ 4 & 5 & 6 & 32 & 77\end{pmatrix}$.

6. 设 $n(n \geqslant 3)$ 阶矩阵 $\mathbf{A} = \begin{pmatrix}1 & a & a & \cdots & a \\ a & 1 & a & \cdots & a \\ a & a & 1 & \cdots & a \\ \vdots & \vdots & \vdots & & \vdots \\ a & a & a & \cdots & 1\end{pmatrix}$，若矩阵 $\mathbf{A}$ 的秩为 $n-1$，求 a.

7. 在秩为 r 的矩阵中，有没有等于 0 的 $r-1$ 阶子式？有没有等于 0 的 r 阶子式？

8. 求作一个秩是 4 的方阵，它的两个行分别是

$$(1,\ 0,\ 1,\ 0,\ 0),\ (1,\ -1,\ 0,\ 0,\ 0).$$

9. 求下列矩阵的秩，并求一个最高阶非零子式：

(1) $\begin{pmatrix}3 & 1 & 0 & 2 \\ 1 & -1 & 2 & -1 \\ 1 & 3 & -4 & 4\end{pmatrix}$；

(2) $\begin{pmatrix}3 & 2 & -1 & -3 & -1 \\ 2 & -1 & 3 & 1 & -3 \\ 7 & 0 & 5 & -1 & -8\end{pmatrix}$；

(3) $\begin{pmatrix}2 & 1 & 8 & 3 & 7 \\ 2 & -3 & 0 & 7 & -5 \\ 3 & -2 & 5 & 8 & 0 \\ 1 & 0 & 2 & 2 & 0\end{pmatrix}$；

(4) $\begin{pmatrix}1 & -1 & 2 & 1 & 0 \\ 2 & -2 & 4 & 2 & 0 \\ 3 & 0 & 6 & -1 & 1 \\ 0 & 3 & 0 & 0 & 1\end{pmatrix}$.

10. 设矩阵

$$A = \begin{pmatrix} k & 1 & 1 & 1 \\ 1 & k & 1 & 1 \\ 1 & 1 & k & 1 \\ 1 & 1 & 1 & k \end{pmatrix},$$

且 $R(\boldsymbol{A}) = 3$，求 k.

11. 设 $\boldsymbol{A}$、$\boldsymbol{B}$ 都是 $m \times n$ 矩阵，证明 $\boldsymbol{A} \sim \boldsymbol{B}$ 的充分必要条件是 $R(\boldsymbol{A}) = R(\boldsymbol{B})$.

12. 设 $\boldsymbol{A} = \begin{pmatrix} 1 & -1 & 2 \\ 2 & 1 & 3 \\ 4 & k & 1 \end{pmatrix}$，当 k 取何值时，$R(\boldsymbol{A}) = 3$；当 k 取何值时，$R(\boldsymbol{A}) < 3$?

13. 求解下列齐次线性方程组：

(1) $\begin{cases} 3x_1 - 5x_2 + x_3 - 2x_4 = 0 \\ 2x_1 + 3x_2 - 5x_3 + x_4 = 0 \\ -x_1 + 7x_2 - 4x_3 + 3x_4 = 0 \\ 4x_1 + 15x_2 - 7x_3 + 9x_4 = 0 \end{cases}$；　(2) $\begin{cases} x_1 + 2x_2 + x_3 - x_4 = 0 \\ 3x_1 + 6x_2 - x_3 - 3x_4 = 0 \\ 5x_1 + 10x_2 + x_3 - 5x_4 = 0 \end{cases}$；

(3) $\begin{cases} x_1 - x_2 + 5x_3 - x_4 = 0 \\ x_1 + x_2 - 2x_3 + 3x_4 = 0 \\ 3x_1 - x_2 + 8x_3 + x_4 = 0 \\ x_1 + 3x_2 - 9x_3 + 7x_4 = 0 \end{cases}$；　(4) $\begin{cases} 3x_1 + 4x_2 - 5x_3 + 7x_4 = 0 \\ 2x_1 - 3x_2 + 3x_3 - 2x_4 = 0 \\ 4x_1 + 11x_2 - 13x_3 + 16x_4 = 0 \\ 7x_1 - 2x_2 + x_3 + 3x_4 = 0 \end{cases}$.

14. 求解下列非齐次线性方程组：

(1) $\begin{cases} x_1 + 3x_3 + x_4 = 2 \\ x_1 - 3x_2 + x_4 = -1 \\ 2x_1 + x_2 + 7x_3 + 2x_4 = 5 \\ 4x_1 + 2x_2 + 14x_3 = 0 \end{cases}$；　(2) $\begin{cases} x_1 - x_2 + 3x_3 - x_4 = 1 \\ 2x_1 - x_2 - x_3 + 4x_4 = 2 \\ 3x_1 - 2x_2 + 2x_3 + 3x_4 = 3 \\ x_1 - 4x_3 + 5x_4 = -1 \end{cases}$；

(3) $\begin{cases} x_1 + 2x_2 + 3x_3 - x_4 = 1 \\ 3x_1 + 2x_2 + x_3 - x_4 = 1 \\ 2x_1 + 2x_2 + 2x_3 - x_4 = 1 \\ 2x_1 + 3x_2 + x_3 + x_4 = 1 \\ 5x_1 + 5x_2 + 2x_3 = 2 \end{cases}$；　(4) $\begin{cases} x_1 + x_2 + x_3 + x_4 + x_5 = 7 \\ 3x_1 + 2x_2 + x_3 + x_4 - 3x_5 = -2 \\ x_2 + 2x_3 + 2x_4 + 6x_5 = 23 \\ 5x_1 + 4x_2 + 3x_3 + 3x_4 - x_5 = 12 \end{cases}$.

15. 问 λ、μ 取何值时，齐次线性方程组

$$\begin{cases} \lambda x_1 + x_2 + x_3 = 0 \\ x_1 + \mu x_2 + x_3 = 0 \\ x_1 + 2\mu x_2 + x_3 = 0 \end{cases}$$

有非零解？

16. λ 取何值时，线性方程组

$$\begin{cases} \lambda x_1 + x_2 + x_3 = \lambda - 3 \\ x_1 + \lambda x_2 + x_3 = -2 \\ x_1 + x_2 + \lambda x_3 = -2 \end{cases}$$

有唯一解、无解、有无穷多解？当方程组有无穷多解时求它的解.

17. 非齐次线性方程组

$$\begin{cases} -2x_1 + x_2 + x_3 = -2 \\ x_1 - 2x_2 + x_3 = \lambda \\ x_1 + x_2 - 2x_3 = \lambda^2 \end{cases}$$

当 λ 取何值时有解？并求出它的解.

18. 设有线性方程组

$$\begin{cases} x_1 + x_2 + (1+\lambda)x_3 = \lambda \\ x_1 + x_2 + (1-2\lambda-\lambda^2)x_3 = 3-\lambda-\lambda^2 \\ \lambda x_2 - \lambda x_3 = 3-\lambda \end{cases}$$

问 λ 取何值时，方程组有唯一解、无解、有无穷多解？并在有无穷多解时求它的解.

19. 已知下列非齐次线性方程组（Ⅰ）与（Ⅱ）：

$$(\text{Ⅰ})\begin{cases} x_1 + x_2 - 2x_4 = -6 \\ 4x_1 - x_2 - x_3 - x_4 = 1 \\ 3x_1 - x_2 - x_3 = 3 \end{cases} \qquad (\text{Ⅱ})\begin{cases} x_1 + mx_2 - x_3 - x_4 = -5 \\ nx_2 - x_3 - 2x_4 = -11 \\ x_3 - 2x_4 = -t+1 \end{cases}$$

(1) 求解方程组（Ⅰ）；

(2) 当方程组（Ⅱ）中的参数 m、n、t 为何值时，方程组（Ⅰ）与（Ⅱ）同解？

20. 求证平面上三条不同直线

$$l_1: ax+by+c=0,\ l_2: bx+cy+a=0,\ l_3: cx+ay+b=0,$$

相交于一点的充分必要条件是 $a+b+c=0$.

第三章　矩阵的代数运算

§1　矩阵的运算

一、矩阵的加法

定义 1　设矩阵 $\boldsymbol{A}=(a_{ij})_{m\times n}$, $B=(b_{ij})_{m\times n}$，规定 $\boldsymbol{A}$ 与 $\boldsymbol{B}$ 的和为

$$\begin{pmatrix} a_{11}+b_{11} & a_{12}+b_{12} & \cdots & a_{1n}+b_{1n} \\ a_{21}+b_{21} & a_{22}+b_{22} & \cdots & a_{2n}+b_{2n} \\ \vdots & \vdots & & \vdots \\ a_{m1}+b_{m1} & a_{m2}+b_{m2} & \cdots & a_{mn}+b_{mn} \end{pmatrix},$$

记作 $\boldsymbol{A}+\boldsymbol{B}$，即 $\boldsymbol{A}+\boldsymbol{B}=(a_{ij}+b_{ij})_{m\times n}$.

应当注意，只有同型矩阵才能相加，不是同型矩阵相加没有意义.

由定义 1 知，矩阵加法满足下列运算规律：

(1) 交换律　$\boldsymbol{A}+\boldsymbol{B}=\boldsymbol{B}+\boldsymbol{A}$;

(2) 结合律　$(\boldsymbol{A}+\boldsymbol{B})+\boldsymbol{C}=\boldsymbol{A}+(\boldsymbol{B}+\boldsymbol{C})$;

(3) $\boldsymbol{A}+\boldsymbol{0}=\boldsymbol{0}+\boldsymbol{A}=\boldsymbol{A}$;

(4) $\boldsymbol{A}+(-\boldsymbol{A})=\boldsymbol{0}$.

注意到任一矩阵都有负矩阵，由此定义矩阵的减法为 $\boldsymbol{A}-\boldsymbol{B}=\boldsymbol{A}+(-\boldsymbol{B})$.

二、数与矩阵相乘(简称数乘)

定义 2　设数 λ 与矩阵 $\boldsymbol{A}=(a_{ij})_{m\times n}$，$\lambda$ 与 $\boldsymbol{A}$ 的乘积规定为

$$\begin{pmatrix} \lambda a_{11} & \lambda a_{12} & \cdots & \lambda a_{1n} \\ \lambda a_{21} & \lambda a_{22} & \cdots & \lambda a_{2n} \\ \vdots & \vdots & & \vdots \\ \lambda a_{m1} & \lambda a_{m2} & \cdots & \lambda a_{mn} \end{pmatrix},$$

记作 $\lambda\boldsymbol{A}$ 或 $\boldsymbol{A}\lambda$. 即 $\lambda\boldsymbol{A}=\boldsymbol{A}\lambda=(\lambda a_{ij})_{m\times n}$.

由定义 2 知，数乘矩阵满足下列运算规律：

(1) $(\lambda\mu)\boldsymbol{A}=\lambda(\mu\boldsymbol{A})$;

(2) $(\lambda+\mu)\boldsymbol{A}=\lambda\boldsymbol{A}+\mu\boldsymbol{A}$;

(3) $\lambda(\boldsymbol{A}+\boldsymbol{B})=\lambda\boldsymbol{A}+\lambda\boldsymbol{B}$;

(4) $1\boldsymbol{A}=\boldsymbol{A}$.

矩阵的加法与数乘统称为矩阵的线性运算.

三、矩阵的乘法

定义 3 设矩阵 $\boldsymbol{A}=(a_{ij})_{m\times s}$, $\boldsymbol{B}=(b_{ij})_{s\times n}$,规定矩阵 $\boldsymbol{A}$ 与矩阵 $\boldsymbol{B}$ 的乘积是一个 $m\times n$ 矩阵 $\boldsymbol{C}=(c_{ij})_{m\times n}$, 其中

$$c_{ij}=a_{i1}b_{1j}+a_{i2}b_{2j}+\cdots+a_{is}b_{sj}=\sum_{k=1}^{s}a_{ik}b_{kj},$$
$$i=1,2,\cdots,m;\ j=1,2,\cdots,n,$$

记作 $\boldsymbol{C}=\boldsymbol{AB}$.

按此定义,矩阵 $\boldsymbol{A}$ 与 $\boldsymbol{B}$ 的乘积 $\boldsymbol{AB}$ 的第 i 行第 j 列元素等于左边矩阵 $\boldsymbol{A}$ 的第 i 行与右边矩阵 $\boldsymbol{B}$ 的第 j 列对应元素乘积之和.

特别地,一个 $1\times s$ 矩阵与一个 $s\times 1$ 矩阵的乘积是一个 1 阶方阵,也就是一个数, 如

$$(1,2,3)\begin{pmatrix}1\\2\\3\end{pmatrix}=1\times1+2\times2+3\times3=14.$$

注 在乘法的定义中,只有当左边矩阵的列数等于右边矩阵的行数时,两个矩阵才能相乘,且乘积矩阵的行数等于左边矩阵的行数,乘积矩阵的列数等于右边矩阵的列数.

例 1 设

$$\boldsymbol{A}=\begin{pmatrix}2&0&-1\\-1&3&1\\0&1&-2\end{pmatrix},\ \boldsymbol{B}=\begin{pmatrix}1&0\\0&2\\2&1\end{pmatrix},$$

求 $\boldsymbol{AB}$ 及 $\boldsymbol{BA}$.

解 因为 $\boldsymbol{A}$ 是 3×3 矩阵, $\boldsymbol{B}$ 是 3×2 矩阵, $\boldsymbol{A}$ 的列数等于 $\boldsymbol{B}$ 的行数,所以矩阵 $\boldsymbol{A}$ 与 $\boldsymbol{B}$ 可以相乘,其乘积是一个 3×2 矩阵. 由定义 3 有

$$\boldsymbol{AB}=\begin{pmatrix}2&0&-1\\-1&3&1\\0&1&-2\end{pmatrix}\begin{pmatrix}1&0\\0&2\\2&1\end{pmatrix}$$

$$
=\begin{pmatrix} 2\times1+0\times0+(-1)\times2 & 2\times0+0\times2+(-1)\times1 \\ (-1)\times1+3\times0+1\times2 & (-1)\times0+3\times2+1\times1 \\ 0\times1+1\times0+(-2)\times2 & 0\times0+1\times2+(-2)\times1 \end{pmatrix}
$$

$$
=\begin{pmatrix} 0 & -1 \\ 1 & 7 \\ -4 & 0 \end{pmatrix}.
$$

又因为矩阵 $\boldsymbol{B}$ 的列数为 2，矩阵 $\boldsymbol{A}$ 的行数为 3，两者不等，所以 $\boldsymbol{BA}$ 无意义.

例 2　求矩阵

$$
\boldsymbol{A}=\begin{pmatrix} -1 & 1 \\ 1 & -1 \end{pmatrix},\boldsymbol{B}=\begin{pmatrix} -1 & -1 \\ 1 & 1 \end{pmatrix}
$$

的乘积 $\boldsymbol{AB}$ 及 $\boldsymbol{BA}$.

解　由定义 3 有，

$$
\boldsymbol{AB}=\begin{pmatrix} -1 & 1 \\ 1 & -1 \end{pmatrix}\begin{pmatrix} -1 & -1 \\ 1 & 1 \end{pmatrix}=\begin{pmatrix} 2 & 2 \\ -2 & -2 \end{pmatrix},
$$

$$
\boldsymbol{BA}=\begin{pmatrix} -1 & -1 \\ 1 & 1 \end{pmatrix}\begin{pmatrix} -1 & 1 \\ 1 & -1 \end{pmatrix}=\begin{pmatrix} 0 & 0 \\ 0 & 0 \end{pmatrix}.
$$

例 3　设

$$
\boldsymbol{A}=\begin{pmatrix} 1 & 0 \\ 0 & 0 \end{pmatrix},\boldsymbol{B}=\begin{pmatrix} 2 & 0 \\ 0 & 0 \end{pmatrix},\boldsymbol{C}=\begin{pmatrix} 2 & 0 \\ 0 & 1 \end{pmatrix},
$$

求 $\boldsymbol{AB}$ 及 $\boldsymbol{AC}$.

解　由定义 3 有，

$$
\boldsymbol{AB}=\begin{pmatrix} 1 & 0 \\ 0 & 0 \end{pmatrix}\begin{pmatrix} 2 & 0 \\ 0 & 0 \end{pmatrix}=\begin{pmatrix} 2 & 0 \\ 0 & 0 \end{pmatrix},
$$

$$
\boldsymbol{AC}=\begin{pmatrix} 1 & 0 \\ 0 & 0 \end{pmatrix}\begin{pmatrix} 2 & 0 \\ 0 & 1 \end{pmatrix}=\begin{pmatrix} 2 & 0 \\ 0 & 0 \end{pmatrix}.
$$

由以上例题可以看出矩阵乘法与数的乘法有两点明显不同：

(1) 矩阵乘法不满足交换律：$\boldsymbol{AB}$ 与 $\boldsymbol{BA}$ 未必同时有意义(如例 1 中 $\boldsymbol{BA}$ 无意义)；即使都有意义也未必相等(如例 2). 为明确起见，称 $\boldsymbol{AB}$ 为 $\boldsymbol{A}$ 左乘 $\boldsymbol{B}$ 或 $\boldsymbol{B}$ 右乘 $\boldsymbol{A}$. 只有在一些特殊情形下才有 $\boldsymbol{AB}=\boldsymbol{BA}$，这时称 $\boldsymbol{A}$ 与 $\boldsymbol{B}$ 是**乘法可交换**的. 容易验证矩阵 $\lambda\boldsymbol{E}$ 与任何同阶方阵 $\boldsymbol{A}$ 乘法可交换，即 $(\lambda\boldsymbol{E})\boldsymbol{A}=\boldsymbol{A}(\lambda\boldsymbol{E})=\lambda\boldsymbol{A}$.

(2) 矩阵乘法不满足消去律：由 $\boldsymbol{AB}=\boldsymbol{AC}$ 不能得出 $\boldsymbol{B}=\boldsymbol{C}$(如例 3 中 $\boldsymbol{AB}=\boldsymbol{AC}$，

但 $\boldsymbol{B}\neq\boldsymbol{C}$);此外,若 $\boldsymbol{AB}=\boldsymbol{0}$,不一定有 $\boldsymbol{A}=\boldsymbol{0}$ 或 $\boldsymbol{B}=\boldsymbol{0}$(如例 2 中 $\boldsymbol{BA}=\boldsymbol{0}$,但 $\boldsymbol{A}\neq\boldsymbol{0}$ 且 $\boldsymbol{B}\neq\boldsymbol{0}$).

有了矩阵乘法的定义,我们可以将第二章中的线性方程组(2)写成矩阵形式:$\boldsymbol{Ax}=\boldsymbol{b}$,其中

$$\boldsymbol{A}=\begin{pmatrix}a_{11}&a_{12}&\cdots&a_{1n}\\a_{21}&a_{22}&\cdots&a_{2n}\\\vdots&\vdots&&\vdots\\a_{m1}&a_{m2}&\cdots&a_{mn}\end{pmatrix},\ \boldsymbol{x}=\begin{pmatrix}x_1\\x_2\\\vdots\\x_n\end{pmatrix},\ \boldsymbol{b}=\begin{pmatrix}b_1\\b_2\\\vdots\\b_m\end{pmatrix}.$$

若 $\boldsymbol{b}=\boldsymbol{0}$,则 $\boldsymbol{Ax}=\boldsymbol{b}$ 表示齐次线性方程组;若 $\boldsymbol{b}\neq\boldsymbol{0}$,则 $\boldsymbol{Ax}=\boldsymbol{b}$ 表示非齐次线性方程组.

可以证明矩阵的乘法有下列性质:

(1) 结合律　$(\boldsymbol{AB})\boldsymbol{C}=\boldsymbol{A}(\boldsymbol{BC})$;

(2) 分配律　$\boldsymbol{A}(\boldsymbol{B}+\boldsymbol{C})=\boldsymbol{AB}+\boldsymbol{AC}$;$(\boldsymbol{B}+\boldsymbol{C})\boldsymbol{A}=\boldsymbol{BA}+\boldsymbol{CA}$;

(3) $\lambda(\boldsymbol{AB})=(\lambda\boldsymbol{A})\boldsymbol{B}=\boldsymbol{A}(\lambda\boldsymbol{B})$,(其中 λ 为任意常数);

(4) $(\lambda\boldsymbol{E}_m)\boldsymbol{A}_{m\times n}=\lambda\boldsymbol{A}_{m\times n}=\boldsymbol{A}_{m\times n}(\lambda\boldsymbol{E}_n)$;

定义 4　设 $\boldsymbol{A}$ 为 n 阶方阵,k 为正整数,称 k 个 $\boldsymbol{A}$ 的连乘积为方阵 $\boldsymbol{A}$ 的 k 次幂,记作 $\boldsymbol{A}^k$,即 $\boldsymbol{A}^k=\underbrace{\boldsymbol{AA}\cdots\boldsymbol{A}}_{k}$.

当 k,l 都为正整数时,由矩阵乘法的性质,得

(1) $\boldsymbol{A}^k\boldsymbol{A}^l=\boldsymbol{A}^{k+l}$;

(2) $(\boldsymbol{A}^k)^l=\boldsymbol{A}^{kl}$.

注　由于矩阵乘法不满足交换律,一般地,$(\boldsymbol{AB})^k\neq\boldsymbol{A}^k\boldsymbol{B}^k$.

例 4　设 $\boldsymbol{A}=\begin{pmatrix}1&1\\0&1\end{pmatrix}$,求 $\boldsymbol{A}^n$(n 为正整数).

解

$$\boldsymbol{A}=\begin{pmatrix}1&1\\0&1\end{pmatrix},$$

$$\boldsymbol{A}^2=\begin{pmatrix}1&1\\0&1\end{pmatrix}\begin{pmatrix}1&1\\0&1\end{pmatrix}=\begin{pmatrix}1&2\\0&1\end{pmatrix},$$

$$\boldsymbol{A}^3=\begin{pmatrix}1&2\\0&1\end{pmatrix}\begin{pmatrix}1&1\\0&1\end{pmatrix}=\begin{pmatrix}1&3\\0&1\end{pmatrix},$$

一般地,有

$$A^n=\begin{pmatrix}1 & n\\ 0 & 1\end{pmatrix}.$$

其正确性可由数学归纳法证得,证明略.

四、矩阵的转置

定义5　把$m\times n$矩阵$A=\begin{pmatrix}a_{11} & a_{12} & \cdots & a_{1n}\\ a_{21} & a_{22} & \cdots & a_{2n}\\ \vdots & \vdots & & \vdots\\ a_{m1} & a_{m2} & \cdots & a_{mn}\end{pmatrix}$的行换成同序数的列得到的一个$n\times m$矩阵称为$A$的**转置矩阵**,记作$A^{T}$,即$A^{T}=\begin{pmatrix}a_{11} & a_{21} & \cdots & a_{m1}\\ a_{12} & a_{22} & \cdots & a_{m2}\\ \vdots & \vdots & & \vdots\\ a_{1n} & a_{2n} & \cdots & a_{mn}\end{pmatrix}$.

例如,矩阵$A=\begin{pmatrix}1 & 2 & 0\\ 3 & -1 & 1\end{pmatrix}$的转置矩阵为$A^{T}=\begin{pmatrix}1 & 3\\ 2 & -1\\ 0 & 1\end{pmatrix}$.

矩阵的转置满足如下性质:

(1) $(A^{T})^{T}=A$;

(2) $(A+B)^{T}=A^{T}+B^{T}$;

(3) $(\lambda A)^{T}=\lambda A^{T}$,($\lambda$为一个数);

(4) $(AB)^{T}=B^{T}A^{T}$.

例5　已知

$$A=\begin{pmatrix}2 & 0 & -1\\ 1 & 3 & 2\end{pmatrix},\ B=\begin{pmatrix}1 & 7 & -1\\ 4 & 2 & 3\\ 2 & 0 & 1\end{pmatrix},$$

求$(AB)^{T}$.

解一　因为

$$AB=\begin{pmatrix}2 & 0 & -1\\ 1 & 3 & 2\end{pmatrix}\begin{pmatrix}1 & 7 & -1\\ 4 & 2 & 3\\ 2 & 0 & 1\end{pmatrix}=\begin{pmatrix}0 & 14 & -3\\ 17 & 13 & 10\end{pmatrix},$$

所以

$$(\boldsymbol{AB})^{\mathrm{T}} = \begin{pmatrix} 0 & 17 \\ 14 & 13 \\ -3 & 10 \end{pmatrix}.$$

解二

$$(\boldsymbol{AB})^{\mathrm{T}} = \boldsymbol{B}^{\mathrm{T}}\boldsymbol{A}^{\mathrm{T}} = \begin{pmatrix} 1 & 4 & 2 \\ 7 & 2 & 0 \\ -1 & 3 & 1 \end{pmatrix}\begin{pmatrix} 2 & 1 \\ 0 & 3 \\ -1 & 2 \end{pmatrix} = \begin{pmatrix} 0 & 17 \\ 14 & 13 \\ -3 & 10 \end{pmatrix}.$$

注 性质(4)可推广为$(\boldsymbol{A}_1\boldsymbol{A}_2\cdots \boldsymbol{A}_k)^{\mathrm{T}}=\boldsymbol{A}_k^{\mathrm{T}}\boldsymbol{A}_{k-1}^{\mathrm{T}}\cdots \boldsymbol{A}_2^{\mathrm{T}}\boldsymbol{A}_1^{\mathrm{T}}$.

定义 6 设 $\boldsymbol{A}$ 为 n 阶方阵，若 $\boldsymbol{A}^{\mathrm{T}}=\boldsymbol{A}$，即

$$a_{ij} = a_{ji},\ i = 1,\ 2,\ \cdots,\ n;\ j = 1,\ 2,\ \cdots,\ n,$$

则称矩阵 $\boldsymbol{A}$ 为**对称矩阵**. 对称矩阵的特点是：它的元素以对角线为对称轴对应相等.

由矩阵的运算容易知道，同阶对称矩阵之和仍为对称矩阵，数乘对称矩阵仍为对称矩阵. 但对称矩阵的乘积未必是对称矩阵.

例如：$\boldsymbol{A}=\begin{pmatrix} 1 & 2 \\ 2 & 1 \end{pmatrix}$，$\boldsymbol{B}=\begin{pmatrix} -1 & 6 \\ 6 & 2 \end{pmatrix}$ 均为对称矩阵，但

$$\boldsymbol{AB} = \begin{pmatrix} 1 & 2 \\ 2 & 1 \end{pmatrix}\begin{pmatrix} -1 & 6 \\ 6 & 2 \end{pmatrix} = \begin{pmatrix} 11 & 10 \\ 4 & 14 \end{pmatrix}$$

为非对称矩阵.

那么对称矩阵的乘积何时为对称矩阵呢？有下列结论成立：

定理 1 设 $\boldsymbol{A}$ 与 $\boldsymbol{B}$ 为两个 n 阶对称矩阵，则 $\boldsymbol{AB}$ 是对称矩阵的充分必要条件是 $\boldsymbol{AB} = \boldsymbol{BA}$.

证 若 $\boldsymbol{AB} = \boldsymbol{BA}$，则有

$$(\boldsymbol{AB})^{\mathrm{T}} = \boldsymbol{B}^{\mathrm{T}}\boldsymbol{A}^{\mathrm{T}} = \boldsymbol{BA} = \boldsymbol{AB},$$

即 $\boldsymbol{AB}$ 为对称矩阵.

反之，若 $\boldsymbol{AB}$ 为对称矩阵，即$(\boldsymbol{AB})^{\mathrm{T}} = \boldsymbol{AB}$，则

$$\boldsymbol{AB} = (\boldsymbol{AB})^{\mathrm{T}} = \boldsymbol{B}^{\mathrm{T}}\boldsymbol{A}^{\mathrm{T}} = \boldsymbol{BA}.$$

下面不加证明地给出矩阵运算的秩的有关性质：

(1) $R(\boldsymbol{A}^{\mathrm{T}}) = R(\boldsymbol{A})$；

(2) $R(\boldsymbol{A}+\boldsymbol{B}) \leqslant R(\boldsymbol{A}) + R(\boldsymbol{B})$；

(3) $R(\boldsymbol{AB}) \leqslant \min\{R(\boldsymbol{A}), R(\boldsymbol{B})\}$.

五、方阵的行列式

定义 7 由 n 阶方阵 $\boldsymbol{A}$ 的元素所构成的行列式(各元素的位置不变),称为方阵 $\boldsymbol{A}$ 的行列式,记作 $|\boldsymbol{A}|$ 或 $\det \boldsymbol{A}$.

方阵的行列式这种运算满足下述运算规律(设 $\boldsymbol{A}$、$\boldsymbol{B}$ 为 n 阶方阵,λ 为数):

(1) $|\boldsymbol{A}^{\mathrm{T}}| = |\boldsymbol{A}|$;

(2) $|\lambda \boldsymbol{A}| = \lambda^n |\boldsymbol{A}|$;

(3) $|\boldsymbol{AB}| = |\boldsymbol{A}|\,|\boldsymbol{B}|$.

由于对角矩阵的广泛应用,下面给出对角矩阵的相关运算规律:

若 $\boldsymbol{A} = \begin{pmatrix} a_{11} & 0 & \cdots & 0 \\ 0 & a_{22} & \cdots & 0 \\ \vdots & \vdots & \ddots & \vdots \\ 0 & 0 & \cdots & a_{nn} \end{pmatrix}$, $\boldsymbol{B} = \begin{pmatrix} b_{11} & 0 & \cdots & 0 \\ 0 & b_{22} & \cdots & 0 \\ \vdots & \vdots & \ddots & \vdots \\ 0 & 0 & \cdots & b_{nn} \end{pmatrix}$,则

(1) $|\boldsymbol{A}| = a_{11}a_{22}\cdots a_{nn}$;

(2) $\boldsymbol{AB} = \begin{pmatrix} a_{11}b_{11} & 0 & \cdots & 0 \\ 0 & a_{22}b_{22} & \cdots & 0 \\ \vdots & \vdots & \ddots & \vdots \\ 0 & 0 & \cdots & a_{nn}b_{nn} \end{pmatrix}$;特别地有 $\boldsymbol{A}^k = \begin{pmatrix} a_{11}^k & 0 & \cdots & 0 \\ 0 & a_{22}^k & \cdots & 0 \\ \vdots & \vdots & \ddots & \vdots \\ 0 & 0 & \cdots & a_{nn}^k \end{pmatrix}$;

(3) $\boldsymbol{A}+\boldsymbol{B} = \begin{pmatrix} a_{11}+b_{11} & 0 & \cdots & 0 \\ 0 & a_{22}+b_{22} & \cdots & 0 \\ \vdots & \vdots & \ddots & \vdots \\ 0 & 0 & \cdots & a_{nn}+b_{nn} \end{pmatrix}$.

§2 初等矩阵

第二章§1讨论了矩阵的初等变换,知道初等变换在矩阵理论中具有十分重要的作用,为能更好地利用它解决问题,有必要把矩阵的初等变换化为矩阵符号运算.为此,给出初等矩阵的概念.

定义 8 将单位矩阵作一次初等变换得到的矩阵称为初等矩阵.

三种初等变换对应着三种初等矩阵.

1. 对换两行或两列

对换单位矩阵中的第 i, j 两行($r_i \leftrightarrow r_j$)或第 i, j 两列($c_i \leftrightarrow c_j$),得到初等矩阵

$$
\boldsymbol{E}(i,\ j)=\begin{pmatrix}
1 &&&&&&&& \\
& \ddots &&&&&&& \\
&& 1 &&&&&& \\
&&& 0 & \cdots & 1 &&& \\
&&& & 1 & &&& \\
&&& \vdots & \ddots & \vdots &&& \\
&&& & & 1 &&& \\
&&& 1 & \cdots & 0 &&& \\
&&&&&& 1 && \\
&&&&&&& \ddots & \\
&&&&&&&& 1
\end{pmatrix}\begin{matrix} \\ \\ \\ \text{第}\,i\,\text{行} \\ \\ \\ \\ \text{第}\,j\,\text{行} \\ \\ \\ \\ \end{matrix}
$$

2. 用数 $k\neq 0$ 乘某行或某列

用数 $k\neq 0$ 乘单位矩阵的第 i 行(kr_i) 或第 i 列(kc_i)，得到初等矩阵

$$
\boldsymbol{E}(i(k))=\begin{pmatrix}
1 &&&&&& \\
& \ddots &&&&& \\
&& 1 &&&& \\
&&& k &&& \\
&&&& 1 && \\
&&&&& \ddots & \\
&&&&&& 1
\end{pmatrix}\text{第}\,i\,\text{行}
$$

3. 用数 k 乘某行(列)加到另一行(列)上

用数 k 乘单位矩阵的第 j 行加到第 i 行上 (r_i+kr_j) 或用数 k 乘单位矩阵的第 i 列加到第 j 列上(c_j+kc_i)，得到初等矩阵

$$
\boldsymbol{E}(i,\ j(k))=\begin{pmatrix}
1 &&&&& \\
& \ddots &&&& \\
&& 1 & \cdots & k && \\
&&& \ddots & \vdots && \\
&&&& 1 && \\
&&&&& \ddots & \\
&&&&&& 1
\end{pmatrix}\begin{matrix} \\ \\ \text{第}\,i\,\text{行} \\ \\ \text{第}\,j\,\text{行} \\ \\ \\ \end{matrix}
$$

下面我们用一个初等矩阵左乘或右乘一个矩阵，例如

$$\begin{pmatrix}1&0&0\\0&0&1\\0&1&0\end{pmatrix}\begin{pmatrix}a_{11}&a_{12}&\cdots&a_{1n}\\a_{21}&a_{22}&\cdots&a_{2n}\\a_{31}&a_{32}&\cdots&a_{3n}\end{pmatrix}=\begin{pmatrix}a_{11}&a_{12}&\cdots&a_{1n}\\a_{31}&a_{32}&\cdots&a_{3n}\\a_{21}&a_{22}&\cdots&a_{2n}\end{pmatrix},$$

$$\begin{pmatrix}a_{11}&a_{12}&a_{13}\\a_{21}&a_{22}&a_{23}\\\vdots&\vdots&\vdots\\a_{m1}&a_{m2}&a_{m3}\end{pmatrix}\begin{pmatrix}1&0&0\\0&0&1\\0&1&0\end{pmatrix}=\begin{pmatrix}a_{11}&a_{13}&a_{12}\\a_{21}&a_{23}&a_{22}\\\vdots&\vdots&\vdots\\a_{m1}&a_{m3}&a_{m2}\end{pmatrix}.$$

由此可见，用三阶初等矩阵 $\boldsymbol{E}(2, 3)$ 左乘矩阵 $\boldsymbol{A}_{3\times n}$，相当于对矩阵 $\boldsymbol{A}_{3\times n}$ 施行一次相应的初等行变换（即对换矩阵 $\boldsymbol{A}_{3\times n}$ 的第 2、3 两行）；用三阶初等矩阵 $\boldsymbol{E}(2, 3)$ 右乘矩阵 $\boldsymbol{A}_{m\times 3}$，相当于对矩阵 $\boldsymbol{A}_{m\times 3}$ 施行一次相应的初等列变换（即对换矩阵 $\boldsymbol{A}_{m\times 3}$ 的第 2、3 两列）.

用同样的方法可以验证，对矩阵 $\boldsymbol{A}$ 施行第 2、3 种初等变换时，有类似结论.

一般地，有如下定理

定理 2　设 $\boldsymbol{A}$ 是一个 $m\times n$ 矩阵，对 $\boldsymbol{A}$ 施行一种初等行变换，就相当于在矩阵 $\boldsymbol{A}$ 的左边乘以一个相应的 m 阶初等矩阵；对 $\boldsymbol{A}$ 施行一种初等列变换，就相当于在矩阵 $\boldsymbol{A}$ 的右边乘以一个相应的 n 阶初等矩阵.

由定理可知，对于同阶初等矩阵，有

(1) $\boldsymbol{E}(i, j)\boldsymbol{E}(i, j)=\boldsymbol{E}$;　(1)

(2) $\boldsymbol{E}\left(i\left(\dfrac{1}{k}\right)\right)\boldsymbol{E}(i(k))=\boldsymbol{E}$;　(2)

(3) $\boldsymbol{E}(i, j(-k))\boldsymbol{E}(i, j(k))=\boldsymbol{E}$.　(3)

§3　可逆矩阵

在实数的乘法运算中，若一个数 $a\neq 0$，则一定存在唯一一个数 b，使得 $b=\dfrac{1}{a}$，它们的乘积是单位 1，即 $ab=ba=1$，称 b 为 a 的倒数，记为 $b=a^{-1}$，也可以把 b 看作是 a 对乘法运算的逆元. 在矩阵的乘法运算中，对于矩阵 $\boldsymbol{A}$，能否找到矩阵 $\boldsymbol{B}$，使 $\boldsymbol{AB}=\boldsymbol{BA}=\boldsymbol{E}$ 成立呢？这就是求逆矩阵的问题.

一、逆矩阵的概念和性质

定义 9　设 $\boldsymbol{A}$ 是一个 n 阶方阵，若存在一个 n 阶方阵 $\boldsymbol{B}$，使 $\boldsymbol{AB}=\boldsymbol{BA}=\boldsymbol{E}$，则称 $\boldsymbol{A}$ 是可逆矩阵，简称 $\boldsymbol{A}$ 可逆，并称 $\boldsymbol{B}$ 是 $\boldsymbol{A}$ 的逆矩阵，记为 $\boldsymbol{A}^{-1}$，即 $\boldsymbol{A}^{-1}=\boldsymbol{B}$.

当$\boldsymbol{A}$可逆时，容易证明$\boldsymbol{A}$的逆矩阵是唯一的.

事实上，若$\boldsymbol{B}$、$\boldsymbol{C}$都是$\boldsymbol{A}$的逆矩阵，则有

$$\boldsymbol{B}=\boldsymbol{BE}=\boldsymbol{B}(\boldsymbol{AC})=(\boldsymbol{BA})\boldsymbol{C}=\boldsymbol{EC}=\boldsymbol{C}.$$

由定义 9 知，若$\boldsymbol{AB}=\boldsymbol{BA}=\boldsymbol{E}$，则方阵$\boldsymbol{B}$也是可逆的，其逆矩阵$\boldsymbol{B}^{-1}=\boldsymbol{A}$，称$\boldsymbol{A}$、$\boldsymbol{B}$为互逆矩阵.

在数的运算中，并不是所有的数都有倒数，类似地，并不是所有的方阵都可逆，那么满足什么条件的矩阵才可逆呢?假设方阵$\boldsymbol{A}$可逆，那么$\boldsymbol{A}^{-1}$等于多少? 为了寻求$\boldsymbol{A}^{-1}$，给出以下定义：

定义 10 设n阶方阵$\boldsymbol{A}=\begin{pmatrix} a_{11} & a_{12} & \cdots & a_{1n} \\ a_{21} & a_{22} & \cdots & a_{2n} \\ \vdots & \vdots & & \vdots \\ a_{n1} & a_{n2} & \cdots & a_{nn} \end{pmatrix}$，则称$\boldsymbol{A}^*=\begin{pmatrix} \boldsymbol{A}_{11} & \boldsymbol{A}_{21} & \cdots & \boldsymbol{A}_{n1} \\ \boldsymbol{A}_{12} & \boldsymbol{A}_{22} & \cdots & \boldsymbol{A}_{n2} \\ \vdots & \vdots & & \vdots \\ \boldsymbol{A}_{1n} & \boldsymbol{A}_{2n} & \cdots & \boldsymbol{A}_{nn} \end{pmatrix}$为$\boldsymbol{A}$的伴随矩阵，简称伴随阵，其中$\boldsymbol{A}_{ij}$为方阵$\boldsymbol{A}$的行列式$|\boldsymbol{A}|$中元素$a_{ij}$的代数余子式.

引理 设$\boldsymbol{A}=(a_{ij})_{n\times n}$，则$\boldsymbol{AA}^*=\boldsymbol{A}^*\boldsymbol{A}=|\boldsymbol{A}|\boldsymbol{E}$.

证 由于

$$a_{i1}\boldsymbol{A}_{j1}+a_{i2}\boldsymbol{A}_{j2}+\cdots+a_{in}\boldsymbol{A}_{jn}=|\boldsymbol{A}|\delta_{ij},$$

这里$\delta_{ij}=\begin{cases}1, & i=j\\ 0, & i\neq j\end{cases}$，故

$$\boldsymbol{AA}^*=(|\boldsymbol{A}|\delta_{ij})_{n\times n}=|\boldsymbol{A}|(\delta_{ij})_{n\times n}=|\boldsymbol{A}|\boldsymbol{E},$$

同理可证$\boldsymbol{A}^*\boldsymbol{A}=|\boldsymbol{A}|\boldsymbol{E}$.

由定义 9 及引理可得方阵$\boldsymbol{A}$可逆的充分必要条件及$\boldsymbol{A}^{-1}$的表达式.

定理 3 设$\boldsymbol{A}$为方阵，则$\boldsymbol{A}$可逆的充分必要条件是$|\boldsymbol{A}|\neq 0$，且当$\boldsymbol{A}$可逆时，$\boldsymbol{A}^{-1}=\dfrac{1}{|\boldsymbol{A}|}\boldsymbol{A}^*$，其中$\boldsymbol{A}^*$为$\boldsymbol{A}$的伴随矩阵.

证 若$\boldsymbol{A}$可逆，则有$\boldsymbol{AA}^{-1}=\boldsymbol{E}$，因而$|\boldsymbol{AA}^{-1}|=|\boldsymbol{E}|=1$，又$|\boldsymbol{AA}^{-1}|=|\boldsymbol{A}||\boldsymbol{A}^{-1}|$，故$|\boldsymbol{A}|\neq 0$. 反之，若$|\boldsymbol{A}|\neq 0$，由引理知，

$$\boldsymbol{A}\frac{1}{|\boldsymbol{A}|}\boldsymbol{A}^*=\boldsymbol{A}^*\frac{1}{|\boldsymbol{A}|}\boldsymbol{A}=\boldsymbol{E},$$

因此，由逆矩阵的定义可知$\boldsymbol{A}$可逆，且$\boldsymbol{A}^{-1}=\dfrac{1}{|\boldsymbol{A}|}\boldsymbol{A}^*$.

由定理 3 可得下述推论 1：

推论 1 若 $\boldsymbol{AB}=\boldsymbol{E}$(或 $\boldsymbol{BA}=\boldsymbol{E}$),则 $\boldsymbol{A}$ 可逆,且 $\boldsymbol{B}=\boldsymbol{A}^{-1}$.

证 由于 $|\boldsymbol{A}||\boldsymbol{B}|=|\boldsymbol{E}|=1$,故 $|\boldsymbol{A}|\neq 0$,因而 $\boldsymbol{A}^{-1}$ 存在,于是

$$\boldsymbol{B}=\boldsymbol{EB}=(\boldsymbol{A}^{-1}\boldsymbol{A})\boldsymbol{B}=\boldsymbol{A}^{-1}(\boldsymbol{AB})=\boldsymbol{A}^{-1}\boldsymbol{E}=\boldsymbol{A}^{-1}.$$

可见,验证 $\boldsymbol{B}$ 是否为 $\boldsymbol{A}$ 的逆矩阵,只需验证 $\boldsymbol{AB}=\boldsymbol{E}$ 或 $\boldsymbol{BA}=\boldsymbol{E}$ 即可.

注 由上节中的(1)、(2)、(3)式可知,初等矩阵都是可逆矩阵,且

(1) $\boldsymbol{E}^{-1}(i,\ j)=\boldsymbol{E}(i,\ j)$;

(2) $\boldsymbol{E}^{-1}(i(k))=\boldsymbol{E}\left(i\left(\dfrac{1}{k}\right)\right)$;

(3) $\boldsymbol{E}^{-1}(i,\ j(k))=\boldsymbol{E}(i,\ j(-k))$.

即初等矩阵的逆矩阵还是初等矩阵.

当 $|\boldsymbol{A}|\neq 0$ 时,称 $\boldsymbol{A}$ 为**非奇异阵**,否则称为**奇异阵**. 显然,可逆方阵就是非奇异阵.

又由矩阵秩的定义可得下述推论 2:

推论 2 n 阶方阵 $\boldsymbol{A}$ 可逆的充要条件是 $R(\boldsymbol{A})=n$.

方阵的逆矩阵满足如下运算规律:

(1) 若 $\boldsymbol{A}$ 可逆,则 $\boldsymbol{A}^{-1}$ 可逆,且 $(\boldsymbol{A}^{-1})^{-1}=\boldsymbol{A}$;

(2) 若 $\boldsymbol{A}$ 可逆,λ 是非零常数,则 $\lambda\boldsymbol{A}$ 可逆,且 $(\lambda\boldsymbol{A})^{-1}=\dfrac{1}{\lambda}\boldsymbol{A}^{-1}$;

(3) 若 $\boldsymbol{A}$、$\boldsymbol{B}$ 为同阶矩阵且均可逆,则 $\boldsymbol{AB}$ 可逆,且 $(\boldsymbol{AB})^{-1}=\boldsymbol{B}^{-1}\boldsymbol{A}^{-1}$;

(4) 若 $\boldsymbol{A}$ 可逆,则 $\boldsymbol{A}^{\mathrm{T}}$ 可逆,且 $(\boldsymbol{A}^{\mathrm{T}})^{-1}=(\boldsymbol{A}^{-1})^{\mathrm{T}}$.

证 (1) 因为 $\boldsymbol{A}$ 可逆,所以 $\boldsymbol{AA}^{-1}=\boldsymbol{E}$,于是 $\boldsymbol{A}$ 与 $\boldsymbol{A}^{-1}$ 互为逆矩阵,即 $(\boldsymbol{A}^{-1})^{-1}=\boldsymbol{A}$;

(2) 显然;

(3) 因为 $(\boldsymbol{AB})(\boldsymbol{B}^{-1}\boldsymbol{A}^{-1})=\boldsymbol{A}(\boldsymbol{BB}^{-1})\boldsymbol{A}^{-1}=\boldsymbol{AEA}^{-1}=\boldsymbol{AA}^{-1}=\boldsymbol{E}$,由推论 1 知,$\boldsymbol{AB}$ 可逆,且 $(\boldsymbol{AB})^{-1}=\boldsymbol{B}^{-1}\boldsymbol{A}^{-1}$;

(4) 因为 $\boldsymbol{A}^{\mathrm{T}}(\boldsymbol{A}^{-1})^{\mathrm{T}}=(\boldsymbol{A}^{-1}\boldsymbol{A})^{\mathrm{T}}=\boldsymbol{E}^{\mathrm{T}}=\boldsymbol{E}$,所以 $(\boldsymbol{A}^{\mathrm{T}})^{-1}=(\boldsymbol{A}^{-1})^{\mathrm{T}}$.

当 $|\boldsymbol{A}|\neq 0$ 时,还可以定义 $\boldsymbol{A}^0=\boldsymbol{E}$, $\boldsymbol{A}^{-k}=(\boldsymbol{A}^{-1})^k$,其中 k 为正整数. 这样,当 $|\boldsymbol{A}|\neq 0$、λ、μ 为整数时,有 $\boldsymbol{A}^{\lambda}\boldsymbol{A}^{\mu}=\boldsymbol{A}^{\lambda+\mu}$, $(\boldsymbol{A}^{\lambda})^{\mu}=\boldsymbol{A}^{\lambda\mu}$.

注 1. 规律(3)可推广为若 $\boldsymbol{A}_1$、$\boldsymbol{A}_2$、$\cdots$、$\boldsymbol{A}_k$ 为同阶矩阵且均可逆,则 $\boldsymbol{A}_1\boldsymbol{A}_2\cdots\boldsymbol{A}_k$ 可逆,且 $(\boldsymbol{A}_1\boldsymbol{A}_2\cdots\boldsymbol{A}_k)^{-1}=\boldsymbol{A}_k^{-1}\cdots\boldsymbol{A}_2^{-1}\boldsymbol{A}_1^{-1}$.

2. 对于对角矩阵 $\boldsymbol{A}=\begin{pmatrix} a_{11} & 0 & \cdots & 0 \\ 0 & a_{22} & \cdots & 0 \\ \vdots & \vdots & \ddots & \vdots \\ 0 & 0 & \cdots & a_{nn} \end{pmatrix}$,若 $a_{ii}\neq 0\ (i=1,\ 2,\ \cdots,\ n)$,则

$$|\boldsymbol{A}|\neq 0,\text{且有 }\boldsymbol{A}^{-1}=\begin{pmatrix} a_{11}^{-1} & 0 & \cdots & 0 \\ 0 & a_{22}^{-1} & \cdots & 0 \\ \vdots & \vdots & \ddots & \vdots \\ 0 & 0 & \cdots & a_{nn}^{-1} \end{pmatrix}.$$

定理 4 方阵 $\boldsymbol{A}$ 可逆的充分必要条件是 $\boldsymbol{A}\sim\boldsymbol{E}$.

证 设 $\boldsymbol{A}$ 的等价标准形为

$$\boldsymbol{F}=\begin{pmatrix} 1 & & & & & \\ & \ddots & & & & \\ & & 1 & & & \\ & & & 0 & & \\ & & & & \ddots & \\ & & & & & 0 \end{pmatrix}\text{第 } r \text{ 行}$$

再由定理 3 的推论 2 知，方阵 $\boldsymbol{A}$ 可逆的充要条件是 $R(\boldsymbol{F})=n$，即 $r=n$，则有 $\boldsymbol{F}=\boldsymbol{E}$，于是有 $\boldsymbol{A}\sim\boldsymbol{E}$，结论成立.

推论 1 方阵 $\boldsymbol{A}$ 可逆的充分必要条件是 $\boldsymbol{A}\overset{r}{\sim}\boldsymbol{E}$，即存在有限个初等矩阵 $\boldsymbol{P}_1,\boldsymbol{P}_2,\cdots,\boldsymbol{P}_l$，使

$$\boldsymbol{P}_l\cdots\boldsymbol{P}_2\boldsymbol{P}_1\boldsymbol{A}=\boldsymbol{E}.$$

证 因为可逆矩阵 $\boldsymbol{A}$ 的行最简形矩阵就是单位矩阵，所以结论显然成立.

推论 2 方阵 $\boldsymbol{A}$ 可逆的充分必要条件是存在有限个初等矩阵 $\boldsymbol{Q}_1,\boldsymbol{Q}_2,\cdots,\boldsymbol{Q}_l$，使得 $\boldsymbol{A}=\boldsymbol{Q}_1\boldsymbol{Q}_2\cdots\boldsymbol{Q}_l$.

证 充分性是显然的，我们仅证必要性.

若 $\boldsymbol{A}$ 可逆，则由推论 1 的证明得

$$\boldsymbol{A}=\boldsymbol{P}_1^{-1}\boldsymbol{P}_2^{-1}\cdots\boldsymbol{P}_l^{-1}$$

而 $\boldsymbol{P}_1^{-1},\boldsymbol{P}_2^{-1},\cdots,\boldsymbol{P}_l^{-1}$ 都是初等矩阵，令 $\boldsymbol{P}_1^{-1}=\boldsymbol{Q}_1,\boldsymbol{P}_2^{-1}=\boldsymbol{Q}_2,\cdots,\boldsymbol{P}_l^{-1}=\boldsymbol{Q}_l$ 即得

$$\boldsymbol{A}=\boldsymbol{Q}_1\boldsymbol{Q}_2\cdots\boldsymbol{Q}_l.$$

二、逆矩阵的求法

这里介绍两种求逆矩阵的方法，即利用初等变换求可逆矩阵的逆矩阵和利用公式法求可逆矩阵的逆矩阵.

1. 利用初等变换求可逆矩阵的逆矩阵

由定理 4 的推论 1，若存在有限个初等矩阵 $\boldsymbol{P}_1,\boldsymbol{P}_2,\cdots,\boldsymbol{P}_l$，使

$$P_l\cdots P_2P_1A=E \tag{4}$$

则　$A^{-1}=P_l\cdots P_2P_1$，即

$$P_l\cdots P_2P_1E=A^{-1} \tag{5}$$

也就是说若 A 经有限次初等行变换可化为 E，则 A 可逆，且对可逆矩阵 A 和同阶单位矩阵 E 作同样的初等行变换，当 A 化为单位矩阵 E 时，E 就化为了 A^{-1}，即若 $(A,\ E)\overset{r}{\sim}(E,\ B)$，则 $A^{-1}=B$.

其中，$(A,\ E)$ 为 n 阶方阵 A 的右边并排放置同阶单位矩阵后构成的新的 $n\times 2n$ 矩阵(余类推).

例 6　用初等变换求矩阵

$$A=\begin{pmatrix}1&-4&-3\\1&-5&-3\\-1&6&4\end{pmatrix}$$

的逆矩阵.

解

$$(A,\ E)=\begin{pmatrix}1&-4&-3&1&0&0\\1&-5&-3&0&1&0\\-1&6&4&0&0&1\end{pmatrix}\underset{\sim}{\substack{r_2-r_1\\r_3+r_1}}\begin{pmatrix}1&-4&-3&1&0&0\\0&-1&0&-1&1&0\\0&2&1&1&0&1\end{pmatrix}$$

$$\underset{\sim}{\substack{r_1-4r_2\\r_3+2r_2}}\begin{pmatrix}1&0&-3&5&-4&0\\0&-1&0&-1&1&0\\0&0&1&-1&2&1\end{pmatrix}\underset{\sim}{\substack{-r_2\\r_1+3r_3}}\begin{pmatrix}1&0&0&2&2&3\\0&1&0&1&-1&0\\0&0&1&-1&2&1\end{pmatrix},$$

所以

$$A^{-1}=\begin{pmatrix}2&2&3\\1&-1&0\\-1&2&1\end{pmatrix}.$$

对于矩阵方程 $AX=B$，如果 A 为方阵且可逆，那么方程两边同时左乘 A^{-1}，得

$$A^{-1}AX=A^{-1}B,$$

即

$$X=A^{-1}B.$$

同样的道理，可用初等行变换解矩阵方程 $AX=B$(这里方阵 A 可逆). 对矩阵 A 与 B 施行同样的初等行变换，则当 A 化为单位矩阵 E 时，B 就化为了 $A^{-1}B$，即

$$(\boldsymbol{A},\boldsymbol{B})\overset{r}{\sim}(\boldsymbol{E},\boldsymbol{A}^{-1}\boldsymbol{B}).$$

例 7 解矩阵方程 $\boldsymbol{AX}=\boldsymbol{B}$,其中

$$\boldsymbol{A}=\begin{pmatrix}1&-4&-3\\1&-5&-3\\-1&6&4\end{pmatrix},\ \boldsymbol{B}=\begin{pmatrix}1&1\\1&-1\\2&1\end{pmatrix}.$$

解 利用初等行变换,得

$$(\boldsymbol{A},\boldsymbol{B})=\begin{pmatrix}1&-4&-3&1&1\\1&-5&-3&1&-1\\-1&6&4&2&1\end{pmatrix}\underset{\sim}{\overset{r_2-r_1}{r_3+r_1}}\begin{pmatrix}1&-4&-3&1&1\\0&-1&0&0&-2\\0&2&1&3&2\end{pmatrix}\underset{\sim}{\overset{r_1-4r_2}{r_3+2r_2}}$$

$$\begin{pmatrix}1&0&-3&1&9\\0&-1&0&0&-2\\0&0&1&3&-2\end{pmatrix}\overset{-r_2}{\sim}\begin{pmatrix}1&0&-3&1&9\\0&1&0&0&2\\0&0&1&3&-2\end{pmatrix}\overset{r_1+3r_3}{\sim}$$

$$\begin{pmatrix}1&0&0&10&3\\0&1&0&0&2\\0&0&1&3&-2\end{pmatrix},$$

所以

$$\boldsymbol{X}=\boldsymbol{A}^{-1}\boldsymbol{B}=\begin{pmatrix}10&3\\0&2\\3&-2\end{pmatrix}.$$

例 8 求矩阵方程 $\boldsymbol{AX}=\boldsymbol{A}+\boldsymbol{X}$,其中

$$\boldsymbol{A}=\begin{pmatrix}2&2&0\\2&1&3\\0&1&0\end{pmatrix}.$$

解 将原方程变形为

$$(\boldsymbol{A}-\boldsymbol{E})\boldsymbol{X}=\boldsymbol{A},$$

$$(\boldsymbol{A}-\boldsymbol{E},\boldsymbol{A})=\begin{pmatrix}1&2&0&2&2&0\\2&0&3&2&1&3\\0&1&-1&0&1&0\end{pmatrix}\overset{r_2-2r_1}{\sim}\begin{pmatrix}1&2&0&2&2&0\\0&-4&3&-2&-3&3\\0&1&-1&0&1&0\end{pmatrix}$$

$$\overset{r_2\leftrightarrow r_3}{\sim}\begin{pmatrix}1&2&0&2&2&0\\0&1&-1&0&1&0\\0&-4&3&-2&-3&3\end{pmatrix}\underset{\sim}{\overset{r_1-2r_2}{r_3+4r_2}}\begin{pmatrix}1&0&2&2&0&0\\0&1&-1&0&1&0\\0&0&-1&-2&1&3\end{pmatrix}$$

$$\xrightarrow[-r_3]{\substack{r_1+2r_3\\ r_2-r_3}}\begin{pmatrix}1&0&0&-2&2&6\\0&1&0&2&0&-3\\0&0&1&2&-1&-3\end{pmatrix},$$

可见 $\boldsymbol{A}-\boldsymbol{E}\overset{r}{\sim}\boldsymbol{E}$,因此 $\boldsymbol{A}-\boldsymbol{E}$ 可逆,且

$$\boldsymbol{X}=(\boldsymbol{A}-\boldsymbol{E})^{-1}\boldsymbol{A}=\begin{pmatrix}-2&2&6\\2&0&-3\\2&-1&-3\end{pmatrix}.$$

2. 利用公式求可逆矩阵的逆矩阵

利用定理 3 的结论,可判断 $\boldsymbol{A}$ 是否可逆,并在可逆的情况下,求出 $\boldsymbol{A}^{-1}$.

例 9　判断方阵

$$\boldsymbol{A}=\begin{pmatrix}1&0&1\\2&1&0\\-3&2&-5\end{pmatrix}$$

是否可逆,若可逆求其逆矩阵.

解　因为 $|\boldsymbol{A}|=2\neq0$,所以 $\boldsymbol{A}$ 可逆. 再计算 $\boldsymbol{A}$ 的各个代数余子式,得

$$\boldsymbol{A}_{11}=-5,\quad \boldsymbol{A}_{21}=2,\quad \boldsymbol{A}_{31}=-1;$$
$$\boldsymbol{A}_{12}=10,\quad \boldsymbol{A}_{22}=-2,\quad \boldsymbol{A}_{32}=2;$$
$$\boldsymbol{A}_{13}=7,\quad \boldsymbol{A}_{23}=-2,\quad \boldsymbol{A}_{33}=1.$$

从而

$$\boldsymbol{A}^*=\begin{pmatrix}-5&2&-1\\10&-2&2\\7&-2&1\end{pmatrix},$$

于是由定理 3 得

$$\boldsymbol{A}^{-1}=\frac{1}{|\boldsymbol{A}|}\boldsymbol{A}^*=\frac{1}{2}\begin{pmatrix}-5&2&-1\\10&-2&2\\7&-2&1\end{pmatrix}=\begin{pmatrix}-\frac{5}{2}&1&-\frac{1}{2}\\5&-1&1\\\frac{7}{2}&-1&\frac{1}{2}\end{pmatrix}.$$

例 10　(本节例 7 另解)　解矩阵方程 $\boldsymbol{AX}=\boldsymbol{B}$,其中

$$A=\begin{pmatrix}1&-4&-3\\1&-5&-3\\-1&6&4\end{pmatrix},\ B=\begin{pmatrix}1&1\\1&-1\\2&1\end{pmatrix}.$$

解 因为$|A|=-1\neq 0$,所以A可逆. 经计算得

$$A^{-1}=\begin{pmatrix}2&2&3\\1&-1&0\\-1&2&1\end{pmatrix},$$

于是

$$X=A^{-1}B=\begin{pmatrix}2&2&3\\1&-1&0\\-1&2&1\end{pmatrix}\begin{pmatrix}1&1\\1&-1\\2&1\end{pmatrix}=\begin{pmatrix}10&3\\0&2\\3&-2\end{pmatrix}.$$

矩阵方程还有另外两种形式:$XA=B$或$AXB=C$. 对于$XA=B$,若A为方阵且可逆,则方程两边同时右乘A^{-1},可得$X=BA^{-1}$;对于$AXB=C$,若A、B为方阵且可逆,则方程两边同时左乘A^{-1}、右乘B^{-1},可得$X=A^{-1}CB^{-1}$.

注 从此例题中可体会到求逆矩阵时,初等变换法要比公式法更简便.

例 11 求解矩阵方程$AXB=C$, 其中

$$A=\begin{pmatrix}1&2&3\\2&2&1\\3&4&3\end{pmatrix},\ B=\begin{pmatrix}2&1\\5&3\end{pmatrix},\ C=\begin{pmatrix}1&3\\2&0\\3&1\end{pmatrix}.$$

解 因为 $|A|=2\neq 0$, $|B|=1\neq 0$ 所以A、B均可逆. 经计算得

$$A^{-1}=\begin{pmatrix}1&3&-2\\-\frac{3}{2}&-3&\frac{5}{2}\\1&1&-1\end{pmatrix},\ B^{-1}=\begin{pmatrix}3&-1\\-5&2\end{pmatrix},$$

于是

$$X=A^{-1}CB^{-1}=\begin{pmatrix}1&3&-2\\-\frac{3}{2}&-3&\frac{5}{2}\\1&1&-1\end{pmatrix}\begin{pmatrix}1&3\\2&0\\3&1\end{pmatrix}\begin{pmatrix}3&-1\\-5&2\end{pmatrix}$$

$$=\begin{pmatrix}1&1\\0&-2\\0&2\end{pmatrix}\begin{pmatrix}3&-1\\-5&2\end{pmatrix}=\begin{pmatrix}-2&1\\10&-4\\-10&4\end{pmatrix}.$$

下面证明第一章中介绍的克拉默法则.

克拉默法则 对于 n 个变量、n 个方程的线性方程组

$$\begin{cases} a_{11}x_1+a_{12}x_2+\cdots+a_{1n}x_n=b_1 \\ a_{21}x_1+a_{22}x_2+\cdots+a_{2n}x_n=b_2 \\ \cdots\cdots\cdots\cdots\cdots\cdots\cdots\cdots\cdots\cdots\cdots \\ a_{n1}x_1+a_{n2}x_2+\cdots+a_{nn}x_n=b_n \end{cases}, \tag{6}$$

若它的系数行列式 $D\neq 0$，则它有唯一解

$$x_j=\frac{1}{D}D_j=\frac{1}{D}(b_1A_{1j}+b_2A_{2j}+\cdots+b_nA_{nj}),\ j=1,\ 2,\ \cdots,\ n,$$

其中 A_{ij} 为系数行列式 D 中元素 a_{ij} 的代数余子式.

证 把方程组(6)写成矩阵方程 $\boldsymbol{Ax}=\boldsymbol{b}$，这里 $\boldsymbol{A}=(a_{ij})_{n\times n}$ 为系数矩阵，$\boldsymbol{b}=(b_1,\ b_2,\ \cdots,\ b_n)^{\mathrm{T}}$. 因为 $|\boldsymbol{A}|=D\neq 0$，故 $\boldsymbol{A}^{-1}$ 存在. 令 $\boldsymbol{x}=\boldsymbol{A}^{-1}\boldsymbol{b}$，则 $\boldsymbol{Ax}=\boldsymbol{AA}^{-1}\boldsymbol{b}=\boldsymbol{b}$，此表明 $\boldsymbol{x}=\boldsymbol{A}^{-1}\boldsymbol{b}$ 是方程组(6)的解. 由 $\boldsymbol{Ax}=\boldsymbol{b}$，有 $\boldsymbol{A}^{-1}\boldsymbol{Ax}=\boldsymbol{A}^{-1}\boldsymbol{b}$，即 $\boldsymbol{x}=\boldsymbol{A}^{-1}\boldsymbol{b}$，根据逆矩阵的唯一性知 $\boldsymbol{x}=\boldsymbol{A}^{-1}\boldsymbol{b}$ 是方程组(6)的唯一解.

由逆矩阵公式 $\boldsymbol{A}^{-1}=\frac{1}{|\boldsymbol{A}|}\boldsymbol{A}^*$，有 $\boldsymbol{x}=\boldsymbol{A}^{-1}\boldsymbol{b}=\frac{1}{D}\boldsymbol{A}^*\boldsymbol{b}$，即

$$\begin{pmatrix} x_1 \\ x_2 \\ \vdots \\ x_n \end{pmatrix}=\frac{1}{D}\begin{pmatrix} A_{11} & A_{21} & \cdots & A_{n1} \\ A_{12} & A_{22} & \cdots & A_{n2} \\ \vdots & \vdots & & \vdots \\ A_{1n} & A_{2n} & \cdots & A_{nn} \end{pmatrix}\begin{pmatrix} b_1 \\ b_2 \\ \vdots \\ b_n \end{pmatrix}=\frac{1}{D}\begin{pmatrix} b_1A_{11}+b_2A_{21}+\cdots+b_nA_{n1} \\ b_1A_{12}+b_2A_{22}+\cdots+b_nA_{n2} \\ \vdots \\ b_1A_{1n}+b_2A_{2n}+\cdots+b_nA_{nn} \end{pmatrix},$$

也即

$$x_j=\frac{1}{D}(b_1A_{1j}+b_2A_{2j}+\cdots+b_nA_{nj})=\frac{1}{D}D_j,\ j=1,\ 2,\ \cdots,\ n.$$

§4 矩阵的分块

当矩阵的行数、列数较高时，矩阵运算将变得比较复杂，特别是矩阵乘法和求可逆矩阵的逆矩阵. 为了简化矩阵运算，我们常把矩阵分成若干个小块，使原矩阵显得结构简单、清晰. 例如

$$\boldsymbol{A}=\begin{pmatrix} 1 & 0 & 0 & 3 \\ 0 & 1 & 0 & -1 \\ 0 & 0 & 1 & 0 \\ 0 & 0 & 0 & 1 \end{pmatrix},$$

若令

$$E_3=\begin{pmatrix}1&0&0\\0&1&0\\0&0&1\end{pmatrix},\ A_1=\begin{pmatrix}3\\-1\\0\end{pmatrix},\ A_2=(1),\ \mathbf{0}=(0\quad 0\quad 0),$$

则

$$A=\left(\begin{array}{ccc:c}1&0&0&3\\0&1&0&-1\\0&0&1&0\\\hdashline 0&0&0&1\end{array}\right)=\begin{pmatrix}E_3&A_1\\\mathbf{0}&A_2\end{pmatrix}.$$

下面讨论分块矩阵的概念与运算.

一、分块矩阵的概念

定义 11 在矩阵 A 中用若干条纵线或横线,将 A 分成许多个低阶矩阵,这些低阶矩阵称为 A 的**子块**或**子矩阵**,以子块为元素的形式上的矩阵称为**分块矩阵**.

将一个矩阵分成子块的方法可以有很多,例如

$$A=\begin{pmatrix}1&0&0&0\\0&1&0&0\\-1&2&1&0\\1&1&0&1\end{pmatrix},$$

若记 $E_2=\begin{pmatrix}1&0\\0&1\end{pmatrix}$, $\mathbf{0}=\begin{pmatrix}0&0\\0&0\end{pmatrix}$, $B=\begin{pmatrix}-1&2\\1&1\end{pmatrix}$,则 $A=\begin{pmatrix}E_2&\mathbf{0}\\B&E_2\end{pmatrix}$, A 也可以分块为

$$A=\left(\begin{array}{cc:cc}1&0&0&0\\0&1&0&0\\-1&2&1&0\\\hdashline 1&1&0&1\end{array}\right).$$

对于一个矩阵如何分块,应视具体情况而定.

二、分块矩阵的运算

1. 分块矩阵的加法

设 A 和 B 为同型矩阵,并且分块的方法相同. 不妨设 $A=(A_{kl})_{s\times t}$, $B=(B_{kl})_{s\times t}$,其中 A 与 B 对应的子块 A_{kl} 和 B_{kl} 都是同型矩阵,则 $A+B=$

$(\boldsymbol{A}_{kl}+\boldsymbol{B}_{kl})_{s\times t}$.

例如

$$\boldsymbol{A}=\left(\begin{array}{cc|cc}1&0&1&3\\0&1&2&4\\\hline 0&0&-1&0\\0&0&0&-1\end{array}\right)=\begin{pmatrix}\boldsymbol{E}&\boldsymbol{C}\\\boldsymbol{0}&-\boldsymbol{E}\end{pmatrix},\ \boldsymbol{B}=\left(\begin{array}{cc|cc}1&2&0&0\\2&0&0&0\\\hline 6&3&1&0\\6&-2&0&1\end{array}\right)=\begin{pmatrix}\boldsymbol{D}&\boldsymbol{0}\\\boldsymbol{G}&\boldsymbol{E}\end{pmatrix},$$

则

$$\boldsymbol{A}+\boldsymbol{B}=\begin{pmatrix}\boldsymbol{E}+\boldsymbol{D}&\boldsymbol{C}\\\boldsymbol{G}&\boldsymbol{0}\end{pmatrix},$$

其中

$$\boldsymbol{E}+\boldsymbol{D}=\begin{pmatrix}1&0\\0&1\end{pmatrix}+\begin{pmatrix}1&2\\2&0\end{pmatrix}=\begin{pmatrix}2&2\\2&1\end{pmatrix},$$

因此

$$\boldsymbol{A}+\boldsymbol{B}=\begin{pmatrix}2&1&1&3\\2&1&2&4\\6&3&0&0\\6&-2&0&0\end{pmatrix}.$$

2. 分块矩阵的数乘

设 $\boldsymbol{A}=(\boldsymbol{A}_{kl})_{s\times t}$，$\lambda$ 是一个数，则

$$\lambda\boldsymbol{A}=(\lambda\boldsymbol{A}_{kl})_{s\times t}=\begin{pmatrix}\lambda\boldsymbol{A}_{11}&\lambda\boldsymbol{A}_{12}&\cdots&\lambda\boldsymbol{A}_{1t}\\\lambda\boldsymbol{A}_{21}&\lambda\boldsymbol{A}_{22}&\cdots&\lambda\boldsymbol{A}_{2t}\\\vdots&\vdots&&\vdots\\\lambda\boldsymbol{A}_{s1}&\lambda\boldsymbol{A}_{s2}&\cdots&\lambda\boldsymbol{A}_{st}\end{pmatrix}.$$

3. 分块矩阵的乘法

设 $\boldsymbol{A}$ 是一个 $m\times n$ 矩阵，$\boldsymbol{B}$ 是一个 $n\times p$ 矩阵，若 $\boldsymbol{A}$ 分块为 $r\times s$ 矩阵 $(\boldsymbol{A}_{ki})_{r\times s}$，$\boldsymbol{B}$ 分块为 $s\times t$ 矩阵 $(\boldsymbol{B}_{il})_{s\times t}$，且 $\boldsymbol{A}$ 的列分块法与 $\boldsymbol{B}$ 的行分块法完全相同(即子块 $\boldsymbol{A}_{ki}$ 的列数等于子块 $\boldsymbol{B}_{il}$ 的行数)，则

$$\boldsymbol{AB}=(\boldsymbol{A}_{ki})_{r\times s}(\boldsymbol{B}_{il})_{s\times t}=\boldsymbol{C}=(\boldsymbol{C}_{kl})_{r\times t},$$

其中 $\boldsymbol{C}$ 是 $r\times t$ 分块矩阵，且

$$\boldsymbol{C}_{kl}=\sum_{i=1}^{s}\boldsymbol{A}_{ki}\boldsymbol{B}_{il},\ k=1,\ 2,\ \cdots,\ r;\ l=1,\ 2,\ \cdots,\ t.$$

例如

$$A=\left(\begin{array}{cc:ccc}1&0&0&0&0\\0&1&0&0&0\\ \hdashline -1&2&1&0&0\\1&1&0&1&0\\-2&0&0&0&1\end{array}\right)=\begin{pmatrix}\boldsymbol{E}_2&\boldsymbol{0}\\\boldsymbol{C}&\boldsymbol{E}_3\end{pmatrix},$$

$$B=\left(\begin{array}{ccc:c}1&2&-1&0\\3&4&5&0\\ \hdashline 5&6&6&5\\7&8&4&3\\9&10&2&1\end{array}\right)=\begin{pmatrix}\boldsymbol{D}&\boldsymbol{0}\\\boldsymbol{F}&\boldsymbol{G}\end{pmatrix},$$

则有

$$AB=\begin{pmatrix}\boldsymbol{E}_2&\boldsymbol{0}\\\boldsymbol{C}&\boldsymbol{E}_3\end{pmatrix}\begin{pmatrix}\boldsymbol{D}&\boldsymbol{0}\\\boldsymbol{F}&\boldsymbol{G}\end{pmatrix}=\begin{pmatrix}\boldsymbol{D}&\boldsymbol{0}\\\boldsymbol{CD}+\boldsymbol{F}&\boldsymbol{G}\end{pmatrix},$$

由于

$$CD+F=\begin{pmatrix}-1&2\\1&1\\-2&0\end{pmatrix}\begin{pmatrix}1&2&-1\\3&4&5\end{pmatrix}+\begin{pmatrix}5&6&6\\7&8&4\\9&10&2\end{pmatrix}=\begin{pmatrix}10&12&17\\11&14&8\\7&6&4\end{pmatrix},$$

所以

$$AB=\begin{pmatrix}1&2&-1&0\\3&4&5&0\\10&12&17&5\\11&14&8&3\\7&6&4&1\end{pmatrix}.$$

4. 分块矩阵的转置

设 $\boldsymbol{A}=(\boldsymbol{A}_{kl})_{s\times t}$，则 $\boldsymbol{A}^{\mathrm{T}}=(\boldsymbol{A}_{kl}^{\mathrm{T}})_{t\times s}$，$l=1,2,\cdots,t$；$k=1,2,\cdots,s$.

例如

$$A=\begin{pmatrix}\boldsymbol{B}&\boldsymbol{C}&\boldsymbol{D}\\\boldsymbol{F}&\boldsymbol{G}&\boldsymbol{H}\end{pmatrix},$$

则有

$$\boldsymbol{A}^{\mathrm{T}}=\begin{pmatrix}\boldsymbol{B}^{\mathrm{T}} & \boldsymbol{F}^{\mathrm{T}}\\ \boldsymbol{C}^{\mathrm{T}} & \boldsymbol{G}^{\mathrm{T}}\\ \boldsymbol{D}^{\mathrm{T}} & \boldsymbol{H}^{\mathrm{T}}\end{pmatrix}.$$

5. 分块对角矩阵的逆矩阵

设 $\boldsymbol{A}$ 是 n 阶方阵，若 $\boldsymbol{A}$ 的分块矩阵只有在主对角线上有非零子块且为方阵，其余子块都为零，即

$$\boldsymbol{A}=\begin{pmatrix}\boldsymbol{A}_1 & & & \boldsymbol{0}\\ & \boldsymbol{A}_2 & & \\ & & \ddots & \\ \boldsymbol{0} & & & \boldsymbol{A}_s\end{pmatrix},$$

其中 $\boldsymbol{A}_i(i=1,2,\cdots,s)$ 都是方阵，则称 $\boldsymbol{A}$ 为**分块对角矩阵**.

分块对角矩阵的行列式具有与对角矩阵类似的性质：

(1) $|\boldsymbol{A}|=|\boldsymbol{A}_1||\boldsymbol{A}_2|\cdots|\boldsymbol{A}_s|$；

(2) 若 $|\boldsymbol{A}_i|\neq\boldsymbol{0}$ $(\boldsymbol{i}=1,2,\cdots,s)$，则 $|\boldsymbol{A}|\neq 0$，且有

$$\boldsymbol{A}^{-1}=\begin{pmatrix}\boldsymbol{A}_1^{-1} & & & \boldsymbol{0}\\ & \boldsymbol{A}_2^{-1} & & \\ & & \ddots & \\ \boldsymbol{0} & & & \boldsymbol{A}_s^{-1}\end{pmatrix};$$

(3) 若 $\boldsymbol{A}=\begin{pmatrix}\boldsymbol{A}_1 & & & \boldsymbol{0}\\ & \boldsymbol{A}_2 & & \\ & & \ddots & \\ \boldsymbol{0} & & & \boldsymbol{A}_s\end{pmatrix}$，$\boldsymbol{B}=\begin{pmatrix}\boldsymbol{B}_1 & & & \boldsymbol{0}\\ & \boldsymbol{B}_2 & & \\ & & \ddots & \\ \boldsymbol{0} & & & \boldsymbol{B}_s\end{pmatrix}$，其中 $\boldsymbol{A}_i$ 与 $\boldsymbol{B}_i$，$i=1$，2，$\cdots$，s 是同阶方阵，则

$$\boldsymbol{AB}=\begin{pmatrix}\boldsymbol{A}_1\boldsymbol{B}_1 & & & \boldsymbol{0}\\ & \boldsymbol{A}_2\boldsymbol{B}_2 & & \\ & & \ddots & \\ \boldsymbol{0} & & & \boldsymbol{A}_s\boldsymbol{B}_s\end{pmatrix},$$

特别地

$$\boldsymbol{A}^k = \begin{pmatrix} \boldsymbol{A}_1^k & & & \boldsymbol{0} \\ & \boldsymbol{A}_2^k & & \\ & & \ddots & \\ \boldsymbol{0} & & & \boldsymbol{A}_s^k \end{pmatrix}.$$

例 12 设 $\boldsymbol{A}=\begin{pmatrix} 4 & 0 & 0 & 0 \\ 0 & -2 & 0 & 0 \\ 0 & 0 & 0 & 1 \\ 0 & 0 & 1 & 0 \end{pmatrix}$,求 $\boldsymbol{A}^{-1}$.

解 将方阵 $\boldsymbol{A}$ 分块得分块矩阵

$$\boldsymbol{A} = \left(\begin{array}{cc:cc} 4 & 0 & 0 & 0 \\ 0 & -2 & 0 & 0 \\ \hdashline 0 & 0 & 0 & 1 \\ 0 & 0 & 1 & 0 \end{array}\right) = \begin{pmatrix} \boldsymbol{A}_1 & \boldsymbol{0} \\ \boldsymbol{0} & \boldsymbol{A}_2 \end{pmatrix},$$

其中

$$\boldsymbol{A}_1 = \begin{pmatrix} 4 & 0 \\ 0 & -2 \end{pmatrix}, \boldsymbol{A}_2 = \begin{pmatrix} 0 & 1 \\ 1 & 0 \end{pmatrix}.$$

这里 $\boldsymbol{A}_1$ 是一个对角矩阵,其逆矩阵为

$$\boldsymbol{A}_1^{-1} = \begin{pmatrix} \frac{1}{4} & 0 \\ 0 & -\frac{1}{2} \end{pmatrix},$$

而

$$\boldsymbol{A}_2^{-1} = \boldsymbol{A}_2 = \begin{pmatrix} 0 & 1 \\ 1 & 0 \end{pmatrix},$$

所以

$$\boldsymbol{A}^{-1} = \begin{pmatrix} \boldsymbol{A}_1^{-1} & \boldsymbol{0} \\ \boldsymbol{0} & \boldsymbol{A}_2^{-1} \end{pmatrix} = \begin{pmatrix} \frac{1}{4} & 0 & 0 & 0 \\ 0 & -\frac{1}{2} & 0 & 0 \\ 0 & 0 & 0 & 1 \\ 0 & 0 & 1 & 0 \end{pmatrix}.$$

习　题　三

1. 已知矩阵 $A=\begin{pmatrix}3x+y & x-z\\ y-2w & -x-y\end{pmatrix}$，若 $A=E$，求 x，y，z，w 的值.

2. 求下式中的矩阵 X：

$$2X-3\begin{pmatrix}2 & -3 & 5\\ 4 & 0 & 1\end{pmatrix}+\begin{pmatrix}-2 & 3 & 1\\ 0 & -4 & 7\end{pmatrix}=\mathbf{0}.$$

3. 设 $A=\begin{pmatrix}4 & 1 & 2 & 3\\ 0 & 3 & 5 & -1\\ -4 & 2 & 0 & 7\end{pmatrix}$，$B=\begin{pmatrix}0 & 4 & 1 & -2\\ 2 & 7 & -3 & 6\\ -7 & 4 & 5 & 8\end{pmatrix}$，求 $2A+3B$，$A-2B$.

4. 计算下列乘积：

(1) $(-5\quad 3\quad 1)\begin{pmatrix}1\\ 3\\ -5\end{pmatrix}$；　　(2) $\begin{pmatrix}1\\ 3\\ 5\end{pmatrix}(-5\quad 3\quad 1)$；

(3) $\begin{pmatrix}4 & 2\\ -1 & 3\\ 5 & 0\\ 1 & 6\end{pmatrix}\begin{pmatrix}-1 & 2 & 4\\ 2 & 0 & 5\end{pmatrix}$；　　(4) $\begin{pmatrix}2 & 1 & 3\\ -2 & 4 & 5\\ -2 & 0 & -1\end{pmatrix}\begin{pmatrix}2\\ -1\\ 3\end{pmatrix}$.

5. 设 $A=\begin{pmatrix}1 & 2\\ 3 & 4\end{pmatrix}$，$B=\begin{pmatrix}2 & -1\\ 3 & 5\end{pmatrix}$，用两种方法求 $(AB)^{\mathrm{T}}$.

6. 设 A，B，C 均为 n 阶方阵，试问下列等式是否成立？为什么？

(1) 若 $A\neq \mathbf{0}$，$AB=AC$，则 $B=C$；

(2) $A^2-B^2=(A-B)(A+B)$；

(3) $(A+B)^2=A^2+2AB+B^2$；

(4) 若 $A^2=\mathbf{0}$，则 $A=\mathbf{0}$.

7. 单项选择题：

(1) 设 n 阶方阵 A、B、C 满足关系式 $ABC=E$，则必有(　　)

(a) $ACB=E$；　　(b) $CBA=E$；

(c) $BAC=E$；　　(d) $BCA=E$.

(2) 设 A、B 为 n 阶方阵，满足关系 $AB=\mathbf{0}$，则必有(　　)

(a) $A=B=\mathbf{0}$；　　(b) $B+A=\mathbf{0}$；

(c) $|\boldsymbol{A}|=0$ 或 $|\boldsymbol{B}|=0$；　　(d) $|\boldsymbol{B}|+|\boldsymbol{A}|=0$.

(3) 设 $\boldsymbol{A}$、$\boldsymbol{B}$ 为 n 阶方阵，下列运算（　　）正确

(a) $(\boldsymbol{AB})^k=\boldsymbol{A}^k\boldsymbol{B}^k$；

(b) $|-\boldsymbol{A}|=-|\boldsymbol{A}|$；

(c) $\boldsymbol{B}^2-\boldsymbol{A}^2=(\boldsymbol{B}-\boldsymbol{A})(\boldsymbol{B}+\boldsymbol{A})$；

(d) 若 $\boldsymbol{A}$ 可逆，$k\neq 0$，则 $(k\boldsymbol{A})^{-1}=k^{-1}\boldsymbol{A}^{-1}$.

(4) 设 $\boldsymbol{A}$、$\boldsymbol{B}$ 均为 n 阶非零方阵，且 $\boldsymbol{AB}=\boldsymbol{0}$，则 $R(\boldsymbol{A})$，$R(\boldsymbol{B})$（　　）

(a) 必有一个为零；　　(b) 都小于 n；

(c) 一个小于 n，一个等于 n；　　(d) 都等于 n.

(5) 设 $\boldsymbol{A}$、$\boldsymbol{B}$ 为 n 阶方阵，下列结论正确的是（　　）

(a) 若 $\boldsymbol{A}$、$\boldsymbol{B}$ 均可逆，则 $\boldsymbol{A}+\boldsymbol{B}$ 可逆；

(b) 若 $\boldsymbol{A}$、$\boldsymbol{B}$ 均可逆，则 $\boldsymbol{AB}$ 可逆；

(c) 若 $\boldsymbol{A}+\boldsymbol{B}$ 可逆，则 $\boldsymbol{A}-\boldsymbol{B}$ 可逆；

(d) 若 $\boldsymbol{A}+\boldsymbol{B}$ 可逆，则 $\boldsymbol{A}$、$\boldsymbol{B}$ 均可逆.

(6) 设 $\boldsymbol{A}$、$\boldsymbol{B}$ 为 n 阶方阵，则（　　）

(a) $\boldsymbol{A}$ 或 $\boldsymbol{B}$ 可逆，必有 $\boldsymbol{AB}$ 可逆；

(b) $\boldsymbol{A}$ 或 $\boldsymbol{B}$ 不可逆，必有 $\boldsymbol{AB}$ 不可逆；

(c) $\boldsymbol{A}$ 且 $\boldsymbol{B}$ 可逆，必有 $\boldsymbol{A}+\boldsymbol{B}$ 可逆；

(d) $\boldsymbol{A}$ 且 $\boldsymbol{B}$ 不可逆，必有 $\boldsymbol{A}+\boldsymbol{B}$ 不可逆.

(7) 设 $\boldsymbol{P}$、$\boldsymbol{B}$ 为 n 阶方阵，且 $\boldsymbol{P}$ 可逆，则下列运算（　　）不正确

(a) $\boldsymbol{B}=\boldsymbol{P}^{-1}\boldsymbol{BP}$；

(b) $|\boldsymbol{B}|=|\boldsymbol{P}^{-1}\boldsymbol{BP}|$；

(c) $|\lambda\boldsymbol{E}-\boldsymbol{B}|=|\lambda\boldsymbol{E}-\boldsymbol{P}^{-1}\boldsymbol{BP}|$；

(d) $|\lambda\boldsymbol{E}-\boldsymbol{B}|=|\lambda\boldsymbol{E}-(\boldsymbol{P}^{-1}\boldsymbol{BP})^{\mathrm{T}}|$.

(8) 设 $\boldsymbol{A}$ 为 n 阶方阵，则方阵（　　）为对称矩阵

(a) $\boldsymbol{A}-\boldsymbol{A}^{\mathrm{T}}$；　　(b) $\boldsymbol{CAC}^{\mathrm{T}}$，$\boldsymbol{C}$ 为任意 n 阶方阵；

(c) $\boldsymbol{AA}^{\mathrm{T}}$；　　(d) $(\boldsymbol{AA}^{\mathrm{T}})\boldsymbol{B}$，$\boldsymbol{B}$ 为 n 阶对称方阵.

(9) 若由 $\boldsymbol{AB}=\boldsymbol{AC}$ 必能推出 $\boldsymbol{B}=\boldsymbol{C}$，其中 $\boldsymbol{A}$、$\boldsymbol{B}$、$\boldsymbol{C}$ 为同阶方阵，则 $\boldsymbol{A}$ 应满足（　　）

(a) $\boldsymbol{A}\neq\boldsymbol{0}$；　(b) $\boldsymbol{A}=\boldsymbol{0}$；　(c) $|\boldsymbol{A}|=0$；　(d) $|\boldsymbol{A}|\neq 0$.

(10) 设 $\boldsymbol{A}=(a_{ij})_{3\times3}$，$\boldsymbol{B}=\begin{pmatrix}a_{21} & a_{22}+ka_{23} & a_{23}\\ a_{31} & a_{32}+ka_{33} & a_{33}\\ a_{11} & a_{12}+ka_{13} & a_{13}\end{pmatrix}$，$\boldsymbol{P}_1=\begin{pmatrix}0&1&0\\0&0&1\\1&0&0\end{pmatrix}$，$\boldsymbol{P}_2=$

$\begin{pmatrix}1&0&0\\0&1&0\\0&k&1\end{pmatrix}$，则 $\boldsymbol{B}=$（　　）

(a) $\boldsymbol{AP}_1\boldsymbol{P}_2$；　(b) $\boldsymbol{P}_1\boldsymbol{AP}_2$；　(c) $\boldsymbol{AP}_2\boldsymbol{P}_1$；　(d) $\boldsymbol{P}_2\boldsymbol{AP}_1$.

8. 填空题：

(1) 设 $\boldsymbol{A}$ 为 3 阶方阵，且 $|\boldsymbol{A}|=3$，则 $\left|\left(\frac{1}{2}\boldsymbol{A}\right)^2\right|=$ ________；

(2) 设 $\boldsymbol{A}$ 为 3 阶方阵，且 $|\boldsymbol{A}|=2$，则 $|3\boldsymbol{A}^{-1}-2\boldsymbol{A}^*|=$ ________；

(3) 设 $\boldsymbol{A}=\begin{pmatrix}1&0&1\\0&2&0\\0&0&1\end{pmatrix}$，则 $(\boldsymbol{A}+3\boldsymbol{E})^{-1}(\boldsymbol{A}^2-9\boldsymbol{E})=$ ________；

(4) 设 $\boldsymbol{A}$ 为 m 阶方阵，$\boldsymbol{B}$ 为 n 阶方阵，且 $|\boldsymbol{A}|=a$，$|\boldsymbol{B}|=b$，$\boldsymbol{C}=\begin{pmatrix}\boldsymbol{0}&\boldsymbol{A}\\\boldsymbol{B}&\boldsymbol{0}\end{pmatrix}$，则 $|\boldsymbol{C}|=$ ________；

(5) 已知 $\boldsymbol{A}=(1\quad 2\quad 3)$，$\boldsymbol{B}=\left(1\quad \frac{1}{2}\quad \frac{1}{3}\right)$，设 $\boldsymbol{C}=\boldsymbol{A}^{\mathrm{T}}B$，则 $\boldsymbol{C}^n=$ ________；

(6) 设 $\boldsymbol{A}=\begin{pmatrix}1&0&0\\2&2&0\\3&4&5\end{pmatrix}$，$\boldsymbol{A}^*$ 是 $\boldsymbol{A}$ 的伴随矩阵，则 $(\boldsymbol{A}^*)^{-1}=$ ________；

(7) 已知 $\boldsymbol{AB}-\boldsymbol{B}=\boldsymbol{A}$，其中 $\boldsymbol{B}=\begin{pmatrix}1&-2&0\\2&1&0\\0&0&2\end{pmatrix}$，则 $\boldsymbol{A}=$ ________；

(8) 设 $\boldsymbol{A}$ 为 n 阶方阵，且 $|\boldsymbol{A}|=2$，则 $|\boldsymbol{AA}^*|=$ ________；

(9) 设 $n(n\geqslant 3)$ 阶可逆方阵 $\boldsymbol{A}$ 的伴随矩阵为 $\boldsymbol{A}^*$，常数 $k\neq 0,\pm 1$，则 $(k\boldsymbol{A})^*=$ ________；

(10) 设 4 阶方阵 $\boldsymbol{A}$ 的秩为 2，则其伴随矩阵 $\boldsymbol{A}^*$ 的秩为________；

(11) 设 $\boldsymbol{A}$ 为 n 阶非奇异矩阵，其伴随矩阵为 $\boldsymbol{A}^*$，则 $(\boldsymbol{A}^*)^*=$ ________.

9. 计算 $\begin{pmatrix}1&2&0\\0&1&2\\0&0&1\end{pmatrix}^n$，$n$ 是正整数.

10. 已知 $\boldsymbol{A}=\begin{pmatrix}2\\1\\3\end{pmatrix}$，$\boldsymbol{B}=(-1\quad 3\quad 4)$，求 $(\boldsymbol{AB})^n$，n 是正整数.

11. 设 $\boldsymbol{B}$ 为任一 n 阶方阵，$\boldsymbol{A}$ 为 n 阶实对称矩阵，证明 $\boldsymbol{B}^{\mathrm{T}}\boldsymbol{AB}$ 为对称矩阵.

12. 设 $\boldsymbol{A}$, $\boldsymbol{B}$, $\boldsymbol{C}$ 均为 n 阶方阵,判断下列结论是否成立?简述理由:

(1) $|\boldsymbol{A}+\boldsymbol{B}|=|\boldsymbol{A}|+|\boldsymbol{B}|$;

(2) $|-\boldsymbol{A}|=-|\boldsymbol{A}|$;

(3) $|k\boldsymbol{A}^{-1}|=\dfrac{k}{|\boldsymbol{A}|}$;

(4) $|\boldsymbol{A}^{\mathrm{T}}+\boldsymbol{B}^{\mathrm{T}}|=|\boldsymbol{A}+\boldsymbol{B}|$.

13. 求下列矩阵的逆矩阵:

(1) $\begin{pmatrix} 2 & 1 \\ 3 & 2 \end{pmatrix}$; (2) $\begin{pmatrix} \frac{1}{2} & 0 & 0 \\ 0 & \frac{1}{3} & 0 \\ 0 & 0 & \frac{1}{6} \end{pmatrix}$; (3) $\begin{pmatrix} 3 & 2 & 3 \\ -4 & -3 & -5 \\ 5 & 1 & -1 \end{pmatrix}$.

14. n 阶方阵 $\boldsymbol{A}$ 的伴随矩阵为 $\boldsymbol{A}^*$,证明 $|\boldsymbol{A}^*|=|\boldsymbol{A}|^{n-1}$.

15. 已知 $|\boldsymbol{A}|=2$,计算 $|2(\boldsymbol{A}^{\mathrm{T}})^{-1}|$,其中 $\boldsymbol{A}$ 为 n 阶矩阵.

16. 已知 $\boldsymbol{A}^{-1}=\begin{pmatrix} 3 & 1 & 2 \\ -1 & 0 & 5 \\ 4 & 1 & 3 \end{pmatrix}$, $\boldsymbol{B}^{-1}=\begin{pmatrix} 4 & -1 & 2 \\ -2 & 0 & 1 \\ -1 & 3 & 2 \end{pmatrix}$,

求:(1) $(\boldsymbol{AB})^{-1}$; (2) $(2\boldsymbol{A})^{-1}$; (3) $(\boldsymbol{A}^{\mathrm{T}}\boldsymbol{B})^{-1}$.

17. 设 $\boldsymbol{A}=\begin{pmatrix} 1 & 0 & 1 \\ 0 & 2 & 0 \\ 1 & 0 & 1 \end{pmatrix}$,且 $\boldsymbol{AB}+\boldsymbol{E}=\boldsymbol{A}^2+\boldsymbol{B}$,求 $\boldsymbol{B}$.

18. 求解下列矩阵方程:

(1) $\begin{pmatrix} 1 & 1 & -1 \\ 0 & 2 & 2 \\ 1 & -1 & 0 \end{pmatrix}\boldsymbol{X}=\begin{pmatrix} 3 & 2 \\ 1 & 0 \\ -2 & 1 \end{pmatrix}$;

(2) $\boldsymbol{X}\begin{pmatrix} 1 & 1 & -1 \\ 0 & 2 & 2 \\ 1 & -1 & 0 \end{pmatrix}=\begin{pmatrix} 1 & -1 & 1 \\ 1 & 1 & 0 \end{pmatrix}$;

(3) 已知 $\boldsymbol{A}=\begin{pmatrix} 2 & 0 & 0 \\ 0 & 2 & -1 \\ 0 & 1 & 2 \end{pmatrix}$, $\boldsymbol{B}=\begin{pmatrix} 2 & 1 \\ 4 & 2 \\ 1 & -1 \end{pmatrix}$,求解矩阵方程 $\boldsymbol{AX}=3\boldsymbol{X}+\boldsymbol{B}$.

19. 已知矩阵 $\boldsymbol{A}$ 的伴随矩阵 $\boldsymbol{A}^*=\begin{pmatrix} 1 & 0 & 0 & 0 \\ 0 & 1 & 0 & 0 \\ 1 & 0 & 1 & 0 \\ 0 & -3 & 0 & 8 \end{pmatrix}$,且 $\boldsymbol{ABA}^{-1}=\boldsymbol{BA}^{-1}+3\boldsymbol{E}$,

求 $\boldsymbol{B}$.

20. 利用逆矩阵求解下列线性方程组：

(1) $\begin{cases} 2x_1 + x_3 = 1 \\ x_1 - 2x_2 - x_3 = 2; \\ -x_1 + 3x_2 + 2x_3 = 3 \end{cases}$　　(2) $\begin{cases} x_1 - x_2 - x_3 = 2 \\ 2x_1 - x_2 - 3x_3 = 1. \\ 3x_1 + 2x_2 - 5x_3 = 0 \end{cases}$

21. 利用初等变换求矩阵的逆矩阵：

(1) $\begin{pmatrix} 1 & 2 & 1 \\ 1 & 1 & -1 \\ -1 & 0 & 0 \end{pmatrix}$；　　(2) $\begin{pmatrix} 1 & 1 & 1 \\ 1 & 2 & 1 \\ 1 & 1 & 3 \end{pmatrix}$；

(3) $\begin{pmatrix} 5 & 2 & 0 & 0 \\ 2 & 1 & 0 & 0 \\ 0 & 0 & 1 & 3 \\ 0 & 0 & 2 & 4 \end{pmatrix}$；　　(4) $\begin{pmatrix} 3 & -2 & 0 & -1 \\ 0 & 2 & 2 & 1 \\ 1 & -2 & -3 & -2 \\ 0 & 1 & 2 & 1 \end{pmatrix}$.

22. 设矩阵 $\boldsymbol{A}$、$\boldsymbol{B}$ 及 $\boldsymbol{A}+\boldsymbol{B}$ 都可逆，证明 $\boldsymbol{A}^{-1}+\boldsymbol{B}^{-1}$ 也可逆，并求其逆矩阵.

23. 设 $\boldsymbol{P}^{-1}\boldsymbol{A}\boldsymbol{P}=\boldsymbol{\Lambda}$，其中 $\boldsymbol{P}=\begin{pmatrix} 1 & 1 & 1 \\ 1 & 0 & -2 \\ 1 & -1 & 1 \end{pmatrix}$，$\boldsymbol{\Lambda}=\begin{pmatrix} -1 & 0 & 0 \\ 0 & 2 & 0 \\ 0 & 0 & 1 \end{pmatrix}$，求 $\boldsymbol{A}^{11}$.

24. 设 $\boldsymbol{A}$、$\boldsymbol{B}$ 为任意两个矩阵，证明其秩具有下列性质

$$\max\{R(\boldsymbol{A}),\ R(\boldsymbol{B})\} \leqslant R(\boldsymbol{A},\ \boldsymbol{B}) \leqslant R(\boldsymbol{A})+R(\boldsymbol{B}),$$

特别地，当 $\boldsymbol{B}$ 为列向量时，有 $R(\boldsymbol{A}) \leqslant R(\boldsymbol{A},\ \boldsymbol{B}) \leqslant R(\boldsymbol{A})+1$.

25. 设 $\boldsymbol{A}=\begin{pmatrix} 2 & 0 & 0 & 0 \\ 4 & 1 & 0 & 0 \\ 0 & 0 & 1 & 0 \\ 0 & 0 & 0 & 2 \end{pmatrix}$，$\boldsymbol{B}=\begin{pmatrix} -1 & 5 & 0 & 0 \\ 2 & 6 & 0 & 0 \\ 0 & 0 & 3 & 0 \\ 0 & 0 & 0 & -2 \end{pmatrix}$，将 $\boldsymbol{A}$，$\boldsymbol{B}$ 适当分块，计算 $\boldsymbol{AB}$.

26. 计算 $\begin{pmatrix} 1 & 2 & 1 & 0 \\ 0 & 1 & 0 & 1 \\ 0 & 0 & 2 & 1 \\ 0 & 0 & 0 & 3 \end{pmatrix}\begin{pmatrix} 1 & 0 & 3 & 1 \\ 0 & 1 & 2 & -1 \\ 0 & 0 & -2 & 3 \\ 0 & 0 & 0 & -3 \end{pmatrix}$.

27. 求下列矩阵的逆矩阵：

(1) $\begin{pmatrix} 5 & 2 & 0 & 0 \\ 2 & 1 & 0 & 0 \\ 0 & 0 & 8 & 3 \\ 0 & 0 & 5 & 2 \end{pmatrix}$;　　(2) $\begin{pmatrix} 2 & 3 & 0 & 0 & 0 \\ 2 & 1 & 0 & 0 & 0 \\ 0 & 0 & 1 & 1 & 1 \\ 0 & 0 & 0 & 1 & 1 \\ 0 & 0 & 0 & 0 & 1 \end{pmatrix}$;

(3) $\begin{pmatrix} 1 & 1 & 0 & 0 & 0 \\ -1 & 3 & 0 & 0 & 0 \\ 0 & 0 & -2 & 0 & 0 \\ 0 & 0 & 0 & 1 & 2 \\ 0 & 0 & 0 & 0 & 1 \end{pmatrix}$.

第四章　向量的线性相关性

本章主要研究向量的线性关系以及线性方程组的解的结构，进而完善线性方程组的理论．

首先我们给出向量的定义．

定义 1　由 n 个数 $a_1, a_2, \cdots, a_n$ 组成的有序数组，称为一个 **n 维向量**，其中第 i 个数 a_i 称为第 i 个**分量**．

分量全为实数的向量称为**实向量**，分量为复数的向量称为**复向量**．本书中除非特别说明，否则都只讨论实向量．

n 维向量可写成一列 $\begin{pmatrix} a_1 \\ a_2 \\ \vdots \\ a_n \end{pmatrix}$，也可写成一行 $(a_1, a_2, \cdots, a_n)$，按第 2 章中规定，分别称为**列向量**和**行向量**，也就是**列矩阵**和**行矩阵**，并规定列向量和行向量都按矩阵的运算规则进行运算．因此，n 维列向量与 n 维行向量总看作是两个不同的向量（按定义 1，它们应是同一个向量）．

本书中，向量用 $\boldsymbol{\alpha}, \boldsymbol{\beta}, \boldsymbol{\xi}$ 等来表示，并且在没有写明是行向量或列向量的情形下，它们均表示列向量．

对于线性方程组

$$\begin{cases} a_{11}x_1 + a_{12}x_2 + \cdots + a_{1n}x_n = b_1 \\ a_{21}x_1 + a_{22}x_2 + \cdots + a_{2n}x_n = b_2 \\ \cdots\cdots\cdots\cdots\cdots\cdots \\ a_{m1}x_1 + a_{m2}x_2 + \cdots + a_{mn}x_n = b_m \end{cases},$$

若记

$$\boldsymbol{\alpha}_1 = \begin{pmatrix} a_{11} \\ a_{21} \\ \vdots \\ a_{m1} \end{pmatrix}, \boldsymbol{\alpha}_2 = \begin{pmatrix} a_{12} \\ a_{22} \\ \vdots \\ a_{m2} \end{pmatrix}, \cdots, \boldsymbol{\alpha}_n = \begin{pmatrix} a_{1n} \\ a_{2n} \\ \vdots \\ a_{mn} \end{pmatrix}, \boldsymbol{\beta} = \begin{pmatrix} b_1 \\ b_2 \\ \vdots \\ b_m \end{pmatrix},$$

则该线性方程组可以表示为

$$x_1\boldsymbol{\alpha}_1+x_2\boldsymbol{\alpha}_2+\cdots+x_n\boldsymbol{\alpha}_n=\boldsymbol{\beta}.$$

另外，我们称 n 维向量的全体所组成的集合 $\boldsymbol{R}^n=\{\boldsymbol{\alpha}=(a_1, a_2, \cdots, a_n)^{\mathrm{T}} \mid a_i\in\boldsymbol{R}, i=1, 2, \cdots, n\}$ 为 n 维向量空间. 当 $n=2$ 时，$\boldsymbol{R}^2$ 就是 2 维平面，当 $n=3$ 时，$\boldsymbol{R}^3$ 就是 3 维空间.

我们称由若干个同维数的列向量(或同维数的行向量)组成的集合为**向量组**. 例如一个 $m\times n$ 矩阵的全体列向量是一个有 n 个 m 维列向量的向量组，它的全体行向量是一个有 m 个 n 维行向量的向量组. 又如齐次线性方程组 $\boldsymbol{A}x=0$ 的全体解是一个向量组.

§1 线性组合

定义 2 设有 n 维向量 $\boldsymbol{\beta}, \boldsymbol{\alpha}_1, \boldsymbol{\alpha}_2, \cdots, \boldsymbol{\alpha}_m$，若存在一组数 $k_1, k_2, \cdots, k_m$，使得

$$\boldsymbol{\beta}=k_1\boldsymbol{\alpha}_1+k_2\boldsymbol{\alpha}_2+\cdots+k_m\boldsymbol{\alpha}_m,$$

则称向量 $\boldsymbol{\beta}$ 是向量组 $\boldsymbol{\alpha}_1, \boldsymbol{\alpha}_2, \cdots, \boldsymbol{\alpha}_m$ 的**线性组合**，或称向量 $\boldsymbol{\beta}$ 可由向量组 $\boldsymbol{\alpha}_1, \boldsymbol{\alpha}_2, \cdots, \boldsymbol{\alpha}_m$ **线性表示**.

例如，在 $\boldsymbol{R}^n$ 中，任意一个 n 维向量 $\boldsymbol{\alpha}=(a_1, a_2, \cdots, a_n)^{\mathrm{T}}$ 都可以由单位向量组 $\boldsymbol{e}_1=(1, 0, \cdots, 0)^{\mathrm{T}}, \boldsymbol{e}_2=(0, 1, \cdots, 0)^{\mathrm{T}}, \cdots, \boldsymbol{e}_n=(0, 0, \cdots, 1)^{\mathrm{T}}$ 线性表示，且表示式为

$$\boldsymbol{\alpha}=a_1\boldsymbol{e}_1+a_2\boldsymbol{e}_2+\cdots+a_n\boldsymbol{e}_n.$$

由定义 2 可见，向量 $\boldsymbol{\beta}$ 能由向量组 $\boldsymbol{\alpha}_1, \boldsymbol{\alpha}_2, \cdots, \boldsymbol{\alpha}_m$ 线性表示，也就是线性方程组

$$x_1\boldsymbol{\alpha}_1+x_2\boldsymbol{\alpha}_2+\cdots+x_m\boldsymbol{\alpha}_m=\boldsymbol{\beta}$$

有解. 于是我们有

定理 1 向量 $\boldsymbol{\beta}$ 可由向量组 $\boldsymbol{\alpha}_1, \boldsymbol{\alpha}_2, \cdots, \boldsymbol{\alpha}_m$ 线性表示的充要条件是矩阵 $\boldsymbol{A}=(\boldsymbol{\alpha}_1, \boldsymbol{\alpha}_2, \cdots, \boldsymbol{\alpha}_m)$ 的秩等于矩阵 $\widetilde{\boldsymbol{A}}=(\boldsymbol{\alpha}_1, \boldsymbol{\alpha}_2, \cdots, \boldsymbol{\alpha}_m, \boldsymbol{\beta})$ 的秩.

例 1 判定向量 $\boldsymbol{\beta}_1=(4, 3, -1, 11)^{\mathrm{T}}$ 与向量 $\boldsymbol{\beta}_2=(4, 3, 0, 11)^{\mathrm{T}}$ 是否可由向量组 $\boldsymbol{\alpha}_1=(1, 2, -1, 5)^{\mathrm{T}}, \boldsymbol{\alpha}_2=(2, -1, 1, 1)^{\mathrm{T}}$ 线性表示，如果可以，写出表示式.

解 由定理 1 可知，只要分别考虑矩阵 $\boldsymbol{A}=(\boldsymbol{\alpha}_1, \boldsymbol{\alpha}_2)$, $\widetilde{\boldsymbol{A}}_1=(\boldsymbol{\alpha}_1, \boldsymbol{\alpha}_2, \boldsymbol{\beta}_1)$ 以及 $\widetilde{\boldsymbol{A}}_2=(\boldsymbol{\alpha}_1, \boldsymbol{\alpha}_2, \boldsymbol{\beta}_2)$ 的秩.

对矩阵 $\widetilde{\boldsymbol{A}}_1$ 作初等行变换

$$\widetilde{\boldsymbol{A}}_1=(\boldsymbol{\alpha}_1,\boldsymbol{\alpha}_2,\boldsymbol{\beta}_1)=\begin{pmatrix}1&2&4\\2&-1&3\\-1&1&-1\\5&1&11\end{pmatrix}\sim\begin{pmatrix}1&2&4\\0&-5&-5\\0&3&3\\0&-9&-9\end{pmatrix}\sim$$

$$\begin{pmatrix}1&2&4\\0&1&1\\0&0&0\\0&0&0\end{pmatrix}\sim\begin{pmatrix}1&0&2\\0&1&1\\0&0&0\\0&0&0\end{pmatrix},$$

则 $R(\boldsymbol{A})=2$，且 $R(\widetilde{\boldsymbol{A}}_1)=2$，于是 $R(\boldsymbol{A})=R(\widetilde{\boldsymbol{A}}_1)$. 所以向量 $\boldsymbol{\beta}_1$ 能由向量组 $\boldsymbol{\alpha}_1,\boldsymbol{\alpha}_2$ 线性表示，且 $\boldsymbol{\beta}_1=2\boldsymbol{\alpha}_1+\boldsymbol{\alpha}_2$.

同理，对矩阵 $\widetilde{\boldsymbol{A}}_2$ 作初等行变换

$$\widetilde{\boldsymbol{A}}_2=(\boldsymbol{\alpha}_1,\boldsymbol{\alpha}_2,\boldsymbol{\beta}_2)=\begin{pmatrix}1&2&4\\2&-1&3\\-1&1&0\\5&1&11\end{pmatrix}\sim\begin{pmatrix}1&2&4\\0&-5&-5\\0&3&4\\0&-9&-9\end{pmatrix}\sim\begin{pmatrix}1&2&4\\0&1&1\\0&0&1\\0&0&0\end{pmatrix},$$

则 $R(\boldsymbol{A})=2$，$R(\widetilde{\boldsymbol{A}}_2)=3$，于是 $R(\boldsymbol{A})\neq R(\widetilde{\boldsymbol{A}}_2)$. 所以向量 $\boldsymbol{\beta}_2$ 不能由向量组 $\boldsymbol{\alpha}_1,\boldsymbol{\alpha}_2$ 线性表示.

定义 3　设有两个向量组：$\boldsymbol{\alpha}_1,\boldsymbol{\alpha}_2,\cdots,\boldsymbol{\alpha}_s$（Ⅰ）与 $\boldsymbol{\beta}_1,\boldsymbol{\beta}_2,\cdots,\boldsymbol{\beta}_t$（Ⅱ），若向量组（Ⅰ）中每个向量都可以由向量组（Ⅱ）线性表示，则称**向量组（Ⅰ）可由向量组（Ⅱ）线性表示**. 若向量组（Ⅰ）与向量组（Ⅱ）可以互相线性表示，则称**向量组（Ⅰ）与向量组（Ⅱ）等价**.

例如，在上例中，向量组 $\boldsymbol{\beta}_1,\boldsymbol{\beta}_2$ 是不能由向量组 $\boldsymbol{\alpha}_1,\boldsymbol{\alpha}_2$ 线性表示的，这是因为 $\boldsymbol{\beta}_2$ 不能由向量组 $\boldsymbol{\alpha}_1,\boldsymbol{\alpha}_2$ 线性表示. 当然，这两个向量组也是不等价的.

容易证明，向量组的等价具有以下性质：

(1) 反身性：任一向量组与其自身等价；

(2) 对称性：若向量组（Ⅰ）与向量组（Ⅱ）等价，则向量组（Ⅱ）也与向量组（Ⅰ）等价；

(3) 传递性：若向量组（Ⅰ）与向量组（Ⅱ）等价，且向量组（Ⅱ）与向量组（Ⅲ）等价，则向量组（Ⅰ）与向量组（Ⅲ）等价.

§2　线性相关

定义 4　设有向量组 $\boldsymbol{\alpha}_1,\boldsymbol{\alpha}_2,\cdots,\boldsymbol{\alpha}_m$，若存在不全为零的数 $k_1,k_2,\cdots,k_m$，使

得

$$k_1\boldsymbol{\alpha}_1 + k_2\boldsymbol{\alpha}_2 + \cdots + k_m\boldsymbol{\alpha}_m = \mathbf{0},$$

则称向量组 $\boldsymbol{\alpha}_1, \boldsymbol{\alpha}_2, \cdots, \boldsymbol{\alpha}_m$ **线性相关**,否则称为**线性无关**. 换句话说,向量组 $\boldsymbol{\alpha}_1, \boldsymbol{\alpha}_2, \cdots, \boldsymbol{\alpha}_m$ 线性无关,当且仅当 $k_1 = k_2 = \cdots = k_m = 0$ 时,上式才成立.

根据定义 4,我们有如下几点简单性质:

(1) 对只含一个向量的向量组 $\boldsymbol{\alpha}$,当且仅当 $\boldsymbol{\alpha} = \mathbf{0}$ 时是线性相关的,$\boldsymbol{\alpha} \neq \mathbf{0}$ 时是线性无关的;

(2) 对含两个非零向量的向量组 $\boldsymbol{\alpha}_1, \boldsymbol{\alpha}_2$,它线性相关的充要条件是 $\boldsymbol{\alpha}_1, \boldsymbol{\alpha}_2$ 的各个分量对应成比例. 从而,平面上两个非零向量线性相关也即两向量共线;

(3) 含零向量的向量组必定线性相关,而 $\boldsymbol{R}^n$ 中 n 维单位向量组 $\boldsymbol{e}_1, \boldsymbol{e}_2, \cdots, \boldsymbol{e}_n$ 线性无关;

(4) 向量组 $\boldsymbol{\alpha}_1, \boldsymbol{\alpha}_2, \cdots, \boldsymbol{\alpha}_m$ 线性相关,也即齐次线性方程组

$$x_1\boldsymbol{\alpha}_1 + x_2\boldsymbol{\alpha}_2 + \cdots + x_m\boldsymbol{\alpha}_m = \mathbf{0}$$

有非零解;而向量组 $\boldsymbol{\alpha}_1, \boldsymbol{\alpha}_2, \cdots, \boldsymbol{\alpha}_m$ 线性无关,也即齐次线性方程组

$$x_1\boldsymbol{\alpha}_1 + x_2\boldsymbol{\alpha}_2 + \cdots + x_m\boldsymbol{\alpha}_m = \mathbf{0}$$

只有零解.

于是我们有如下定理

定理 2 向量组 $\boldsymbol{\alpha}_1, \boldsymbol{\alpha}_2, \cdots, \boldsymbol{\alpha}_m$ 线性相关的充分必要条件是矩阵 $\boldsymbol{A} = (\boldsymbol{\alpha}_1, \boldsymbol{\alpha}_2, \cdots, \boldsymbol{\alpha}_m)$ 的秩小于向量的个数 m;向量组 $\boldsymbol{\alpha}_1, \boldsymbol{\alpha}_2, \cdots, \boldsymbol{\alpha}_m$ 线性无关的充分必要条件是 $R(\boldsymbol{A}) = m$.

例 2 已知向量组 $\boldsymbol{\alpha}_1 = \begin{pmatrix} 1 \\ -1 \\ 2 \end{pmatrix}, \boldsymbol{\alpha}_2 = \begin{pmatrix} 2 \\ 1 \\ -3 \end{pmatrix}, \boldsymbol{\alpha}_3 = \begin{pmatrix} 4 \\ -1 \\ 1 \end{pmatrix}$,分别讨论向量组 $\boldsymbol{\alpha}_1, \boldsymbol{\alpha}_2$ 与向量组 $\boldsymbol{\alpha}_1, \boldsymbol{\alpha}_2, \boldsymbol{\alpha}_3$ 的线性相关性.

解 记矩阵 $\boldsymbol{A} = (\boldsymbol{\alpha}_1, \boldsymbol{\alpha}_2, \boldsymbol{\alpha}_3)$, $\boldsymbol{B} = (\boldsymbol{\alpha}_1, \boldsymbol{\alpha}_2)$. 由于

$$\boldsymbol{A} = (\boldsymbol{\alpha}_1, \boldsymbol{\alpha}_2, \boldsymbol{\alpha}_3) = \begin{pmatrix} 1 & 2 & 4 \\ -1 & 1 & -1 \\ 2 & -3 & 1 \end{pmatrix} \sim \begin{pmatrix} 1 & 2 & 4 \\ 0 & 3 & 3 \\ 0 & -7 & -7 \end{pmatrix} \sim \begin{pmatrix} 1 & 2 & 4 \\ 0 & 3 & 3 \\ 0 & 0 & 0 \end{pmatrix},$$

于是 $R(\boldsymbol{B}) = 2$, $R(\boldsymbol{A}) = 2 < 3$. 从而,由定理 2 知,向量组 $\boldsymbol{\alpha}_1, \boldsymbol{\alpha}_2$ 线性无关,向量组 $\boldsymbol{\alpha}_1, \boldsymbol{\alpha}_2, \boldsymbol{\alpha}_3$ 线性相关.

例 3 已知向量组 $\boldsymbol{\alpha}, \boldsymbol{\beta}, \boldsymbol{\gamma}$ 线性无关,证明向量组 $\boldsymbol{\alpha}+\boldsymbol{\beta}, \boldsymbol{\beta}+\boldsymbol{\gamma}, \boldsymbol{\gamma}+\boldsymbol{\alpha}$ 也线性无关.

证 设有齐次线性方程组

$$x_1(\boldsymbol{\alpha}+\boldsymbol{\beta})+x_2(\boldsymbol{\beta}+\boldsymbol{\gamma})+x_3(\boldsymbol{\gamma}+\boldsymbol{\alpha})=\mathbf{0},$$

则

$$(x_1+x_3)\boldsymbol{\alpha}+(x_1+x_2)\boldsymbol{\beta}+(x_2+x_3)\boldsymbol{\gamma}=\mathbf{0}.$$

由于 $\boldsymbol{\alpha}$, $\boldsymbol{\beta}$, $\boldsymbol{\gamma}$ 线性无关,上式成立只有

$$\begin{cases}x_1+x_3=0\\x_1+x_2=0.\\x_2+x_3=0\end{cases}$$

解此方程组得唯一解 $x_1=x_2=x_3=0$. 因此向量组 $\boldsymbol{\alpha}+\boldsymbol{\beta}$, $\boldsymbol{\beta}+\boldsymbol{\gamma}$, $\boldsymbol{\gamma}+\boldsymbol{\alpha}$ 线性无关.

例 4 证明向量组 $\boldsymbol{\alpha}_1, \boldsymbol{\alpha}_2, \cdots, \boldsymbol{\alpha}_m (m\geqslant 2)$ 线性相关的充分必要条件是向量组中至少有一个向量可以由其余向量线性表示.

证 先证必要性. 设向量组 $\boldsymbol{\alpha}_1, \boldsymbol{\alpha}_2, \cdots, \boldsymbol{\alpha}_m$ 线性相关,则存在不全为零的数 $k_1, k_2, \cdots, k_m$,使得 $k_1\boldsymbol{\alpha}_1+k_2\boldsymbol{\alpha}_2+\cdots+k_m\boldsymbol{\alpha}_m=\mathbf{0}$. 因为 $k_1, k_2, \cdots, k_m$ 不全为零,所以存在一个 $k_i\neq 0$,使得

$$\boldsymbol{\alpha}_i=-\frac{k_1}{k_i}\boldsymbol{\alpha}_1-\cdots-\frac{k_{i-1}}{k_i}\boldsymbol{\alpha}_{i-1}-\frac{k_{i+1}}{k_i}\boldsymbol{\alpha}_{i+1}-\cdots-\frac{k_m}{k_i}\boldsymbol{\alpha}_m,$$

也即 $\boldsymbol{\alpha}_i$ 可由其余向量 $\boldsymbol{\alpha}_1, \cdots, \boldsymbol{\alpha}_{i-1}, \boldsymbol{\alpha}_{i+1}, \cdots, \boldsymbol{\alpha}_m$ 线性表示.

再证充分性. 设向量组中有一个向量可以由其余向量线性表示,并设 $\boldsymbol{\alpha}_i$ 可由其余向量 $\boldsymbol{\alpha}_1, \cdots, \boldsymbol{\alpha}_{i-1}, \boldsymbol{\alpha}_{i+1}, \cdots, \boldsymbol{\alpha}_m$ 线性表示,且

$$\boldsymbol{\alpha}_i=k_1\boldsymbol{\alpha}_1+\cdots+k_{i-1}\boldsymbol{\alpha}_{i-1}+k_{i+1}\boldsymbol{\alpha}_{i+1}+\cdots+k_m\boldsymbol{\alpha}_m,$$

则

$$k_1\boldsymbol{\alpha}_1+\cdots+k_{i-1}\boldsymbol{\alpha}_{i-1}-\boldsymbol{\alpha}_i+k_{i+1}\boldsymbol{\alpha}_{i+1}+\cdots+k_m\boldsymbol{\alpha}_m=\mathbf{0}.$$

因为系数 $k_1, \cdots, k_{i-1}, -1, k_{i+1}, \cdots, k_m$ 不全为零,所以向量组 $\boldsymbol{\alpha}_1, \boldsymbol{\alpha}_2, \cdots, \boldsymbol{\alpha}_m$ 线性相关.

定理 3 若向量组 $\boldsymbol{\alpha}_1, \boldsymbol{\alpha}_2, \cdots, \boldsymbol{\alpha}_s$ 线性相关,则向量组 $\boldsymbol{\alpha}_1, \boldsymbol{\alpha}_2, \cdots, \boldsymbol{\alpha}_s, \boldsymbol{\alpha}_{s+1}, \cdots, \boldsymbol{\alpha}_m$ 也线性相关;若向量组 $\boldsymbol{\alpha}_1, \boldsymbol{\alpha}_2, \cdots, \boldsymbol{\alpha}_s, \boldsymbol{\alpha}_{s+1}, \cdots, \boldsymbol{\alpha}_m$ 线性无关,则向量组 $\boldsymbol{\alpha}_1, \boldsymbol{\alpha}_2, \cdots, \boldsymbol{\alpha}_s$ 也线性无关.

证一 考虑矩阵 $\boldsymbol{A}=(\boldsymbol{\alpha}_1, \boldsymbol{\alpha}_2, \cdots, \boldsymbol{\alpha}_s)$ 与矩阵 $\boldsymbol{B}=(\boldsymbol{\alpha}_1, \boldsymbol{\alpha}_2, \cdots, \boldsymbol{\alpha}_s, \boldsymbol{\alpha}_{s+1}, \cdots, \boldsymbol{\alpha}_m)$ 的秩. 由于向量组 $\boldsymbol{\alpha}_1, \boldsymbol{\alpha}_2, \cdots, \boldsymbol{\alpha}_s$ 线性相关,于是由定理 2 知,$R(\boldsymbol{A})<s$. 又矩阵 $\boldsymbol{A}$ 添上 $\boldsymbol{\alpha}_{s+1}, \cdots, \boldsymbol{\alpha}_m$ 这 $m-s$ 个列向量后得到矩阵 $\boldsymbol{B}$,从而 $R(\boldsymbol{B})\leqslant R(\boldsymbol{A})+(m-s)<$

$s+(m-s)=m$，即$R(\boldsymbol{B})<m$. 因此由定理 2 知，向量组$\boldsymbol{\alpha}_1, \boldsymbol{\alpha}_2, \cdots, \boldsymbol{\alpha}_s, \boldsymbol{\alpha}_{s+1}, \cdots, \boldsymbol{\alpha}_m$ 线性相关.

定理的后一部分用反证法易得.

证二 由于向量组 $\boldsymbol{\alpha}_1, \boldsymbol{\alpha}_2, \cdots, \boldsymbol{\alpha}_s$ 线性相关，于是存在一组不全为零的数 $k_1, k_2, \cdots, k_s$，使得 $k_1\boldsymbol{\alpha}_1+k_2\boldsymbol{\alpha}_2+\cdots+k_s\boldsymbol{\alpha}_s=\mathbf{0}$. 从而有一组不全为零的数 $k_1, k_2, \cdots, k_s, 0, \cdots, 0$，使得 $k_1\boldsymbol{\alpha}_1+k_2\boldsymbol{\alpha}_2+\cdots+k_s\boldsymbol{\alpha}_s+0\boldsymbol{\alpha}_{s+1}+\cdots+0\boldsymbol{\alpha}_m=\mathbf{0}$. 因此向量组 $\boldsymbol{\alpha}_1, \boldsymbol{\alpha}_2, \cdots, \boldsymbol{\alpha}_s, \boldsymbol{\alpha}_{s+1}, \cdots, \boldsymbol{\alpha}_m$ 线性相关.

用反证法易得定理的后一部分也成立.

注 定理 3 说明，一个向量组的部分组线性相关，则整体也线性相关；若整体线性无关，则部分组也线性无关.

定理 4 若 $s>n$，则 s 个 n 维向量必定线性相关；特别地，$n+1$ 个 n 维向量一定线性相关.

证 不妨设 $\boldsymbol{\alpha}_1, \boldsymbol{\alpha}_2, \cdots, \boldsymbol{\alpha}_s$ 为 s 个 n 维向量，并设矩阵 $\mathbf{A}=(\boldsymbol{\alpha}_1, \boldsymbol{\alpha}_2, \cdots, \boldsymbol{\alpha}_s)$，则 $R(\mathbf{A})\leqslant n$. 又 $n<s$，于是 $R(\mathbf{A})<s$，也即 $R(\boldsymbol{\alpha}_1, \boldsymbol{\alpha}_2, \cdots, \boldsymbol{\alpha}_s)<s$. 从而向量组 $\boldsymbol{\alpha}_1, \boldsymbol{\alpha}_2, \cdots, \boldsymbol{\alpha}_s$ 线性相关.

定理 5 设有两个向量组 $\boldsymbol{\alpha}_1=\begin{pmatrix}a_{11}\\a_{21}\\\vdots\\a_{r1}\end{pmatrix}, \boldsymbol{\alpha}_2=\begin{pmatrix}a_{12}\\a_{22}\\\vdots\\a_{r2}\end{pmatrix}, \cdots, \boldsymbol{\alpha}_s=\begin{pmatrix}a_{1s}\\a_{2s}\\\vdots\\a_{rs}\end{pmatrix}$ 与 $\boldsymbol{\beta}_1=\begin{pmatrix}a_{11}\\\vdots\\a_{r1}\\a_{r+1,1}\\\vdots\\a_{m1}\end{pmatrix}, \boldsymbol{\beta}_2=\begin{pmatrix}a_{12}\\\vdots\\a_{r2}\\a_{r+1,2}\\\vdots\\a_{m2}\end{pmatrix}, \cdots, \boldsymbol{\beta}_s=\begin{pmatrix}a_{1s}\\\vdots\\a_{rs}\\a_{r+1,s}\\\vdots\\a_{ms}\end{pmatrix}$，其中 $\boldsymbol{\beta}_j$ 是由 $\boldsymbol{\alpha}_j$ 添加 $m-r$ 个分量得到，$j=1, 2, \cdots, s$，则

(1) 若向量组 $\boldsymbol{\alpha}_1, \boldsymbol{\alpha}_2, \cdots, \boldsymbol{\alpha}_s$ 线性无关，则向量组 $\boldsymbol{\beta}_1, \boldsymbol{\beta}_2, \cdots, \boldsymbol{\beta}_s$ 也线性无关；

(2) 若向量组 $\boldsymbol{\beta}_1, \boldsymbol{\beta}_2, \cdots, \boldsymbol{\beta}_s$ 线性相关，则向量组 $\boldsymbol{\alpha}_1, \boldsymbol{\alpha}_2, \cdots, \boldsymbol{\alpha}_s$ 也线性相关.

证 (1) 考虑两个齐次线性方程组

$$x_1\boldsymbol{\alpha}_1+x_2\boldsymbol{\alpha}_2+\cdots+x_s\boldsymbol{\alpha}_s=\mathbf{0} \tag{Ⅰ}$$

与

$$x_1\boldsymbol{\beta}_1+x_2\boldsymbol{\beta}_2+\cdots+x_s\boldsymbol{\beta}_s=\mathbf{0}. \tag{Ⅱ}$$

由于向量组 $\boldsymbol{\alpha}_1, \boldsymbol{\alpha}_2, \cdots, \boldsymbol{\alpha}_s$ 线性无关，于是方程组(Ⅰ)只有零解. 而方程组

(Ⅱ)的前r个方程就是(Ⅰ)中r个方程,因此方程组(Ⅱ)也只有零解,也即向量组$\boldsymbol{\beta}_1, \boldsymbol{\beta}_2, \cdots, \boldsymbol{\beta}_s$线性无关.

(2) 用反证法,由(1)的结论易证.

注　我们称定理5中$\boldsymbol{\beta}_1, \boldsymbol{\beta}_2, \cdots, \boldsymbol{\beta}_s$为$\boldsymbol{\alpha}_1, \boldsymbol{\alpha}_2, \cdots, \boldsymbol{\alpha}_s$的延长向量组.定理5说明,若一个向量组线性无关,则它的延长向量组也线性无关;若一个向量组的延长向量组线性相关,则这个向量组也线性相关.

定理6　设向量组$\boldsymbol{\alpha}_1, \boldsymbol{\alpha}_2, \cdots, \boldsymbol{\alpha}_s$线性无关,且向量组$\boldsymbol{\alpha}_1, \boldsymbol{\alpha}_2, \cdots, \boldsymbol{\alpha}_s, \boldsymbol{\beta}$线性相关,则向量$\boldsymbol{\beta}$可由向量组$\boldsymbol{\alpha}_1, \boldsymbol{\alpha}_2, \cdots, \boldsymbol{\alpha}_s$线性表示,且表示式唯一.

证一　设矩阵$\boldsymbol{A} = (\boldsymbol{\alpha}_1, \boldsymbol{\alpha}_2, \cdots, \boldsymbol{\alpha}_s)$, $\boldsymbol{B} = (\boldsymbol{\alpha}_1, \boldsymbol{\alpha}_2, \cdots, \boldsymbol{\alpha}_s, \boldsymbol{\beta})$,则$R(\boldsymbol{A}) \leqslant R(\boldsymbol{B})$.由于向量组$\boldsymbol{\alpha}_1, \boldsymbol{\alpha}_2, \cdots, \boldsymbol{\alpha}_s$线性无关,于是$R(\boldsymbol{A}) = s$.又向量组$\boldsymbol{\alpha}_1, \boldsymbol{\alpha}_2, \cdots, \boldsymbol{\alpha}_s, \boldsymbol{\beta}$线性相关,于是$R(\boldsymbol{B}) < s+1$.因而$s \leqslant R(\boldsymbol{B}) < s+1$,则$R(\boldsymbol{B}) = s$.于是$R(\boldsymbol{A}) = R(\boldsymbol{B}) = s$.因此方程组$x_1\boldsymbol{\alpha}_1 + x_2\boldsymbol{\alpha}_2 + \cdots + x_s\boldsymbol{\alpha}_s = \boldsymbol{\beta}$有唯一解,即向量$\boldsymbol{\beta}$可由向量组$\boldsymbol{\alpha}_1, \boldsymbol{\alpha}_2, \cdots, \boldsymbol{\alpha}_s$线性表示,且表示式唯一.

证二　由于向量组$\boldsymbol{\alpha}_1, \boldsymbol{\alpha}_2, \cdots, \boldsymbol{\alpha}_s, \boldsymbol{\beta}$线性相关,于是存在不全为零的数$k_1, k_2, \cdots, k_s, k$,使得$k_1\boldsymbol{\alpha}_1 + k_2\boldsymbol{\alpha}_2 + \cdots + k_s\boldsymbol{\alpha}_s + k\boldsymbol{\beta} = \boldsymbol{0}$.若$k=0$,则$k_1\boldsymbol{\alpha}_1 + k_2\boldsymbol{\alpha}_2 + \cdots + k_s\boldsymbol{\alpha}_s = \boldsymbol{0}$,又向量组$\boldsymbol{\alpha}_1, \boldsymbol{\alpha}_2, \cdots, \boldsymbol{\alpha}_s$线性无关,于是$k_1, k_2, \cdots, k_s$全为零.这与$k_1, k_2, \cdots, k_s, k$不全为零矛盾.因此$k \neq 0$.则

$$\boldsymbol{\beta} = -\frac{k_1}{k}\boldsymbol{\alpha}_1 - \frac{k_2}{k}\boldsymbol{\alpha}_2 - \cdots - \frac{k_s}{k}\boldsymbol{\alpha}_s,$$

即$\boldsymbol{\beta}$可由向量组$\boldsymbol{\alpha}_1, \boldsymbol{\alpha}_2, \cdots, \boldsymbol{\alpha}_s$线性表示.

下证$\boldsymbol{\beta}$的表示式唯一.

设$\boldsymbol{\beta} = k_1\boldsymbol{\alpha}_1 + k_2\boldsymbol{\alpha}_2 + \cdots + k_s\boldsymbol{\alpha}_s$,且$\boldsymbol{\beta} = l_1\boldsymbol{\alpha}_1 + l_2\boldsymbol{\alpha}_2 + \cdots + l_s\boldsymbol{\alpha}_s$,则

$$k_1\boldsymbol{\alpha}_1 + k_2\boldsymbol{\alpha}_2 + \cdots + k_s\boldsymbol{\alpha}_s = l_1\boldsymbol{\alpha}_1 + l_2\boldsymbol{\alpha}_2 + \cdots + l_s\boldsymbol{\alpha}_s,$$

于是

$$(k_1 - l_1)\boldsymbol{\alpha}_1 + (k_2 - l_2)\boldsymbol{\alpha}_2 + \cdots + (k_s - l_s)\boldsymbol{\alpha}_s = \boldsymbol{0}.$$

由于向量组$\boldsymbol{\alpha}_1, \boldsymbol{\alpha}_2, \cdots, \boldsymbol{\alpha}_s$线性无关,于是只有$k_i - l_i = 0$, $i = 1, 2, \cdots, s$,也即$k_i = l_i$, $i = 1, 2, \cdots, s$.因此$\boldsymbol{\beta}$的表示式唯一.

§3　向量组的极大线性无关组

定义5　设向量组$\boldsymbol{\alpha}_{i_1}, \boldsymbol{\alpha}_{i_2}, \cdots, \boldsymbol{\alpha}_{i_r}$是向量组$\boldsymbol{\alpha}_1, \boldsymbol{\alpha}_2, \cdots, \boldsymbol{\alpha}_m$的一个部分组,且满足:

(1) $\boldsymbol{\alpha}_{i_1}, \boldsymbol{\alpha}_{i_2}, \cdots, \boldsymbol{\alpha}_{i_r}$ 线性无关;

(2) 向量组 $\boldsymbol{\alpha}_1, \boldsymbol{\alpha}_2, \cdots, \boldsymbol{\alpha}_m$ 中每个向量均可由向量组 $\boldsymbol{\alpha}_{i_1}, \boldsymbol{\alpha}_{i_2}, \cdots, \boldsymbol{\alpha}_{i_r}$ 线性表示,

则称 $\boldsymbol{\alpha}_{i_1}, \boldsymbol{\alpha}_{i_2}, \cdots, \boldsymbol{\alpha}_{i_r}$ 是向量组 $\boldsymbol{\alpha}_1, \boldsymbol{\alpha}_2, \cdots, \boldsymbol{\alpha}_m$ 的一个**极大线性无关组**.

例如,设有向量组 $\boldsymbol{\alpha}_1=(1, -1)^{\mathrm{T}}$, $\boldsymbol{\alpha}_2=(1, 2)^{\mathrm{T}}$, $\boldsymbol{\alpha}_3=(2, 1)^{\mathrm{T}}$,显然 $\boldsymbol{\alpha}_1, \boldsymbol{\alpha}_2$ 的分量不对应成比例,从而 $\boldsymbol{\alpha}_1, \boldsymbol{\alpha}_2$ 线性无关. 又 $\boldsymbol{\alpha}_3=\boldsymbol{\alpha}_1+\boldsymbol{\alpha}_2$,因此, $\boldsymbol{\alpha}_1, \boldsymbol{\alpha}_2$ 是向量组 $\boldsymbol{\alpha}_1, \boldsymbol{\alpha}_2, \boldsymbol{\alpha}_3$ 的一个极大线性无关组. 同理, $\boldsymbol{\alpha}_1, \boldsymbol{\alpha}_3$ 与 $\boldsymbol{\alpha}_2, \boldsymbol{\alpha}_3$ 也是向量组 $\boldsymbol{\alpha}_1, \boldsymbol{\alpha}_2, \boldsymbol{\alpha}_3$ 的极大线性无关组. 可见,一个向量组的极大线性无关组可能不唯一.

由定义 5 可见,一个线性无关向量组的极大线性无关组就是这个向量组本身.

例 5 求 n 维实向量空间 $\boldsymbol{R}^n$ 的一个极大线性无关组.

解 因为 n 维单位向量组 $\boldsymbol{e}_1=(1, 0, \cdots, 0)^{\mathrm{T}}$, $\boldsymbol{e}_2=(0, 1, \cdots, 0)^{\mathrm{T}}$, $\cdots$, $\boldsymbol{e}_n=(0, 0, \cdots, 1)^{\mathrm{T}}$ 线性无关,且对任一 n 维向量 $\boldsymbol{\alpha}=(a_1, a_2, \cdots, a_n)^{\mathrm{T}}$ 有

$$\boldsymbol{\alpha}=a_1\boldsymbol{e}_1+a_2\boldsymbol{e}_2+\cdots+a_n\boldsymbol{e}_n,$$

即 $\boldsymbol{\alpha}$ 可由 n 维单位向量组 $\boldsymbol{e}_1, \boldsymbol{e}_2, \cdots, \boldsymbol{e}_n$ 线性表示,所以 $\boldsymbol{e}_1, \boldsymbol{e}_2, \cdots, \boldsymbol{e}_n$ 是 $\boldsymbol{R}^n$ 的一个极大线性无关组.

根据 §2 中例 4 以及定理 6 知,极大线性无关组的定义中条件(2) 也可以叙述为:

(2′) 任取 $\boldsymbol{\alpha}_1, \boldsymbol{\alpha}_2, \cdots, \boldsymbol{\alpha}_m$ 中一个向量 $\boldsymbol{\alpha}_j$,必有向量组 $\boldsymbol{\alpha}_{i_1}, \boldsymbol{\alpha}_{i_2}, \cdots, \boldsymbol{\alpha}_{i_r}, \boldsymbol{\alpha}_j$ 线性相关. 由此可得极大线性无关组的等价定义.

定义 6 设向量组 $\boldsymbol{\alpha}_{i_1}, \boldsymbol{\alpha}_{i_2}, \cdots, \boldsymbol{\alpha}_{i_r}$ 是向量组 $\boldsymbol{\alpha}_1, \boldsymbol{\alpha}_2, \cdots, \boldsymbol{\alpha}_m$ 的一个部分组,且满足:

(1) $\boldsymbol{\alpha}_{i_1}, \boldsymbol{\alpha}_{i_2}, \cdots, \boldsymbol{\alpha}_{i_r}$ 线性无关;

(2) 任取 $\boldsymbol{\alpha}_1, \boldsymbol{\alpha}_2, \cdots, \boldsymbol{\alpha}_m$ 中一个向量 $\boldsymbol{\alpha}_j$,必有向量组 $\boldsymbol{\alpha}_{i_1}, \boldsymbol{\alpha}_{i_2}, \cdots, \boldsymbol{\alpha}_{i_r}, \boldsymbol{\alpha}_j$ 线性相关,

则称 $\boldsymbol{\alpha}_{i_1}, \boldsymbol{\alpha}_{i_2}, \cdots, \boldsymbol{\alpha}_{i_r}$ 是向量组 $\boldsymbol{\alpha}_1, \boldsymbol{\alpha}_2, \cdots, \boldsymbol{\alpha}_m$ 的一个极大线性无关组.

例 6 求矩阵

$$\boldsymbol{A}=\begin{pmatrix} 1 & -3 & 2 & 3 & -1 \\ 3 & -9 & 7 & 7 & -1 \\ -2 & 6 & -6 & -4 & 0 \\ -1 & 3 & 4 & -9 & 7 \end{pmatrix}$$

的列向量组的一个极大线性无关组,并把其余列向量用所求的极大线性无关组线性表示.

解　记$\boldsymbol{A}$的列向量依次为$\boldsymbol{\alpha}_1, \boldsymbol{\alpha}_2, \boldsymbol{\alpha}_3, \boldsymbol{\alpha}_4, \boldsymbol{\alpha}_5$. 对$\boldsymbol{A}$施行初等行变换可化为行阶梯形矩阵

$$\begin{pmatrix} 1 & -3 & 2 & 3 & -1 \\ 0 & 0 & 1 & -2 & 2 \\ 0 & 0 & 0 & -2 & 2 \\ 0 & 0 & 0 & 0 & 0 \end{pmatrix},$$

由此可知$R(\boldsymbol{A}) = 3$，且矩阵

$$(\boldsymbol{\alpha}_1, \boldsymbol{\alpha}_3, \boldsymbol{\alpha}_4) \sim \begin{pmatrix} 1 & 2 & 3 \\ 0 & 1 & -2 \\ 0 & 0 & -2 \\ 0 & 0 & 0 \end{pmatrix},$$

因此$R(\boldsymbol{\alpha}_1, \boldsymbol{\alpha}_3, \boldsymbol{\alpha}_4) = 3$,所以$\boldsymbol{\alpha}_1, \boldsymbol{\alpha}_3, \boldsymbol{\alpha}_4$线性无关.

再对$\boldsymbol{A}$施行初等行变换,化为行最简形矩阵

$$\begin{pmatrix} 1 & -3 & 0 & 0 & 2 \\ 0 & 0 & 1 & 0 & 0 \\ 0 & 0 & 0 & 1 & -1 \\ 0 & 0 & 0 & 0 & 0 \end{pmatrix},$$

由此可知,线性方程组$x_1\boldsymbol{\alpha}_1 + x_3\boldsymbol{\alpha}_3 + x_4\boldsymbol{\alpha}_4 = \boldsymbol{\alpha}_2$的解为$x_1 = -3, x_3 = x_4 = 0$,因此,$\boldsymbol{\alpha}_2 = -3\boldsymbol{\alpha}_1$. 同理,线性方程组$x_1\boldsymbol{\alpha}_1 + x_3\boldsymbol{\alpha}_3 + x_4\boldsymbol{\alpha}_4 = \boldsymbol{\alpha}_5$的解为$x_1 = 2, x_3 = 0, x_4 = -1$,因此$\boldsymbol{\alpha}_5 = 2\boldsymbol{\alpha}_1 - \boldsymbol{\alpha}_4$. 所以$\boldsymbol{\alpha}_1, \boldsymbol{\alpha}_3, \boldsymbol{\alpha}_4$是$\boldsymbol{A}$的列向量组的一个极大线性无关组,且$\boldsymbol{\alpha}_2, \boldsymbol{\alpha}_5$用$\boldsymbol{\alpha}_1, \boldsymbol{\alpha}_3, \boldsymbol{\alpha}_4$线性表示的表示式为:$\boldsymbol{\alpha}_2 = -3\boldsymbol{\alpha}_1$, $\boldsymbol{\alpha}_5 = 2\boldsymbol{\alpha}_1 - \boldsymbol{\alpha}_4$.

由例6可知,将矩阵$\boldsymbol{A}$化为行阶梯形矩阵,并找出该矩阵中每个非零行的非零首元所对应的列,如1, 3, 4列,则$\boldsymbol{A}$的1, 3, 4列$\boldsymbol{\alpha}_1, \boldsymbol{\alpha}_3, \boldsymbol{\alpha}_4$即为所求的一个极大线性无关组. 若将$\boldsymbol{A}$化为行最简形矩阵,并记为$\boldsymbol{B}$,则由解线性方程组的理论可知,$\boldsymbol{B}$的列向量组中各向量之间的线性关系就是$\boldsymbol{A}$的列向量组中各向量间的线性关系.

定理7　一个向量组与它的任一极大线性无关组等价.

证　设向量组$\boldsymbol{\alpha}_{i_1}, \boldsymbol{\alpha}_{i_2}, \cdots, \boldsymbol{\alpha}_{i_r}$(Ⅰ)是向量组$\boldsymbol{\alpha}_1, \boldsymbol{\alpha}_2, \cdots, \boldsymbol{\alpha}_m$(Ⅱ)的一个极大线性无关组,由极大线性无关组的定义知,向量组(Ⅱ)中每个向量可由向量组(Ⅰ)线性表示,又向量组(Ⅰ)中每个向量都是向量组(Ⅱ)中的向量,当然(Ⅰ)中每个向量都可由向量组(Ⅱ)线性表示. 因此,向量组(Ⅰ)与向量组(Ⅱ)等价.

§4 向量组的秩

定义 7 称向量组 $\boldsymbol{\alpha}_1, \boldsymbol{\alpha}_2, \cdots, \boldsymbol{\alpha}_m$ 的极大线性无关组所含的向量个数为这个**向量组的秩**. 规定,只含零向量的向量组的秩为零.

由定义 7 可知,一个线性无关向量组的秩等于这个向量组所含的向量个数.

例如,n 维实向量空间 $\boldsymbol{R}^n$ 中,n 维单位向量组 $\boldsymbol{e}_1, \boldsymbol{e}_2, \cdots, \boldsymbol{e}_n$ 的秩为 n. 又如 §3 例 6 中,矩阵 $\boldsymbol{A}$ 的列向量组的秩为 3.

定理 8 矩阵 $\boldsymbol{A}$ 的秩等于 $\boldsymbol{A}$ 的列向量组的秩,也等于 $\boldsymbol{A}$ 的行向量组的秩.

证 设矩阵 $\boldsymbol{A}=(\boldsymbol{\alpha}_1, \boldsymbol{\alpha}_2, \cdots, \boldsymbol{\alpha}_m)$,其中 $\boldsymbol{\alpha}_1, \boldsymbol{\alpha}_2, \cdots, \boldsymbol{\alpha}_m$ 是 $\boldsymbol{A}$ 的列向量组. 并设矩阵 $\boldsymbol{A}$ 的秩 $R(\boldsymbol{A})=r$, $\boldsymbol{A}$ 的列向量组的秩为 s.

一方面,由于 $R(\boldsymbol{A})=r$,于是存在 $\boldsymbol{A}$ 的一个 r 阶子式 $D_r \neq 0$. 由 §2 定理 2 知,D_r 中 r 个列向量线性无关,再由 §2 定理 5 知,D_r 所在的 r 列是 $\boldsymbol{A}$ 的列向量组中 r 个线性无关的向量. 从而 $\boldsymbol{A}$ 的列向量组的极大线性无关组所含向量个数至少为 r,又 $\boldsymbol{A}$ 的列向量组的秩为 s,因此 $s \geqslant r$.

另一方面,由 $\boldsymbol{A}$ 的列向量组 $\boldsymbol{\alpha}_1, \boldsymbol{\alpha}_2, \cdots, \boldsymbol{\alpha}_m$ 的秩为 s,不妨设 $\boldsymbol{\alpha}_1, \boldsymbol{\alpha}_2, \cdots, \boldsymbol{\alpha}_s$ 是列向量组的一个极大线性无关组,因此 $\boldsymbol{\alpha}_1, \boldsymbol{\alpha}_2, \cdots, \boldsymbol{\alpha}_s$ 线性无关, 于是齐次线性方程组

$$x_1\boldsymbol{\alpha}_1 + x_2\boldsymbol{\alpha}_2 + \cdots + x_s\boldsymbol{\alpha}_s = \boldsymbol{0}$$

只有零解. 从而系数矩阵的秩等于未知量的个数 s, 即矩阵 $\boldsymbol{A}_1 = (\boldsymbol{\alpha}_1, \boldsymbol{\alpha}_2, \cdots, \boldsymbol{\alpha}_s)$ 存在 s 阶非零子式,这也是矩阵 $\boldsymbol{A}$ 的 s 阶非零子式,于是 $R(\boldsymbol{A}) \geqslant s$,也即 $r \geqslant s$.

所以 $r=s$,即矩阵 $\boldsymbol{A}$ 的秩等于 $\boldsymbol{A}$ 的列向量组的秩.

又 $\boldsymbol{A}$ 的行向量组就是 $\boldsymbol{A}^{\mathrm{T}}$ 的列向量组,且 $R(\boldsymbol{A})=R(\boldsymbol{A}^{\mathrm{T}})$,于是对 $\boldsymbol{A}^{\mathrm{T}}$ 利用已证结论可得 $\boldsymbol{A}$ 的秩也等于 $\boldsymbol{A}$ 的行向量组的秩.

由定理 8 可知,$R(\boldsymbol{\alpha}_1, \boldsymbol{\alpha}_2, \cdots, \boldsymbol{\alpha}_m)$ 可以理解为矩阵的秩,也可以理解为向量组 $\boldsymbol{\alpha}_1, \boldsymbol{\alpha}_2, \cdots, \boldsymbol{\alpha}_m$ 的秩. 于是, 我们记向量组 $\boldsymbol{\alpha}_1, \boldsymbol{\alpha}_2, \cdots, \boldsymbol{\alpha}_m$ 的秩为 $R(\boldsymbol{\alpha}_1, \boldsymbol{\alpha}_2, \cdots, \boldsymbol{\alpha}_m)$. 由此可得 $R(\boldsymbol{e}_1, \boldsymbol{e}_2, \cdots, \boldsymbol{e}_n)=n$,其中 $\boldsymbol{e}_1, \boldsymbol{e}_2, \cdots, \boldsymbol{e}_n$ 为 n 维单位向量组,而在 §3 例 6 中,矩阵 $\boldsymbol{A}$ 的秩为 3, $\boldsymbol{A}$ 的列向量组的秩也为 3,并且 $\boldsymbol{A}$ 的行向量组的秩仍为 3.

定理 9 若向量组 $\boldsymbol{\alpha}_1, \boldsymbol{\alpha}_2, \cdots, \boldsymbol{\alpha}_s$ 可由向量组 $\boldsymbol{\beta}_1, \boldsymbol{\beta}_2, \cdots, \boldsymbol{\beta}_t$ 线性表示, 则

$$R(\boldsymbol{\alpha}_1, \boldsymbol{\alpha}_2, \cdots, \boldsymbol{\alpha}_s) \leqslant R(\boldsymbol{\beta}_1, \boldsymbol{\beta}_2, \cdots, \boldsymbol{\beta}_t).$$

证 记矩阵 $\boldsymbol{A}=(\boldsymbol{\alpha}_1, \boldsymbol{\alpha}_2, \cdots, \boldsymbol{\alpha}_s)$, $\boldsymbol{B}=(\boldsymbol{\beta}_1, \boldsymbol{\beta}_2, \cdots, \boldsymbol{\beta}_t)$. 由条件知, $\boldsymbol{\alpha}_1$ 可

由向量组$\boldsymbol{\beta}_1, \boldsymbol{\beta}_2, \cdots, \boldsymbol{\beta}_t$线性表示，于是方程组$x_1\boldsymbol{\beta}_1+x_2\boldsymbol{\beta}_2+\cdots+x_t\boldsymbol{\beta}_t=\boldsymbol{\alpha}_1$有解，则

$$R(\boldsymbol{\beta}_1, \boldsymbol{\beta}_2, \cdots, \boldsymbol{\beta}_t)=R(\boldsymbol{\beta}_1, \boldsymbol{\beta}_2, \cdots, \boldsymbol{\beta}_t, \boldsymbol{\alpha}_1).$$

又$\boldsymbol{\alpha}_2$可由向量组$\boldsymbol{\beta}_1, \boldsymbol{\beta}_2, \cdots, \boldsymbol{\beta}_t$线性表示，于是$\boldsymbol{\alpha}_2$可由向量组$\boldsymbol{\beta}_1, \boldsymbol{\beta}_2, \cdots, \boldsymbol{\beta}_t, \boldsymbol{\alpha}_1$线性表示，因此方程组$x_1\boldsymbol{\beta}_1+x_2\boldsymbol{\beta}_2+\cdots+x_t\boldsymbol{\beta}_t+x_{t+1}\boldsymbol{\alpha}_1=\boldsymbol{\alpha}_2$有解，则

$$R(\boldsymbol{\beta}_1, \boldsymbol{\beta}_2, \cdots, \boldsymbol{\beta}_t, \boldsymbol{\alpha}_1)=R(\boldsymbol{\beta}_1, \boldsymbol{\beta}_2, \cdots, \boldsymbol{\beta}_t, \boldsymbol{\alpha}_1, \boldsymbol{\alpha}_2).$$

如此继续，可得

$$R(\boldsymbol{\beta}_1, \boldsymbol{\beta}_2, \cdots, \boldsymbol{\beta}_t)=R(\boldsymbol{\beta}_1, \boldsymbol{\beta}_2, \cdots, \boldsymbol{\beta}_t, \boldsymbol{\alpha}_1, \boldsymbol{\alpha}_2, \cdots, \boldsymbol{\alpha}_s),$$

即$R(\boldsymbol{B})=R(\boldsymbol{B}, \boldsymbol{A})$，又$R(\boldsymbol{A})\leqslant R(\boldsymbol{A}, \boldsymbol{B})=R(\boldsymbol{B}, \boldsymbol{A})$，因此$R(\boldsymbol{A})\leqslant R(\boldsymbol{B})$，即

$$R(\boldsymbol{\alpha}_1, \boldsymbol{\alpha}_2, \cdots, \boldsymbol{\alpha}_s)\leqslant R(\boldsymbol{\beta}_1, \boldsymbol{\beta}_2, \cdots, \boldsymbol{\beta}_t).$$

我们由定理 9 的证明可知，若向量组$\boldsymbol{\alpha}_1, \boldsymbol{\alpha}_2, \cdots, \boldsymbol{\alpha}_s$可由向量组$\boldsymbol{\beta}_1, \boldsymbol{\beta}_2, \cdots, \boldsymbol{\beta}_t$线性表示，则

$$R(\boldsymbol{\beta}_1, \boldsymbol{\beta}_2, \cdots, \boldsymbol{\beta}_t)=R(\boldsymbol{\beta}_1, \boldsymbol{\beta}_2, \cdots, \boldsymbol{\beta}_t, \boldsymbol{\alpha}_1, \boldsymbol{\alpha}_2, \cdots, \boldsymbol{\alpha}_s).$$

反之，若$R(\boldsymbol{\beta}_1, \boldsymbol{\beta}_2, \cdots, \boldsymbol{\beta}_t)=R(\boldsymbol{\beta}_1, \boldsymbol{\beta}_2, \cdots, \boldsymbol{\beta}_t, \boldsymbol{\alpha}_1, \boldsymbol{\alpha}_2, \cdots, \boldsymbol{\alpha}_s)$成立，由于

$$R(\boldsymbol{\beta}_1, \boldsymbol{\beta}_2, \cdots, \boldsymbol{\beta}_t)\leqslant R(\boldsymbol{\beta}_1, \boldsymbol{\beta}_2, \cdots, \boldsymbol{\beta}_t, \boldsymbol{\alpha}_i)\leqslant$$
$$R(\boldsymbol{\beta}_1, \boldsymbol{\beta}_2, \cdots, \boldsymbol{\beta}_t, \boldsymbol{\alpha}_1, \boldsymbol{\alpha}_2, \cdots, \boldsymbol{\alpha}_s),\ i=1, 2, \cdots, s,$$

因此

$$R(\boldsymbol{\beta}_1, \boldsymbol{\beta}_2, \cdots, \boldsymbol{\beta}_t)=R(\boldsymbol{\beta}_1, \boldsymbol{\beta}_2, \cdots, \boldsymbol{\beta}_t, \boldsymbol{\alpha}_i),\ i=1, 2, \cdots, s.$$

从而$\boldsymbol{\alpha}_i$可由向量组$\boldsymbol{\beta}_1, \boldsymbol{\beta}_2, \cdots, \boldsymbol{\beta}_t$线性表示，$i=1, 2, \cdots, s$，即向量组$\boldsymbol{\alpha}_1, \boldsymbol{\alpha}_2, \cdots, \boldsymbol{\alpha}_s$可由向量组$\boldsymbol{\beta}_1, \boldsymbol{\beta}_2, \cdots, \boldsymbol{\beta}_t$线性表示.

由此可得，向量组$\boldsymbol{\alpha}_1, \boldsymbol{\alpha}_2, \cdots, \boldsymbol{\alpha}_s$可由向量组$\boldsymbol{\beta}_1, \boldsymbol{\beta}_2, \cdots, \boldsymbol{\beta}_t$线性表示的充分必要条件是

$$R(\boldsymbol{\beta}_1, \boldsymbol{\beta}_2, \cdots, \boldsymbol{\beta}_t)=R(\boldsymbol{\beta}_1, \boldsymbol{\beta}_2, \cdots, \boldsymbol{\beta}_t, \boldsymbol{\alpha}_1, \boldsymbol{\alpha}_2, \cdots, \boldsymbol{\alpha}_s).$$

又因为$R(\boldsymbol{\beta}_1, \boldsymbol{\beta}_2, \cdots, \boldsymbol{\beta}_t, \boldsymbol{\alpha}_1, \boldsymbol{\alpha}_2, \cdots, \boldsymbol{\alpha}_s)=R(\boldsymbol{\alpha}_1, \boldsymbol{\alpha}_2, \cdots, \boldsymbol{\alpha}_s, \boldsymbol{\beta}_1, \boldsymbol{\beta}_2, \cdots, \boldsymbol{\beta}_t)$，所以我们不难得到这样的结论：向量组$\boldsymbol{\alpha}_1, \boldsymbol{\alpha}_2, \cdots, \boldsymbol{\alpha}_s$与向量组$\boldsymbol{\beta}_1, \boldsymbol{\beta}_2, \cdots, \boldsymbol{\beta}_t$等价的充分必要条件是

$$R(\boldsymbol{\alpha}_1, \boldsymbol{\alpha}_2, \cdots, \boldsymbol{\alpha}_s)=R(\boldsymbol{\beta}_1, \boldsymbol{\beta}_2, \cdots, \boldsymbol{\beta}_t)=R(\boldsymbol{\alpha}_1, \boldsymbol{\alpha}_2, \cdots, \boldsymbol{\alpha}_s, \boldsymbol{\beta}_1, \boldsymbol{\beta}_2, \cdots, \boldsymbol{\beta}_t).$$

例 7 判定向量组$\boldsymbol{\alpha}_1=(1, 2, -1, 5)^{\mathrm{T}}$，$\boldsymbol{\alpha}_2=(2, -1, 1, 1)^{\mathrm{T}}$与向量组$\boldsymbol{\beta}_1=$

$(4, 3, -1, 11)^T$，$\boldsymbol{\beta}_2 = (3, 1, 0, 6)^T$ 是否等价？

解 由于

$$(\boldsymbol{\alpha}_1, \boldsymbol{\alpha}_2, \boldsymbol{\beta}_1, \boldsymbol{\beta}_2) = \begin{pmatrix} 1 & 2 & 4 & 3 \\ 2 & -1 & 3 & 1 \\ -1 & 1 & -1 & 0 \\ 5 & 1 & 11 & 6 \end{pmatrix} \sim \begin{pmatrix} 1 & 2 & 4 & 3 \\ 0 & -5 & -5 & -5 \\ 0 & 3 & 3 & 3 \\ 0 & -9 & -9 & -9 \end{pmatrix} \sim \begin{pmatrix} 1 & 2 & 4 & 3 \\ 0 & 1 & 1 & 1 \\ 0 & 0 & 0 & 0 \\ 0 & 0 & 0 & 0 \end{pmatrix},$$

于是 $R(\boldsymbol{\alpha}_1, \boldsymbol{\alpha}_2) = 2$，$R(\boldsymbol{\alpha}_1, \boldsymbol{\alpha}_2, \boldsymbol{\beta}_1, \boldsymbol{\beta}_2) = 2$，且

$$(\boldsymbol{\beta}_1, \boldsymbol{\beta}_2) = \begin{pmatrix} 4 & 3 \\ 3 & 1 \\ -1 & 0 \\ 11 & 6 \end{pmatrix} \sim \begin{pmatrix} 4 & 3 \\ 1 & 1 \\ 0 & 0 \\ 0 & 0 \end{pmatrix} \sim \begin{pmatrix} 1 & 1 \\ 0 & -1 \\ 0 & 0 \\ 0 & 0 \end{pmatrix},$$

因此 $R(\boldsymbol{\beta}_1, \boldsymbol{\beta}_2) = 2$. 所以 $R(\boldsymbol{\alpha}_1, \boldsymbol{\alpha}_2) = R(\boldsymbol{\beta}_1, \boldsymbol{\beta}_2) = R(\boldsymbol{\alpha}_1, \boldsymbol{\alpha}_2, \boldsymbol{\beta}_1, \boldsymbol{\beta}_2) = 2$. 由此可得，向量组 $\boldsymbol{\alpha}_1, \boldsymbol{\alpha}_2$ 与向量组 $\boldsymbol{\beta}_1, \boldsymbol{\beta}_2$ 等价.

由上述定理，还可以得到如下推论：

推论 1 两个等价的向量组的秩相等.

再由定理 7 以及向量组等价具有的性质可得

推论 2 一个向量组的任两个极大线性无关组所含的向量个数相等.

§5 线性方程组的解的结构

一、齐次线性方程组的解的结构

设齐次线性方程组

$$\boldsymbol{A}\boldsymbol{x} = \boldsymbol{0}$$

的系数矩阵 $\boldsymbol{A}$ 为 $m \times n$ 矩阵，$\boldsymbol{x} = (x_1, x_2, \cdots, x_n)^T$. 在前面的讨论中我们已经知道，含 n 个未知量的齐次线性方程组 $\boldsymbol{A}\boldsymbol{x} = \boldsymbol{0}$ 总有零解，而有非零解的充分必要条件是系数矩阵的秩 $R(\boldsymbol{A}) < n$.

下面我们先讨论齐次线性方程组的解的性质，然后在此基础上研究其解的结构.

性质 1 设 $\boldsymbol{x} = \boldsymbol{\xi}_1$，$\boldsymbol{x} = \boldsymbol{\xi}_2$ 是齐次线性方程组 $\boldsymbol{A}\boldsymbol{x} = \boldsymbol{0}$ 的两个解，则 $\boldsymbol{x} = \boldsymbol{\xi}_1 + \boldsymbol{\xi}_2$ 也是该齐次线性方程组的解.

证 因为 $\boldsymbol{A}\boldsymbol{\xi}_1 = \boldsymbol{0}$，$\boldsymbol{A}\boldsymbol{\xi}_2 = \boldsymbol{0}$，所以

$$\boldsymbol{A}(\boldsymbol{\xi}_1+\boldsymbol{\xi}_2)=\boldsymbol{A}\boldsymbol{\xi}_1+\boldsymbol{A}\boldsymbol{\xi}_2=\mathbf{0}+\mathbf{0}=\mathbf{0},$$

因此 $\boldsymbol{x}=\boldsymbol{\xi}_1+\boldsymbol{\xi}_2$ 也是 $\boldsymbol{A}\boldsymbol{x}=\mathbf{0}$ 的解.

性质 2　设 $\boldsymbol{x}=\boldsymbol{\xi}_1$ 是齐次线性方程组 $\boldsymbol{A}\boldsymbol{x}=\mathbf{0}$ 的解，k 为任意常数，则 $\boldsymbol{x}=k\boldsymbol{\xi}_1$ 也是该齐次线性方程组的解.

证　因为 $\boldsymbol{A}\boldsymbol{\xi}_1=\mathbf{0}$，所以

$$\boldsymbol{A}(k\boldsymbol{\xi}_1)=k\boldsymbol{A}\boldsymbol{\xi}_1=k\mathbf{0}=\mathbf{0},$$

因此 $\boldsymbol{x}=k\boldsymbol{\xi}_1$ 也是 $\boldsymbol{A}\boldsymbol{x}=\mathbf{0}$ 的解.

由性质 1 与性质 2 可知，齐次线性方程组的解的线性组合仍然是该齐次线性方程组的解. 特别地，记齐次线性方程组 $\boldsymbol{A}\boldsymbol{x}=\mathbf{0}$ 的解的集合为 S，如果可以求得解集 S 的一个极大线性无关组 $\boldsymbol{\xi}_1,\boldsymbol{\xi}_2,\cdots,\boldsymbol{\xi}_t$，则 $\boldsymbol{A}\boldsymbol{x}=\mathbf{0}$ 的任一解 $\boldsymbol{x}$(在解集 S 中) 可由 S 的极大线性无关组 $\boldsymbol{\xi}_1,\boldsymbol{\xi}_2,\cdots,\boldsymbol{\xi}_t$ 线性表示，即 $\boldsymbol{x}=k_1\boldsymbol{\xi}_1+k_2\boldsymbol{\xi}_2+\cdots+k_t\boldsymbol{\xi}_t$，又由性质 1 与性质 2 知，$\boldsymbol{\xi}_1,\boldsymbol{\xi}_2,\cdots,\boldsymbol{\xi}_t$ 的任一线性组合仍是 $\boldsymbol{A}\boldsymbol{x}=\mathbf{0}$ 的解，因此

$$\boldsymbol{x}=k_1\boldsymbol{\xi}_1+k_2\boldsymbol{\xi}_2+\cdots+k_t\boldsymbol{\xi}_t\text{，其中 }k_1,k_2,\cdots,k_t\text{ 为任意常数}$$

即为齐次线性方程组 $\boldsymbol{A}\boldsymbol{x}=\mathbf{0}$ 的通解.

由此我们定义，齐次线性方程组的解集的极大线性无关组称为该齐次线性方程组的**基础解系**. 即 $\boldsymbol{\xi}_1,\boldsymbol{\xi}_2,\cdots,\boldsymbol{\xi}_t$ 为齐次线性方程组 $\boldsymbol{A}\boldsymbol{x}=\mathbf{0}$ 的基础解系当且仅当它满足如下两个条件：

(1) $\boldsymbol{\xi}_1,\boldsymbol{\xi}_2,\cdots,\boldsymbol{\xi}_t$ 是 $\boldsymbol{A}\boldsymbol{x}=\mathbf{0}$ 的线性无关的解向量；

(2) $\boldsymbol{A}\boldsymbol{x}=\mathbf{0}$ 的任一解 $\boldsymbol{x}$ 均可表示为 $\boldsymbol{\xi}_1,\boldsymbol{\xi}_2,\cdots,\boldsymbol{\xi}_t$ 的线性组合，也即

$$\boldsymbol{x}=k_1\boldsymbol{\xi}_1+k_2\boldsymbol{\xi}_2+\cdots+k_t\boldsymbol{\xi}_t\text{，其中 }k_1,k_2,\cdots,k_t\text{ 为常数.}$$

由上述讨论可知，要求齐次线性方程组的通解，只需求出它的基础解系.

我们可以利用初等变换的方法求线性方程组的通解，也可用此方法求齐次线性方程组的基础解系.

设齐次线性方程组 $\boldsymbol{A}\boldsymbol{x}=\mathbf{0}$ 的系数矩阵 $\boldsymbol{A}$ 的秩为 r，并不妨设 $\boldsymbol{A}$ 的前 r 个列向量线性无关，则对 $\boldsymbol{A}$ 施行初等行变换可化为行最简形矩阵

$$\begin{pmatrix} 1 & 0 & \cdots & 0 & b_{11} & b_{12} & \cdots & b_{1,n-r} \\ 0 & 1 & \cdots & 0 & b_{21} & b_{22} & \cdots & b_{2,n-r} \\ \vdots & \vdots & & \vdots & \vdots & \vdots & & \vdots \\ 0 & 0 & \cdots & 1 & b_{r1} & b_{r2} & \cdots & b_{r,n-r} \\ 0 & 0 & \cdots & 0 & 0 & 0 & \cdots & 0 \\ \vdots & \vdots & & \vdots & \vdots & \vdots & & \vdots \\ 0 & 0 & \cdots & 0 & 0 & 0 & \cdots & 0 \end{pmatrix},$$

由此可得

$$\begin{cases} x_1 = -b_{11}x_{r+1} - b_{12}x_{r+2} - \cdots - b_{1,\,n-r}x_n \\ x_2 = -b_{21}x_{r+1} - b_{22}x_{r+2} - \cdots - b_{2,\,n-r}x_n \\ \cdots\cdots\cdots\cdots\cdots\cdots\cdots\cdots\cdots\cdots\cdots\cdots \\ x_r = -b_{r1}x_{r+1} - b_{r2}x_{r+2} - \cdots - b_{r,\,n-r}x_n \end{cases}, \tag{1}$$

其中 $x_{r+1}, x_{r+2}, \cdots, x_n$ 为自由未知量. 分别取

$$\begin{pmatrix} x_{r+1} \\ x_{r+2} \\ \vdots \\ x_n \end{pmatrix} = \begin{pmatrix} 1 \\ 0 \\ \vdots \\ 0 \end{pmatrix}, \begin{pmatrix} 0 \\ 1 \\ \vdots \\ 0 \end{pmatrix}, \cdots, \begin{pmatrix} 0 \\ 0 \\ \vdots \\ 1 \end{pmatrix}$$

可得一组解向量

$$\boldsymbol{\xi}_1 = \begin{pmatrix} -b_{11} \\ -b_{21} \\ \vdots \\ -b_{r1} \\ 1 \\ 0 \\ \vdots \\ 0 \end{pmatrix}, \boldsymbol{\xi}_2 = \begin{pmatrix} -b_{12} \\ -b_{22} \\ \vdots \\ -b_{r2} \\ 0 \\ 1 \\ \vdots \\ 0 \end{pmatrix}, \cdots, \boldsymbol{\xi}_{n-r} = \begin{pmatrix} -b_{1,\,n-r} \\ -b_{2,\,n-r} \\ \vdots \\ -b_{r,\,n-r} \\ 0 \\ 0 \\ \vdots \\ 1 \end{pmatrix}.$$

一方面,由于向量组

$$\begin{pmatrix} 1 \\ 0 \\ \vdots \\ 0 \end{pmatrix}, \begin{pmatrix} 0 \\ 1 \\ \vdots \\ 0 \end{pmatrix}, \cdots, \begin{pmatrix} 0 \\ 0 \\ \vdots \\ 1 \end{pmatrix}$$

线性无关,于是由定理 5 可知,其延长向量组 $\boldsymbol{\xi}_1, \boldsymbol{\xi}_2, \cdots, \boldsymbol{\xi}_{n-r}$ 也线性无关.

另一方面,由于方程组 $\boldsymbol{Ax} = \boldsymbol{0}$ 的任一解 $\boldsymbol{\xi} = (d_1, d_2, \cdots, d_r, d_{r+1}, d_{r+2}, \cdots, d_n)^{\mathrm{T}}$ 是方程组(1) 的解，于是代入(1)得

$$\begin{cases} d_1 = -b_{11}d_{r+1} - b_{12}d_{r+2} - \cdots - b_{1,\,n-r}d_n \\ d_2 = -b_{21}d_{r+1} - b_{22}d_{r+2} - \cdots - b_{2,\,n-r}d_n \\ \cdots\cdots\cdots\cdots\cdots\cdots\cdots\cdots\cdots\cdots\cdots\cdots \\ d_r = -b_{r1}d_{r+1} - b_{r2}d_{r+2} - \cdots - b_{r,\,n-r}d_n \end{cases},$$

从而$\boldsymbol{\xi}=d_{r+1}\boldsymbol{\xi}_1+d_{r+2}\boldsymbol{\xi}_2+\cdots+d_n\boldsymbol{\xi}_{n-r}$，即$\boldsymbol{Ax}=\boldsymbol{0}$的任一解向量均可由$\boldsymbol{\xi}_1,\boldsymbol{\xi}_2,\cdots,\boldsymbol{\xi}_{n-r}$线性表示.

综上可得，$\boldsymbol{\xi}_1,\boldsymbol{\xi}_2,\cdots,\boldsymbol{\xi}_{n-r}$是齐次线性方程组$\boldsymbol{Ax}=\boldsymbol{0}$的基础解系，且方程组的通解为$\boldsymbol{x}=k_1\boldsymbol{\xi}_1+k_2\boldsymbol{\xi}_2+\cdots+k_{n-r}\boldsymbol{\xi}_{n-r}$，其中$k_1,k_2,\cdots,k_{n-r}$为任意常数，也即

$$\begin{pmatrix}x_1\\x_2\\\vdots\\x_r\\x_{r+1}\\x_{r+2}\\\vdots\\x_n\end{pmatrix}=k_1\begin{pmatrix}-b_{11}\\-b_{21}\\\vdots\\-b_{r1}\\1\\0\\\vdots\\0\end{pmatrix}+k_2\begin{pmatrix}-b_{12}\\-b_{22}\\\vdots\\-b_{r2}\\0\\1\\\vdots\\0\end{pmatrix}+\cdots+k_{n-r}\begin{pmatrix}-b_{1,n-r}\\-b_{2,n-r}\\\vdots\\-b_{r,n-r}\\0\\0\\\vdots\\1\end{pmatrix}.$$

由以上的讨论不难得出

定理 10　设$m\times n$矩阵$\boldsymbol{A}$的秩$R(\boldsymbol{A})=r$，则n元齐次线性方程组$\boldsymbol{Ax}=\boldsymbol{0}$的解集$S$的秩为$n-r$.

当$R(\boldsymbol{A})=r<n$时，方程组$\boldsymbol{Ax}=\boldsymbol{0}$的基础解系含$n-r$个向量；当$R(\boldsymbol{A})=n$时，方程组$\boldsymbol{Ax}=\boldsymbol{0}$只有零解，此时方程组没有基础解系.

例 8　求齐次线性方程组

$$\begin{cases}3x_1+4x_2+7x_3-2x_4=0\\2x_1+3x_2+6x_3-3x_4=0\\4x_1+5x_2+8x_3-x_4=0\end{cases}$$

的基础解系与通解.

解　对系数矩阵$\boldsymbol{A}$作初等行变换，化为行最简形矩阵

$$\boldsymbol{A}=\begin{pmatrix}3&4&7&-2\\2&3&6&-3\\4&5&8&-1\end{pmatrix}\xrightarrow{r_3-2r_2}\begin{pmatrix}3&4&7&-2\\2&3&6&-3\\0&-1&-4&5\end{pmatrix}\xrightarrow{r_1-r_2}\begin{pmatrix}1&1&1&1\\2&3&6&-3\\0&-1&-4&5\end{pmatrix}$$

$$\xrightarrow{r_2-2r_1}\begin{pmatrix}1&1&1&1\\0&1&4&-5\\0&-1&-4&5\end{pmatrix}\xrightarrow{r_3+r_2}\begin{pmatrix}1&1&1&1\\0&1&4&-5\\0&0&0&0\end{pmatrix}\xrightarrow{r_1-r_2}\begin{pmatrix}1&0&-3&6\\0&1&4&-5\\0&0&0&0\end{pmatrix},$$

则

$$\begin{cases}x_1=3x_3-6x_4\\x_2=-4x_3+5x_4\end{cases}，其中\ x_3,x_4\ 为自由未知量.$$

分别取 $\begin{pmatrix} x_3 \\ x_4 \end{pmatrix} = \begin{pmatrix} 1 \\ 0 \end{pmatrix}$ 与 $\begin{pmatrix} 0 \\ 1 \end{pmatrix}$，则可得基础解系

$$\boldsymbol{\xi}_1 = \begin{pmatrix} 3 \\ -4 \\ 1 \\ 0 \end{pmatrix}, \quad \boldsymbol{\xi}_2 = \begin{pmatrix} -6 \\ 5 \\ 0 \\ 1 \end{pmatrix},$$

于是方程组的通解为 $\begin{pmatrix} x_1 \\ x_2 \\ x_3 \\ x_4 \end{pmatrix} = k_1 \begin{pmatrix} 3 \\ -4 \\ 1 \\ 0 \end{pmatrix} + k_2 \begin{pmatrix} -6 \\ 5 \\ 0 \\ 1 \end{pmatrix}$，其中 k_1，k_2 为任意常数.

例 9　设 $\boldsymbol{A}$ 为 $m \times n$ 矩阵，$\boldsymbol{B}$ 为 $n \times s$ 矩阵，且 $\boldsymbol{AB} = \boldsymbol{0}$，证明 $R(\boldsymbol{A}) + R(\boldsymbol{B}) \leqslant n$.

证　将矩阵 $\boldsymbol{B}$ 按列分块为 $\boldsymbol{B} = (\boldsymbol{B}_1, \boldsymbol{B}_2, \cdots, \boldsymbol{B}_s)$. 由于 $\boldsymbol{AB} = \boldsymbol{0}$，于是

$$(\boldsymbol{AB}_1, \boldsymbol{AB}_2, \cdots, \boldsymbol{AB}_s) = (\boldsymbol{0}, \boldsymbol{0}, \cdots, \boldsymbol{0}),$$

即

$$\boldsymbol{AB}_i = \boldsymbol{0}, \ i = 1, 2, \cdots, s.$$

这表明矩阵 $\boldsymbol{B}$ 的每个列向量都是 n 元齐次线性方程组 $\boldsymbol{Ax} = \boldsymbol{0}$ 的解. 若记方程组 $\boldsymbol{Ax} = \boldsymbol{0}$ 的解集 S 的秩为 R_S，则 $R(\boldsymbol{B}_1, \boldsymbol{B}_2, \cdots, \boldsymbol{B}_s) \leqslant R_S$，即 $R(\boldsymbol{B}) \leqslant R_S$，并且由定理 10 可知，$R(\boldsymbol{A}) + R_S = n$. 从而 $R(\boldsymbol{A}) + R(\boldsymbol{B}) \leqslant n$.

二、非齐次线性方程组的解的结构

设非齐次线性方程组

$$\boldsymbol{Ax} = \boldsymbol{b}$$

的系数矩阵 $\boldsymbol{A}$ 为 $m \times n$ 矩阵，$\boldsymbol{x} = (x_1, x_2, \cdots, x_n)^{\mathrm{T}}$，$\boldsymbol{b} = (b_1, b_2, \cdots, b_m)^{\mathrm{T}}$，增广矩阵 $\widetilde{\boldsymbol{A}} = (\boldsymbol{A}, \boldsymbol{b})$. 由前面的讨论知道，当 $R(\boldsymbol{A}) = R(\widetilde{\boldsymbol{A}})$ 时，方程组 $\boldsymbol{Ax} = \boldsymbol{b}$ 有解，并且此时若 $R(\boldsymbol{A}) < n$，则方程组有无穷多解；若 $R(\boldsymbol{A}) = n$，则方程组有唯一解.

为研究非齐次线性方程组的解的结构，我们先讨论其解的性质.

性质 3　设 $\boldsymbol{x} = \boldsymbol{\eta}_1$，$\boldsymbol{x} = \boldsymbol{\eta}_2$ 是非齐次线性方程组 $\boldsymbol{Ax} = \boldsymbol{b}$ 的两个解，则 $\boldsymbol{x} = \boldsymbol{\eta}_1 - \boldsymbol{\eta}_2$ 是对应的齐次线性方程组 $\boldsymbol{Ax} = \boldsymbol{0}$ 的解.

证　因为 $\boldsymbol{A\eta}_1 = \boldsymbol{b}$，$\boldsymbol{A\eta}_2 = \boldsymbol{b}$，所以

$$\boldsymbol{A}(\boldsymbol{\eta}_1 - \boldsymbol{\eta}_2) = \boldsymbol{A\eta}_1 - \boldsymbol{A\eta}_2 = \boldsymbol{b} - \boldsymbol{b} = \boldsymbol{0},$$

因此 $\boldsymbol{x}=\boldsymbol{\eta}_1-\boldsymbol{\eta}_2$ 是 $\boldsymbol{Ax}=\boldsymbol{0}$ 的解.

性质 4　设 $\boldsymbol{x}=\boldsymbol{\eta}$ 是非齐次线性方程组 $\boldsymbol{Ax}=\boldsymbol{b}$ 的解,$\boldsymbol{x}=\boldsymbol{\xi}$ 是对应的齐次线性方程组 $\boldsymbol{Ax}=\boldsymbol{0}$ 的解,则 $\boldsymbol{x}=\boldsymbol{\eta}+\boldsymbol{\xi}$ 是方程组 $\boldsymbol{Ax}=\boldsymbol{b}$ 的解.

证　因为 $\boldsymbol{A\eta}=\boldsymbol{b}$, $\boldsymbol{A\xi}=\boldsymbol{0}$, 所以

$$\boldsymbol{A}(\boldsymbol{\eta}+\boldsymbol{\xi})=\boldsymbol{A\eta}+\boldsymbol{A\xi}=\boldsymbol{b}+\boldsymbol{0}=\boldsymbol{b},$$

因此 $\boldsymbol{x}=\boldsymbol{\eta}+\boldsymbol{\xi}$ 也是 $\boldsymbol{Ax}=\boldsymbol{b}$ 的解.

定理 11　设非齐次线性方程组 $\boldsymbol{Ax}=\boldsymbol{b}$ 有解, 则其通解为

$$\boldsymbol{x}=\boldsymbol{\gamma}_0+\boldsymbol{\xi},$$

其中 $\boldsymbol{\gamma}_0$ 是 $\boldsymbol{Ax}=\boldsymbol{b}$ 的一个解,$\boldsymbol{\xi}$ 是对应的齐次线性方程组 $\boldsymbol{Ax}=\boldsymbol{0}$ 的通解.

证　一方面,因为 $\boldsymbol{\gamma}_0$ 是 $\boldsymbol{Ax}=\boldsymbol{b}$ 的解,$\boldsymbol{\xi}$ 是 $\boldsymbol{Ax}=\boldsymbol{0}$ 的解,所以由性质 4 知,$\boldsymbol{\gamma}_0+\boldsymbol{\xi}$ 是 $\boldsymbol{Ax}=\boldsymbol{b}$ 的解.

另一方面,$\boldsymbol{Ax}=\boldsymbol{b}$ 的任一解 $\boldsymbol{x}_0$ 可表示为 $\boldsymbol{\gamma}_0+(\boldsymbol{x}_0-\boldsymbol{\gamma}_0)$,且由性质 3 知,其中 $\boldsymbol{x}_0-\boldsymbol{\gamma}_0$ 是 $\boldsymbol{Ax}=\boldsymbol{0}$ 的解.

于是结论成立.

注　由定理 11 可知,若 $\boldsymbol{\eta}$ 是非齐次线性方程组 $\boldsymbol{Ax}=\boldsymbol{b}$ 的一个解, $\boldsymbol{\xi}_1, \boldsymbol{\xi}_2, \cdots, \boldsymbol{\xi}_{n-r}$ 是对应的齐次线性方程组 $\boldsymbol{Ax}=\boldsymbol{0}$ 的基础解系,则方程组 $\boldsymbol{Ax}=\boldsymbol{b}$ 的通解为

$$\boldsymbol{x}=\boldsymbol{\eta}+\boldsymbol{k}_1\boldsymbol{\xi}_1+\boldsymbol{k}_2\boldsymbol{\xi}_2+\cdots+k_{n-r}\boldsymbol{\xi}_{n-r},$$

其中 $k_1, k_2, \cdots, k_{n-r}$ 为任意常数.

例 10　求非齐次线性方程组

$$\begin{cases} 2x_1-x_2+6x_3+x_4=0 \\ -4x_1+2x_2-9x_3-x_4=-1 \\ 2x_1-x_2+9x_3+2x_4=-1 \end{cases}$$

的通解.

解

$$\widetilde{\boldsymbol{A}}=\begin{pmatrix} 2 & -1 & 6 & 1 & 0 \\ -4 & 2 & -9 & -1 & -1 \\ 2 & -1 & 9 & 2 & -1 \end{pmatrix} \underset{\sim}{\overset{r_2+2r_1}{\underset{r_3-r_1}{}}} \begin{pmatrix} 2 & -1 & 6 & 1 & 0 \\ 0 & 0 & 3 & 1 & -1 \\ 0 & 0 & 3 & 1 & -1 \end{pmatrix}$$

$$\underset{\sim}{\overset{r_3-r_2}{}} \begin{pmatrix} 2 & -1 & 6 & 1 & 0 \\ 0 & 0 & 3 & 1 & -1 \\ 0 & 0 & 0 & 0 & 0 \end{pmatrix} \underset{\sim}{\overset{r_1-2r_2}{}} \begin{pmatrix} 2 & -1 & 0 & -1 & 2 \\ 0 & 0 & 3 & 1 & -1 \\ 0 & 0 & 0 & 0 & 0 \end{pmatrix}$$

$$\begin{array}{c}\frac{1}{2}r_1\\ \frac{1}{3}r_2\\ \sim\end{array}\begin{pmatrix}1 & -\frac{1}{2} & 0 & -\frac{1}{2} & 1\\ 0 & 0 & 1 & \frac{1}{3} & -\frac{1}{3}\\ 0 & 0 & 0 & 0 & 0\end{pmatrix},$$

则方程组有解，且

$$\begin{cases}x_1 = 1+\frac{1}{2}x_2+\frac{1}{2}x_4\\ x_3 = -\frac{1}{3}-\frac{1}{3}x_4\end{cases}$$，其中 x_2，x_4 为自由未知量.

令 $x_2=x_4=0$，得方程组的一个解

$$\begin{pmatrix}1\\ 0\\ -\frac{1}{3}\\ 0\end{pmatrix}.$$

在对应的齐次线性方程组 $\begin{cases}x_1 = \frac{1}{2}x_2+\frac{1}{2}x_4\\ x_3 = -\frac{1}{3}x_4\end{cases}$ 中，分别取 $\begin{pmatrix}x_2\\ x_4\end{pmatrix}=\begin{pmatrix}1\\ 0\end{pmatrix}$ 与 $\begin{pmatrix}0\\ 1\end{pmatrix}$，得到其基础解系为

$$\begin{pmatrix}\frac{1}{2}\\ 1\\ 0\\ 0\end{pmatrix},\quad\begin{pmatrix}\frac{1}{2}\\ 0\\ -\frac{1}{3}\\ 1\end{pmatrix},$$

于是所求方程组的通解为

$$\begin{pmatrix}x_1\\ x_2\\ x_3\\ x_4\end{pmatrix}=\begin{pmatrix}1\\ 0\\ -\frac{1}{3}\\ 0\end{pmatrix}+k_1\begin{pmatrix}\frac{1}{2}\\ 1\\ 0\\ 0\end{pmatrix}+k_2\begin{pmatrix}\frac{1}{2}\\ 0\\ -\frac{1}{3}\\ 1\end{pmatrix},$$

其中 k_1, k_2 为任意常数.

习 题 四

1. 设

$$\boldsymbol{\alpha}_1=\begin{pmatrix}1\\-1\\2\end{pmatrix},\ \boldsymbol{\alpha}_2=\begin{pmatrix}2\\3\\-4\end{pmatrix},\ \boldsymbol{\alpha}_3=\begin{pmatrix}-3\\0\\-1\end{pmatrix},$$

求 $\boldsymbol{\alpha}_1-\boldsymbol{\alpha}_2,\ 2\boldsymbol{\alpha}_1+\boldsymbol{\alpha}_2-\boldsymbol{\alpha}_3$.

2. 设

$$\boldsymbol{\alpha}_1=\begin{pmatrix}-1\\2\\0\end{pmatrix},\ \boldsymbol{\alpha}_2=\begin{pmatrix}1\\a\\-4\end{pmatrix},\ \boldsymbol{\alpha}_3=\begin{pmatrix}b\\-3\\c\end{pmatrix},\text{且 } 3\boldsymbol{\alpha}_1+\boldsymbol{\alpha}_2=2\boldsymbol{\alpha}_3,$$

求 a、b、c.

3. 判定下列各题中的向量 $\boldsymbol{\beta}$ 是否为其余向量的线性组合,如果是,试写出 $\boldsymbol{\beta}$ 的线性表示式:

(1) $\boldsymbol{\beta}=(1,-3,2)^{\mathrm{T}}$, $\boldsymbol{\alpha}_1=(1,0,3)^{\mathrm{T}}$, $\boldsymbol{\alpha}_2=(-2,3,-4)^{\mathrm{T}}$, $\boldsymbol{\alpha}_3=(1,3,5)^{\mathrm{T}}$;

(2) $\boldsymbol{\beta}=\left(\frac{1}{3},\frac{2}{3},0\right)^{\mathrm{T}}$, $\boldsymbol{\alpha}_1=(1,1,1)^{\mathrm{T}}$, $\boldsymbol{\alpha}_2=(-1,2,1)^{\mathrm{T}}$, $\boldsymbol{\alpha}_3=(1,-1,-2)^{\mathrm{T}}$;

(3) $\boldsymbol{\beta}=(-3,-2,1,-3)^{\mathrm{T}}$, $\boldsymbol{\alpha}_1=(1,2,1,1)^{\mathrm{T}}$, $\boldsymbol{\alpha}_2=(1,1,1,2)^{\mathrm{T}}$, $\boldsymbol{\alpha}_3=(-1,1,3,1)^{\mathrm{T}}$.

4. 判断下列命题是否正确,并说明理由:

(1) 若向量组 $\boldsymbol{\alpha}_1,\boldsymbol{\alpha}_2,\cdots,\boldsymbol{\alpha}_m$ 线性相关,则这个向量组中必定有两个向量的各分量对应成比例;

(2) 若存在一组全为零的数 $k_1,k_2,\cdots,k_m$,使得 $k_1\boldsymbol{\alpha}_1+k_2\boldsymbol{\alpha}_2+\cdots+k_m\boldsymbol{\alpha}_m=\mathbf{0}$,则向量组 $\boldsymbol{\alpha}_1,\boldsymbol{\alpha}_2,\cdots,\boldsymbol{\alpha}_m$ 一定线性无关;

(3) 若向量组 $\boldsymbol{\alpha}_1,\boldsymbol{\alpha}_2,\cdots,\boldsymbol{\alpha}_m$ 线性无关,则这个向量组中任一向量都不能由其余向量线性表示;

(4) 若向量组 $\boldsymbol{\alpha}_1,\boldsymbol{\alpha}_2,\cdots,\boldsymbol{\alpha}_m$ 线性相关,则这个向量组中任一向量都能由其余向量线性表示;

(5) 若向量 $\boldsymbol{\beta}$ 能由向量组 $\boldsymbol{\alpha}_1,\boldsymbol{\alpha}_2,\cdots,\boldsymbol{\alpha}_m$ 线性表示,则向量组 $\boldsymbol{\alpha}_1,\boldsymbol{\alpha}_2,\cdots,\boldsymbol{\alpha}_m$,

$\boldsymbol{\beta}$线性相关；

(6) 若向量$\boldsymbol{\beta}$不能由向量组$\boldsymbol{\alpha}_1, \boldsymbol{\alpha}_2, \cdots, \boldsymbol{\alpha}_m$线性表示，则向量组$\boldsymbol{\alpha}_1, \boldsymbol{\alpha}_2, \cdots, \boldsymbol{\alpha}_m, \boldsymbol{\beta}$线性无关；

(7) 若向量组$\boldsymbol{\alpha}_1, \boldsymbol{\alpha}_2, \cdots, \boldsymbol{\alpha}_m$线性相关，则这个向量组的部分组也线性相关；

(8) 若一个向量组的延长向量组线性无关，则这个向量组也线性无关.

5. 判别下列向量组是线性相关还是线性无关：

(1) $\boldsymbol{\alpha}_1 = \begin{pmatrix} 1 \\ 2 \\ 1 \end{pmatrix}, \boldsymbol{\alpha}_2 = \begin{pmatrix} 0 \\ 0 \\ 0 \end{pmatrix}, \boldsymbol{\alpha}_3 = \begin{pmatrix} -1 \\ 0 \\ 1 \end{pmatrix}$；

(2) $\boldsymbol{\alpha}_1 = \begin{pmatrix} 1 \\ 1 \\ 2 \end{pmatrix}, \boldsymbol{\alpha}_2 = \begin{pmatrix} 2 \\ 2 \\ 4 \end{pmatrix}, \boldsymbol{\alpha}_3 = \begin{pmatrix} -2 \\ 3 \\ 0 \end{pmatrix}$；

(3) $\boldsymbol{\alpha}_1 = \begin{pmatrix} 2 \\ 3 \end{pmatrix}, \boldsymbol{\alpha}_2 = \begin{pmatrix} -1 \\ 1 \end{pmatrix}, \boldsymbol{\alpha}_3 = \begin{pmatrix} 1 \\ 4 \end{pmatrix}$；

(4) $\boldsymbol{\alpha}_1 = \begin{pmatrix} 1 \\ 0 \\ 0 \\ 2 \end{pmatrix}, \boldsymbol{\alpha}_2 = \begin{pmatrix} 0 \\ 1 \\ 0 \\ -1 \end{pmatrix}, \boldsymbol{\alpha}_3 = \begin{pmatrix} 0 \\ 0 \\ 1 \\ 3 \end{pmatrix}$；

(5) $\boldsymbol{\alpha}_1 = \begin{pmatrix} -1 \\ 1 \\ 2 \end{pmatrix}, \boldsymbol{\alpha}_2 = \begin{pmatrix} 3 \\ -2 \\ 1 \end{pmatrix}, \boldsymbol{\alpha}_3 = \begin{pmatrix} -1 \\ 2 \\ 3 \end{pmatrix}$.

6. 证明：

(1) 若$\boldsymbol{\alpha}_1, \boldsymbol{\alpha}_2, \boldsymbol{\alpha}_3$线性无关，且$\boldsymbol{\beta}_1 = \boldsymbol{\alpha}_1 + \boldsymbol{\alpha}_2, \boldsymbol{\beta}_2 = 2\boldsymbol{\alpha}_1 + 3\boldsymbol{\alpha}_2 + \boldsymbol{\alpha}_3, \boldsymbol{\beta}_3 = \boldsymbol{\alpha}_2 + 2\boldsymbol{\alpha}_3$，则$\boldsymbol{\beta}_1, \boldsymbol{\beta}_2, \boldsymbol{\beta}_3$线性无关；

(2) 若向量组为$\boldsymbol{\alpha}_1, \boldsymbol{\alpha}_2, \boldsymbol{\alpha}_3, \boldsymbol{\alpha}_4$，且$\boldsymbol{\beta}_1 = \boldsymbol{\alpha}_1 - \boldsymbol{\alpha}_2, \boldsymbol{\beta}_2 = \boldsymbol{\alpha}_2 - \boldsymbol{\alpha}_3, \boldsymbol{\beta}_3 = \boldsymbol{\alpha}_3 - \boldsymbol{\alpha}_4, \boldsymbol{\beta}_4 = \boldsymbol{\alpha}_4 - \boldsymbol{\alpha}_1$，则$\boldsymbol{\beta}_1, \boldsymbol{\beta}_2, \boldsymbol{\beta}_3, \boldsymbol{\beta}_4$线性相关；

(3) 若向量组$\boldsymbol{\alpha}_1, \boldsymbol{\alpha}_2, \cdots, \boldsymbol{\alpha}_r$线性无关，且$\boldsymbol{\beta}_1 = \boldsymbol{\alpha}_1, \boldsymbol{\beta}_2 = \boldsymbol{\alpha}_1 + \boldsymbol{\alpha}_2, \cdots, \boldsymbol{\beta}_r = \boldsymbol{\alpha}_1 + \boldsymbol{\alpha}_2 + \cdots + \boldsymbol{\alpha}_r$，则$\boldsymbol{\beta}_1, \boldsymbol{\beta}_2, \cdots, \boldsymbol{\beta}_r$也线性无关；

(4) 若$\boldsymbol{\beta}$可由向量组$\boldsymbol{\alpha}_1, \boldsymbol{\alpha}_2, \cdots, \boldsymbol{\alpha}_n$线性表示，但不能由$\boldsymbol{\alpha}_1, \boldsymbol{\alpha}_2, \cdots, \boldsymbol{\alpha}_{n-1}$线性表示，则$\boldsymbol{\alpha}_n$可由$\boldsymbol{\alpha}_1, \boldsymbol{\alpha}_2, \cdots, \boldsymbol{\alpha}_{n-1}, \boldsymbol{\beta}$线性表示.

7. 问a取何值时，向量组$\boldsymbol{\alpha}_1 = \begin{pmatrix} 1 \\ -2 \\ 0 \end{pmatrix}, \boldsymbol{\alpha}_2 = \begin{pmatrix} 1 \\ a \\ 1 \end{pmatrix}, \boldsymbol{\alpha}_3 = \begin{pmatrix} a \\ -3 \\ 3 \end{pmatrix}$线性相关？

8. 已知向量组$\boldsymbol{\alpha}_1, \boldsymbol{\alpha}_2, \boldsymbol{\alpha}_3$线性相关，$\boldsymbol{\alpha}_2, \boldsymbol{\alpha}_3, \boldsymbol{\alpha}_4$线性无关，证明：

(1) $\boldsymbol{\alpha}_1$ 能由 $\boldsymbol{\alpha}_2$，$\boldsymbol{\alpha}_3$ 线性表示；

(2) $\boldsymbol{\alpha}_4$ 不能由 $\boldsymbol{\alpha}_1$，$\boldsymbol{\alpha}_2$，$\boldsymbol{\alpha}_3$ 线性表示.

9. 求下列向量组的秩和它的一个极大线性无关组，并将其余向量用所求的极大线性无关组线性表示：

(1) $\boldsymbol{\alpha}_1=\begin{pmatrix}1\\1\\0\\1\end{pmatrix}$，$\boldsymbol{\alpha}_2=\begin{pmatrix}0\\3\\2\\-7\end{pmatrix}$，$\boldsymbol{\alpha}_3=\begin{pmatrix}2\\11\\6\\-19\end{pmatrix}$，$\boldsymbol{\alpha}_4=\begin{pmatrix}0\\4\\4\\-14\end{pmatrix}$；

(2) $\boldsymbol{\alpha}_1=\begin{pmatrix}1\\1\\4\\0\end{pmatrix}$，$\boldsymbol{\alpha}_2=\begin{pmatrix}2\\-1\\1\\-3\end{pmatrix}$，$\boldsymbol{\alpha}_3=\begin{pmatrix}1\\-3\\0\\-1\end{pmatrix}$，$\boldsymbol{\alpha}_4=\begin{pmatrix}0\\2\\-6\\3\end{pmatrix}$；

(3) $\boldsymbol{\alpha}_1=\begin{pmatrix}1\\2\\2\\1\\1\end{pmatrix}$，$\boldsymbol{\alpha}_2=\begin{pmatrix}2\\3\\-1\\0\\3\end{pmatrix}$，$\boldsymbol{\alpha}_3=\begin{pmatrix}0\\1\\5\\2\\-1\end{pmatrix}$，$\boldsymbol{\alpha}_4=\begin{pmatrix}1\\0\\4\\1\\-1\end{pmatrix}$；

(4) $\boldsymbol{\alpha}_1=(1,2,2,-1)$，$\boldsymbol{\alpha}_2=(4,-2,-3,6)$，$\boldsymbol{\alpha}_3=(6,2,-1,12)$，$\boldsymbol{\alpha}_4=(1,2,1,3)$.（提示：先考虑向量组 $\boldsymbol{\alpha}_1^{\mathrm{T}}$，$\boldsymbol{\alpha}_2^{\mathrm{T}}$，$\boldsymbol{\alpha}_3^{\mathrm{T}}$，$\boldsymbol{\alpha}_4^{\mathrm{T}}$）

10. 设 $\boldsymbol{\alpha}_1=\begin{pmatrix}1\\2\\1\\-2\end{pmatrix}$，$\boldsymbol{\alpha}_2=\begin{pmatrix}-1\\3\\2\\-3\end{pmatrix}$，$\boldsymbol{\alpha}_3=\begin{pmatrix}2\\k\\-1\\-k\end{pmatrix}$，问 k 取何值时，向量组 $\boldsymbol{\alpha}_1$，$\boldsymbol{\alpha}_2$，$\boldsymbol{\alpha}_3$ 的秩为 2？

11. 求下列矩阵的列向量组的一个极大线性无关组，并将其余列向量用所求的极大线性无关组线性表示：

(1) $\begin{pmatrix}2&3&1&7\\-1&2&3&0\\1&1&0&3\\0&6&2&14\end{pmatrix}$；　(2) $\begin{pmatrix}3&1&2&2&1\\0&2&5&1&6\\-1&5&14&2&17\\2&0&2&1&1\\3&-1&-4&1&-6\end{pmatrix}$.

12. 已知向量组（Ⅰ）：$\boldsymbol{\alpha}_1=\begin{pmatrix}1\\0\\1\end{pmatrix}$，$\boldsymbol{\alpha}_2=\begin{pmatrix}0\\1\\1\end{pmatrix}$ 与向量组（Ⅱ）：$\boldsymbol{\beta}_1=\begin{pmatrix}1\\1\\2\end{pmatrix}$，$\boldsymbol{\beta}_2=$

$\begin{pmatrix}-1\\1\\0\end{pmatrix}$，$\boldsymbol{\beta}_3=\begin{pmatrix}3\\-1\\2\end{pmatrix}$，问向量组（Ⅰ）与向量组（Ⅱ）是否等价？

13. 已知向量组（Ⅰ）与向量组（Ⅱ）的秩相等，问这两个向量组是否一定等价？如果不一定等价，请举例说明.

14. 设 $\boldsymbol{\alpha}_1,\boldsymbol{\alpha}_2,\cdots,\boldsymbol{\alpha}_n$ 是一组 n 维向量，且 n 维单位向量组 $\boldsymbol{e}_1,\boldsymbol{e}_2,\cdots,\boldsymbol{e}_n$ 可由 $\boldsymbol{\alpha}_1,\boldsymbol{\alpha}_2,\cdots,\boldsymbol{\alpha}_n$ 线性表示，证明 $\boldsymbol{\alpha}_1,\boldsymbol{\alpha}_2,\cdots,\boldsymbol{\alpha}_n$ 线性无关.

15. 设向量组 $\boldsymbol{\alpha}_1,\boldsymbol{\alpha}_2,\cdots,\boldsymbol{\alpha}_n$ 与向量组 $\boldsymbol{\alpha}_1,\boldsymbol{\alpha}_2,\cdots,\boldsymbol{\alpha}_n,\boldsymbol{\beta}$ 的秩相等，证明这两个向量组等价.

16. 求下列齐次线性方程组的基础解系：

(1) $\begin{cases}2x_1+x_2+x_3=0\\x_1+2x_2+x_3=0\\5x_1+x_2+2x_3=0\end{cases}$；

(2) $\begin{cases}-x_1+3x_2-2x_3+2x_4=0\\2x_1+4x_3-x_4=0\\-x_1-3x_2-2x_3-x_4=0\\x_1-9x_2+2x_3-5x_4=0\end{cases}$；

(3) $\begin{cases}x_1-x_2=0\\x_2-x_3=0\\x_3-x_4=0\\x_4-x_5=0\\-x_1+x_5=0\end{cases}$；

(4) $x_1+x_2+\cdots+x_n=0$.

17. 设 $\boldsymbol{\eta}_1,\boldsymbol{\eta}_2,\cdots,\boldsymbol{\eta}_s$ 是非齐次线性方程组 $\boldsymbol{Ax}=\boldsymbol{b}$ 的解，$c_1,c_2,\cdots,c_s$ 为常数，证明 $c_1\boldsymbol{\eta}_1+c_2\boldsymbol{\eta}_2+\cdots+c_s\boldsymbol{\eta}_s$ 是 $\boldsymbol{Ax}=\boldsymbol{b}$ 的解当且仅当 $c_1+c_2+\cdots+c_s=1$.

18. 设 $\boldsymbol{A}=\begin{pmatrix}3&-1&2&1\\2&1&3&-2\end{pmatrix}$，求一个 4×2 矩阵 $\boldsymbol{B}$，使得 $\boldsymbol{AB}=\boldsymbol{0}$，且 $R(\boldsymbol{B})=2$.

19. 求一个齐次线性方程组，使得它的基础解系为

$$\boldsymbol{\xi}_1=\begin{pmatrix}1\\-2\\0\\1\end{pmatrix},\ \boldsymbol{\xi}_2=\begin{pmatrix}1\\0\\1\\2\end{pmatrix}.$$

20. 设三元齐次线性方程组 $\boldsymbol{Ax}=\boldsymbol{0}$ 的系数矩阵的秩为1,已知 $\boldsymbol{\xi}_1,\boldsymbol{\xi}_2$ 是它的两个解向量,且 $\boldsymbol{\xi}_1=\begin{pmatrix}2\\-1\\0\end{pmatrix}$, $\boldsymbol{\xi}_1+\boldsymbol{\xi}_2=\begin{pmatrix}1\\-1\\2\end{pmatrix}$,求该方程组的通解.

21. 设四元齐次线性方程组

$$\begin{cases}x_1+x_2=0\\x_2+x_4=0\end{cases}\ (\text{Ⅰ})\ \text{与}\ \begin{cases}x_1+x_2+x_3=0\\x_2-x_3+x_4=0\end{cases}\ (\text{Ⅱ})$$

求:(1) 方程组(Ⅰ)与(Ⅱ)的基础解系;(2) 方程组(Ⅰ)与(Ⅱ)的公共解.

22. 求下列非齐次线性方程组的通解:

(1) $\begin{cases}x_1+2x_2+x_3+x_4=1\\3x_1+4x_2+5x_3-x_4=-1\\x_1+x_2+3x_3-3x_4=-3\end{cases}$;

(2) $\begin{cases}2x_1+2x_2+4x_3+x_4=-6\\3x_1+4x_2-x_3-2x_4=5\\5x_1+6x_2+3x_3-x_4=-1\\x_1+2x_2-5x_3-3x_4=11\end{cases}$;

(3) $x_1+2x_2+3x_3+\cdots+nx_n=1$.

23. 设四元非齐次线性方程组 $\boldsymbol{Ax}=\boldsymbol{b}$ 的系数矩阵的秩为3,已知 $\boldsymbol{\eta}_1,\boldsymbol{\eta}_2,\boldsymbol{\eta}_3$ 是它的三个解向量,且 $\boldsymbol{\eta}_1=\begin{pmatrix}1\\0\\-1\\0\end{pmatrix}$, $\boldsymbol{\eta}_1+\boldsymbol{\eta}_2+\boldsymbol{\eta}_3=\begin{pmatrix}2\\-1\\0\\1\end{pmatrix}$,求该方程组的通解.

24. 设 $\boldsymbol{A}$ 为 n 阶实矩阵,证明:

(1) $\boldsymbol{Ax}=\boldsymbol{0}$ 与 $\boldsymbol{A}^{\mathrm{T}}\boldsymbol{Ax}=\boldsymbol{0}$ 同解;

(2) $R(\boldsymbol{A})=R(\boldsymbol{A}^{\mathrm{T}}\boldsymbol{A})$.

25. 设 $\boldsymbol{A}$ 为 n 阶方阵,满足 $\boldsymbol{A}^2=\boldsymbol{A}$, $\boldsymbol{E}$ 为 n 阶单位矩阵,证明

$$R(\boldsymbol{A})+R(\boldsymbol{A}-\boldsymbol{E})=n.$$

26. 设 $\boldsymbol{\alpha}_1,\boldsymbol{\alpha}_2,\boldsymbol{\alpha}_3$ 是齐次线性方程组 $\boldsymbol{Ax}=\boldsymbol{0}$ 的一个基础解系,且 $\boldsymbol{\beta}_1=t_1\boldsymbol{\alpha}_1+t_2\boldsymbol{\alpha}_2$, $\boldsymbol{\beta}_2=t_1\boldsymbol{\alpha}_2+t_2\boldsymbol{\alpha}_3$, $\boldsymbol{\beta}_3=t_1\boldsymbol{\alpha}_3+t_1\boldsymbol{\alpha}_1$,其中 t_1、t_2 为实数,问 t_1、t_2 满足什么条件时, $\boldsymbol{\beta}_1,\boldsymbol{\beta}_2,\boldsymbol{\beta}_3$ 也是 $\boldsymbol{Ax}=\boldsymbol{0}$ 的基础解系?

第五章　特征值与特征向量

矩阵的特征值与特征向量是矩阵理论中的重要内容之一.工程技术中的一些问题,如振动问题、稳定性问题等都可归结为求一个方阵的特征值和特征向量.在数学的一些分支,如微分方程、差分方程中,也用到方阵的特征值与特征向量.本章主要介绍矩阵的特征值与特征向量,相似矩阵,向量的内积、长度与正交性及相似对角化等内容.

§1　矩阵的特征值与特征向量

定义 1　设 $\boldsymbol{A}$ 是 n 阶方阵,若存在数 λ_0 和 n 维非零列向量 $\boldsymbol{\xi}$,使得

$$\boldsymbol{A\xi} = \lambda_0\boldsymbol{\xi} \tag{1}$$

成立,则称 λ_0 为矩阵 $\boldsymbol{A}$ 的**特征值**,称向量 $\boldsymbol{\xi}$ 为矩阵 $\boldsymbol{A}$ 的对应于特征值 λ_0 的**特征向量**.

由定义 1 知:

(1) $\boldsymbol{A}$ 的一个特征向量只能对应于唯一的一个特征值.这是因为若 $\boldsymbol{\xi}$ 是 $\boldsymbol{A}$ 的对应于特征值 λ_1 与 λ_2 的特征向量,即 $\boldsymbol{A\xi} = \lambda_1\boldsymbol{\xi}$ 且 $\boldsymbol{A\xi} = \lambda_2\boldsymbol{\xi}$,则 $\lambda_1\boldsymbol{\xi} = \lambda_2\boldsymbol{\xi}$,即 $(\lambda_1 - \lambda_2)\boldsymbol{\xi} = \boldsymbol{0}$.由于 $\boldsymbol{\xi} \neq \boldsymbol{0}$,所以 $\lambda_1 = \lambda_2$;

(2) $\boldsymbol{A}$ 的对应于同一特征值的特征向量并不唯一,且若 $\boldsymbol{\xi}_1$、$\boldsymbol{\xi}_2$ 是 $\boldsymbol{A}$ 的对应于特征值 λ_0 的两个特征向量,则其线性组合 $k_1\boldsymbol{\xi}_1 + k_2\boldsymbol{\xi}_2 (\neq \boldsymbol{0})$ 也是 $\boldsymbol{A}$ 的对应于特征值 λ_0 的特征向量.这是因为

$$\boldsymbol{A}(k_1\boldsymbol{\xi}_1 + k_2\boldsymbol{\xi}_2) = k_1\boldsymbol{A\xi}_1 + k_2\boldsymbol{A\xi}_2 = k_1\lambda_0\boldsymbol{\xi}_1 + k_2\lambda_0\boldsymbol{\xi}_2 = \lambda_0(k_1\boldsymbol{\xi}_1 + k_2\boldsymbol{\xi}_2).$$

特别地,若 $\boldsymbol{\xi}$ 是 $\boldsymbol{A}$ 的对应于特征值 λ_0 的特征向量,则 $k\boldsymbol{\xi} (\neq \boldsymbol{0})$ 也是 $\boldsymbol{A}$ 的对应于特征值 λ_0 的特征向量.

由(1)式得 $(\boldsymbol{A} - \lambda_0\boldsymbol{E})\boldsymbol{\xi} = \boldsymbol{0}$,此式表明 $\boldsymbol{\xi}$ 为齐次线性方程组 $(\boldsymbol{A} - \lambda_0\boldsymbol{E})\boldsymbol{x} = \boldsymbol{0}$ 的非零解,而此方程组有非零解当且仅当行列式 $|\boldsymbol{A} - \lambda_0\boldsymbol{E}| = 0$,所以 λ_0 为 $|\boldsymbol{A} - \lambda\boldsymbol{E}| = 0$ 的解.

定义 2　设 $\boldsymbol{A} = (a_{ij})$ 是 n 阶方阵,则

$$|\boldsymbol{A}-\lambda\boldsymbol{E}|=\begin{vmatrix} a_{11}-\lambda & a_{12} & \cdots & a_{1n} \\ a_{21} & a_{22}-\lambda & \cdots & a_{2n} \\ \vdots & \vdots & & \vdots \\ a_{n1} & a_{n2} & \cdots & a_{nn}-\lambda \end{vmatrix}$$

为关于 λ 的 n 次多项式，称为 $\boldsymbol{A}$ 的**特征多项式**，$|\boldsymbol{A}-\lambda\boldsymbol{E}|=0$ 称为 $\boldsymbol{A}$ 的**特征方程**.

若 $|\boldsymbol{A}-\lambda_0\boldsymbol{E}|=0$，则 λ_0 为 $\boldsymbol{A}$ 的特征值，且齐次线性方程组 $(\boldsymbol{A}-\lambda_0\boldsymbol{E})\boldsymbol{x}=\boldsymbol{0}$ 的非零解为 $\boldsymbol{A}$ 的对应于特征值 λ_0 的特征向量.

例 1 求矩阵 $\boldsymbol{A}=\begin{pmatrix} 3 & 4 \\ 5 & 2 \end{pmatrix}$ 的特征值和特征向量.

解 $\boldsymbol{A}$ 的特征多项式为

$$|\boldsymbol{A}-\lambda\boldsymbol{E}|=\begin{vmatrix} 3-\lambda & 4 \\ 5 & 2-\lambda \end{vmatrix}=\lambda^2-5\lambda-14=(\lambda-7)(\lambda+2),$$

所以 $\boldsymbol{A}$ 的特征值为 $\lambda_1=7$，$\lambda_2=-2$，下面计算 $\boldsymbol{A}$ 的特征向量.

当 $\lambda_1=7$ 时，解齐次线性方程组 $(\boldsymbol{A}-\lambda_1\boldsymbol{E})\boldsymbol{x}=\boldsymbol{0}$，即

$$\begin{pmatrix} -4 & 4 \\ 5 & -5 \end{pmatrix}\begin{pmatrix} x_1 \\ x_2 \end{pmatrix}=\begin{pmatrix} 0 \\ 0 \end{pmatrix},$$

解得基础解系 $\boldsymbol{\xi}_1=\begin{pmatrix} 1 \\ 1 \end{pmatrix}$，所以 $\boldsymbol{A}$ 的对应于 $\lambda_1=7$ 的全部特征向量为 $k\boldsymbol{\xi}_1(k\neq 0)$.

当 $\lambda_2=-2$ 时，解齐次线性方程组 $(\boldsymbol{A}-\lambda_2\boldsymbol{E})\boldsymbol{x}=\boldsymbol{0}$，即

$$\begin{pmatrix} 5 & 4 \\ 5 & 4 \end{pmatrix}\begin{pmatrix} x_1 \\ x_2 \end{pmatrix}=\begin{pmatrix} 0 \\ 0 \end{pmatrix},$$

解得基础解系 $\boldsymbol{\xi}_2=\begin{pmatrix} 4 \\ -5 \end{pmatrix}$，所以 $\boldsymbol{A}$ 的对应于 $\lambda_2=-2$ 的全部特征向量为 $k\boldsymbol{\xi}_2(k\neq 0)$.

例 2 求矩阵 $\boldsymbol{A}=\begin{pmatrix} 3 & 1 & 0 \\ -4 & -1 & 0 \\ 4 & -8 & 2 \end{pmatrix}$ 的特征值和特征向量.

解 $\boldsymbol{A}$ 的特征多项式为

$$|\boldsymbol{A}-\lambda\boldsymbol{E}|=\begin{vmatrix} 3-\lambda & 1 & 0 \\ -4 & -1-\lambda & 0 \\ 4 & -8 & 2-\lambda \end{vmatrix}=(\lambda-1)^2(2-\lambda),$$

所以 A 的特征值为 $\lambda_1=\lambda_2=1,\ \lambda_3=2$，下面计算 A 的特征向量.

当 $\lambda_1=\lambda_2=1$ 时，解齐次线性方程组 $(A-\lambda_1 E)x=0$，即

$$\begin{pmatrix}2&1&0\\-4&-2&0\\4&-8&1\end{pmatrix}\begin{pmatrix}x_1\\x_2\\x_3\end{pmatrix}=\begin{pmatrix}0\\0\\0\end{pmatrix},$$

解得基础解系 $\xi_1=\begin{pmatrix}-1\\2\\20\end{pmatrix}$，所以 A 的对应于 $\lambda_1=\lambda_2=1$ 的全部特征向量为 $k\xi_1\ (k\neq0)$.

当 $\lambda_3=2$ 时，解齐次线性方程组 $(A-\lambda_3 E)x=0$，即

$$\begin{pmatrix}1&1&0\\-4&-3&0\\4&-8&0\end{pmatrix}\begin{pmatrix}x_1\\x_2\\x_3\end{pmatrix}=\begin{pmatrix}0\\0\\0\end{pmatrix},$$

解得基础解系 $\xi_2=\begin{pmatrix}0\\0\\1\end{pmatrix}$，所以 A 的对应于 $\lambda_3=2$ 的全部特征向量为 $k\xi_2(k\neq0)$.

例 3 求矩阵 $A=\begin{pmatrix}0&0&1\\0&1&0\\1&0&0\end{pmatrix}$ 的特征值和特征向量.

解 A 的特征多项式为

$$|A-\lambda E|=\begin{vmatrix}-\lambda&0&1\\0&1-\lambda&0\\1&0&-\lambda\end{vmatrix}=-(\lambda-1)^2(\lambda+1),$$

所以 A 的特征值为 $\lambda_1=\lambda_2=1,\ \lambda_3=-1$，下面计算 A 的特征向量.

当 $\lambda_1=\lambda_2=1$ 时，解齐次线性方程组 $(A-\lambda_1 E)x=0$，即

$$\begin{pmatrix}-1&0&1\\0&0&0\\1&0&-1\end{pmatrix}\begin{pmatrix}x_1\\x_2\\x_3\end{pmatrix}=\begin{pmatrix}0\\0\\0\end{pmatrix},$$

解得基础解系 $\xi_1=\begin{pmatrix}0\\1\\0\end{pmatrix}$，$\xi_2=\begin{pmatrix}1\\0\\1\end{pmatrix}$，所以 A 的对应于 $\lambda_1=\lambda_2=1$ 的全部特征向量

为 $k_1\boldsymbol{\xi}_1+k_2\boldsymbol{\xi}_2$，($k_1$，$k_2$ 不全为 0).

当 $\lambda_3=-1$ 时,解齐次线性方程组 $(\boldsymbol{A}-\lambda_3\boldsymbol{E})\boldsymbol{x}=\boldsymbol{0}$，即

$$\begin{pmatrix}1&0&1\\0&2&0\\1&0&1\end{pmatrix}\begin{pmatrix}x_1\\x_2\\x_3\end{pmatrix}=\begin{pmatrix}0\\0\\0\end{pmatrix},$$

解得基础解系 $\boldsymbol{\xi}_3=\begin{pmatrix}1\\0\\-1\end{pmatrix}$,所以 $\boldsymbol{A}$ 的对应于 $\lambda_3=-1$ 的全部特征向量为 $k\boldsymbol{\xi}_3(k\neq 0)$.

一般地,求方阵 $\boldsymbol{A}$ 的特征值与特征向量的步骤为：

(1) 写出 $\boldsymbol{A}$ 的特征多项式 $|\boldsymbol{A}-\lambda\boldsymbol{E}|$；

(2) 求出特征方程 $|\boldsymbol{A}-\lambda\boldsymbol{E}|=0$ 的解,其解不妨记为 λ_1，λ_2，…，λ_n,这些解即为 $\boldsymbol{A}$ 的所有特征值；

(3) 求齐次线性方程组 $(\boldsymbol{A}-\lambda_i\boldsymbol{E})\boldsymbol{x}=\boldsymbol{0}$ 的基础解系,该基础解系的线性组合(零向量除外)即为 $\boldsymbol{A}$ 的对应于特征值 λ_i 的全部特征向量.

例 4　设 λ 是方阵 $\boldsymbol{A}$ 的特征值,证明

(1) λ^2 是 $\boldsymbol{A}^2$ 的特征值；

(2) $k\lambda$ 是 $k\boldsymbol{A}$ 的特征值,k 为常数；

(3) 当 $\boldsymbol{A}$ 可逆时,λ^{-1} 是 $\boldsymbol{A}^{-1}$ 的特征值.

证　设 ξ 为 $\boldsymbol{A}$ 的对应于特征值 λ 的特征向量,即 $\boldsymbol{A}\boldsymbol{\xi}=\lambda\boldsymbol{\xi}$. 于是

(1) $\boldsymbol{A}^2\boldsymbol{\xi}=\boldsymbol{A}(\boldsymbol{A}\boldsymbol{\xi})=\boldsymbol{A}(\lambda\boldsymbol{\xi})=\lambda\boldsymbol{A}\boldsymbol{\xi}=\lambda^2\boldsymbol{\xi}$,因此 λ^2 是 $\boldsymbol{A}^2$ 的特征值；

(2) $k\boldsymbol{A}(\boldsymbol{\xi})=k(\boldsymbol{A}\boldsymbol{\xi})=k\lambda\boldsymbol{\xi}=(k\lambda)\boldsymbol{\xi}$,因此 $k\lambda$ 是 $k\boldsymbol{A}$ 的特征值；

(3) 当 $\boldsymbol{A}$ 可逆时,在 $\boldsymbol{A}\boldsymbol{\xi}=\lambda\boldsymbol{\xi}$ 两边左乘 $\boldsymbol{A}^{-1}$ 得 $\boldsymbol{\xi}=\lambda\boldsymbol{A}^{-1}\boldsymbol{\xi}$,由 $\boldsymbol{\xi}\neq\boldsymbol{0}$ 知 $\lambda\neq 0$. 于是 $\boldsymbol{A}^{-1}\boldsymbol{\xi}=\lambda^{-1}\boldsymbol{\xi}$,因此 λ^{-1} 是 $\boldsymbol{A}^{-1}$ 的特征值.

易证,若 λ 是方阵 $\boldsymbol{A}$ 的特征值,则 λ^m 是方阵 $\boldsymbol{A}^m$ 的特征值(m 为正整数)且 $\varphi(\lambda)=a_0+a_1\lambda+\cdots+a_m\lambda^m$ 是方阵 $\varphi(\boldsymbol{A})=a_0\boldsymbol{E}+a_1\boldsymbol{A}+\cdots+a_m\boldsymbol{A}^m$ 的特征值.

定理 1　设 λ_1，λ_2，…，λ_n 为 n 阶方阵 $\boldsymbol{A}=(a_{ij})$ 的 n 个特征值,则

(1) $\lambda_1+\lambda_2+\cdots+\lambda_n=a_{11}+a_{22}+\cdots+a_{nn}$,该和称为方阵 $\boldsymbol{A}$ 的**迹**,记为 $tr(\boldsymbol{A})$；

(2) $\lambda_1\lambda_2\cdots\lambda_n=|\boldsymbol{A}|$.

证　因为 λ_1，λ_2，…，λ_n 为 $\boldsymbol{A}$ 的特征值,故 λ_1，λ_2，…，λ_n 为 $\boldsymbol{A}$ 的特征多项式 $|\boldsymbol{A}-\lambda\boldsymbol{E}|=(-1)^n|\lambda\boldsymbol{E}-\boldsymbol{A}|$ 的根,即为方程 $|\lambda\boldsymbol{E}-\boldsymbol{A}|=0$ 的解,而 $|\lambda\boldsymbol{E}-\boldsymbol{A}|$ 是关于 λ 的首项系数为 1 的 n 次多项式,因而有分解式

$$|\lambda\boldsymbol{E}-\boldsymbol{A}| = (\lambda-\lambda_1)(\lambda-\lambda_2)\cdots(\lambda-\lambda_n)$$
$$= \lambda^n-(\lambda_1+\lambda_2+\cdots+\lambda_n)\lambda^{n-1}+\cdots+(-1)^n\lambda_1\lambda_2\cdots\lambda_n. \tag{2}$$

另一方面,行列式

$$|\lambda\boldsymbol{E}-\boldsymbol{A}| = \begin{vmatrix} \lambda-a_{11} & -a_{12} & \cdots & -a_{1n} \\ -a_{21} & \lambda-a_{22} & \cdots & -a_{2n} \\ \vdots & \vdots & & \vdots \\ -a_{n1} & -a_{n2} & \cdots & \lambda-a_{nn} \end{vmatrix}$$

中,含 λ^{n-1} 的项只会在主对角元的乘积 $(\lambda-a_{11})(\lambda-a_{22})\cdots(\lambda-a_{nn})$ 中出现,且系数为 $-(a_{11}+a_{22}+\cdots+a_{nn})$,而 $|\lambda\boldsymbol{E}-\boldsymbol{A}|$ 的常数项等于当 λ 取零时的值,即为 $|-\boldsymbol{A}|=(-1)^n|\boldsymbol{A}|$. 比较(2)式可知

$$\lambda_1+\lambda_2+\cdots+\lambda_n = a_{11}+a_{22}+\cdots+a_{nn},\ \lambda_1\lambda_2\cdots\lambda_n = |\boldsymbol{A}|.$$

推论 n 阶方阵 $\boldsymbol{A}$ 可逆当且仅当 $\boldsymbol{A}$ 的所有特征值均不为零.

例 5 已知 3 阶方阵 $\boldsymbol{A}$ 的特征值分别为 1, 2, 3,

(1) 求 $\boldsymbol{A}^*$ 的特征值;

(2) 求行列式 $|\boldsymbol{A}^*+2\boldsymbol{A}-\boldsymbol{E}|$.

解 由定理 1 知, $|\boldsymbol{A}|=1\cdot 2\cdot 3=6\neq 0$,故 $\boldsymbol{A}$ 可逆,于是 $\boldsymbol{A}^*=|\boldsymbol{A}|\boldsymbol{A}^{-1}$,

(1) 结合例 4 知 $\boldsymbol{A}^{-1}$ 的特征值分别为 1, $\frac{1}{2}$, $\frac{1}{3}$,而 $\boldsymbol{A}^*=|\boldsymbol{A}|\boldsymbol{A}^{-1}=6\boldsymbol{A}^{-1}$,故 $\boldsymbol{A}^*$ 的特征值分别为 6, 3, 2;

(2) $\boldsymbol{A}^*+2\boldsymbol{A}-\boldsymbol{E}=|\boldsymbol{A}|\boldsymbol{A}^{-1}+2\boldsymbol{A}-\boldsymbol{E}=6\boldsymbol{A}^{-1}+2\boldsymbol{A}-\boldsymbol{E}$,记 $\varphi(\boldsymbol{A})=6\boldsymbol{A}^{-1}+2\boldsymbol{A}-\boldsymbol{E}$,若 λ 为 $\boldsymbol{A}$ 的特征值,则 $\varphi(\lambda)=6\lambda^{-1}+2\lambda-1$ 为 $\varphi(\boldsymbol{A})$ 的特征值. 故 $\varphi(\boldsymbol{A})$ 的特征值分别为 $\varphi(1)=7$, $\varphi(2)=6$, $\varphi(3)=7$,因而 $|\boldsymbol{A}^*+2\boldsymbol{A}-\boldsymbol{E}|=7\cdot 6\cdot 7=294$.

例 6 设 λ_1, λ_2 为方阵 $\boldsymbol{A}$ 的两个不同的特征值,与之对应的特征向量分别为 $\boldsymbol{\xi}_1$, $\boldsymbol{\xi}_2$,证明 $\boldsymbol{\xi}_1$, $\boldsymbol{\xi}_2$ 线性无关.

证 若 $k_1\boldsymbol{\xi}_1+k_2\boldsymbol{\xi}_2=\boldsymbol{0}$,下证必有 $k_1=k_2=0$. 由于 $k_1\boldsymbol{\xi}_1+k_2\boldsymbol{\xi}_2=\boldsymbol{0}$, 因此, 一方面

$$\boldsymbol{0}=\boldsymbol{A}(k_1\boldsymbol{\xi}_1+k_2\boldsymbol{\xi}_2)=k_1\boldsymbol{A}\boldsymbol{\xi}_1+k_2\boldsymbol{A}\boldsymbol{\xi}_2=k_1\lambda_1\boldsymbol{\xi}_1+k_2\lambda_2\boldsymbol{\xi}_2, \tag{3}$$

另一方面,

$$\boldsymbol{0}=\lambda_1(k_1\boldsymbol{\xi}_1+k_2\boldsymbol{\xi}_2)=k_1\lambda_1\boldsymbol{\xi}_1+k_2\lambda_1\boldsymbol{\xi}_2, \tag{4}$$

(3)(4)两式相减得, $\boldsymbol{0}=k_2(\lambda_2-\lambda_1)\boldsymbol{\xi}_2$,而 $\lambda_1\neq\lambda_2$, $\boldsymbol{\xi}_2\neq\boldsymbol{0}$,因此 $k_2=0$,代入 $k_1\boldsymbol{\xi}_1+k_2\boldsymbol{\xi}_2=\boldsymbol{0}$,得 $k_1\boldsymbol{\xi}_1=\boldsymbol{0}$,而 $\boldsymbol{\xi}_1\neq\boldsymbol{0}$,从而 $k_1=0$. 因此 $\boldsymbol{\xi}_1$, $\boldsymbol{\xi}_2$ 线性无关.

一般地,可以证明若 $\lambda_1, \lambda_2, \cdots, \lambda_m$ 为方阵 $\boldsymbol{A}$ 的两两不同的特征值,且与它们对应的特征向量分别为 $\boldsymbol{\xi}_1, \boldsymbol{\xi}_2, \cdots, \boldsymbol{\xi}_m$,则 $\boldsymbol{\xi}_1, \boldsymbol{\xi}_2, \cdots, \boldsymbol{\xi}_m$ 线性无关.

§2　相似矩阵

定义 3　设 $\boldsymbol{A}$ 和 $\boldsymbol{B}$ 是两个 n 阶方阵,若存在 n 阶可逆矩阵 $\boldsymbol{P}$,使得 $\boldsymbol{P}^{-1}\boldsymbol{AP}=\boldsymbol{B}$,则称 $\boldsymbol{A}$ 与 $\boldsymbol{B}$ 相似.

相似矩阵具有如下性质:

(1) 反身性:$\boldsymbol{A}$ 与 $\boldsymbol{A}$ 相似;

(2) 对称性:若 $\boldsymbol{A}$ 与 $\boldsymbol{B}$ 相似,则 $\boldsymbol{B}$ 与 $\boldsymbol{A}$ 相似;

(3) 传递性:若 $\boldsymbol{A}$ 与 $\boldsymbol{B}$ 相似,$\boldsymbol{B}$ 与 $\boldsymbol{C}$ 相似,则 $\boldsymbol{A}$ 与 $\boldsymbol{C}$ 相似.

定理 2　若 n 阶方阵 $\boldsymbol{A}$ 与 $\boldsymbol{B}$ 相似,则

(1) $R(\boldsymbol{A})=R(\boldsymbol{B})$;

(2) $\boldsymbol{A}$ 与 $\boldsymbol{B}$ 有相同的特征多项式和特征值;

(3) $tr(\boldsymbol{A})=tr(\boldsymbol{B})$, $|\boldsymbol{A}|=|\boldsymbol{B}|$.

证　由于 $\boldsymbol{A}$ 与 $\boldsymbol{B}$ 相似,于是存在 n 阶可逆矩阵 $\boldsymbol{P}$,使得 $\boldsymbol{P}^{-1}\boldsymbol{AP}=\boldsymbol{B}$.

(1) 由 $\boldsymbol{P}^{-1}\boldsymbol{AP}=\boldsymbol{B}$ 知,$\boldsymbol{A}$ 与 $\boldsymbol{B}$ 等价,从而 $R(\boldsymbol{A})=R(\boldsymbol{B})$;

(2) 由于 $\boldsymbol{P}^{-1}\boldsymbol{AP}=\boldsymbol{B}$, 故

$$|\boldsymbol{B}-\lambda\boldsymbol{E}|=|\boldsymbol{P}^{-1}\boldsymbol{AP}-\lambda\boldsymbol{E}|=|\boldsymbol{P}^{-1}(\boldsymbol{A}-\lambda\boldsymbol{E})\boldsymbol{P}|=$$

$$|\boldsymbol{P}^{-1}||\boldsymbol{A}-\lambda\boldsymbol{E}||\boldsymbol{P}|=|\boldsymbol{A}-\lambda\boldsymbol{E}|,$$

即 $\boldsymbol{A}$ 与 $\boldsymbol{B}$ 有相同的特征多项式,因而有相同的特征值;

(3) 由(2) 的结论知 $\boldsymbol{A}$ 与 $\boldsymbol{B}$ 有相同的特征值,故由定理 1 知 $tr(\boldsymbol{A})=tr(\boldsymbol{B})$, $|\boldsymbol{A}|=|\boldsymbol{B}|$.

推论　若 n 阶方阵 $\boldsymbol{A}$ 与对角矩阵 $\boldsymbol{\Lambda}=\begin{pmatrix}\lambda_1 & & & \\ & \lambda_2 & & \\ & & \ddots & \\ & & & \lambda_n\end{pmatrix}$ 相似,则 $\lambda_1, \lambda_2, \cdots, \lambda_n$ 为 $\boldsymbol{A}$ 的 n 个特征值.

例 7　设 $\boldsymbol{A}=\begin{pmatrix}-2 & 0 & 0\\ 2 & x & 2\\ 3 & 1 & 1\end{pmatrix}$, $\boldsymbol{B}=\begin{pmatrix}-1 & 0 & 0\\ 0 & 2 & 0\\ 0 & 0 & y\end{pmatrix}$, 且 $\boldsymbol{A}$ 与 $\boldsymbol{B}$ 相似, 求 x, y 的值.

解一　由于 $\boldsymbol{A}$ 与 $\boldsymbol{B}$ 相似,于是由定理 2 知 $\boldsymbol{A}$ 与 $\boldsymbol{B}$ 有相同的特征多项式

$$|\boldsymbol{A}-\lambda\boldsymbol{E}|=|\boldsymbol{B}-\lambda\boldsymbol{E}|,$$

展开得到关于 λ 的等式

$$-\lambda^3+(x-1)\lambda^2+(x+4)\lambda+2(2-x)=-\lambda^3+(1+y)\lambda^2+(2-y)\lambda-2y,$$

比较系数得 $\begin{cases}x-1=1+y\\x+4=2-y\\2(2-x)=-2y\end{cases}$，解得 $x=0,\ y=-2$.

解二 由于 $\boldsymbol{A}$ 与 $\boldsymbol{B}$ 相似，于是由定理 2 知 $tr(\boldsymbol{A})=tr(\boldsymbol{B})$，$|\boldsymbol{A}|=|\boldsymbol{B}|$，即

$$\begin{cases}-2+x+1=-1+2+y\\-2(x-2)=-2y\end{cases},$$

化简得 $x-y=2$. 又 -1 是 $\boldsymbol{B}$ 的特征值，所以也是 $\boldsymbol{A}$ 的特征值. 故

$$0=|\boldsymbol{A}-(-1)\boldsymbol{E}|=\begin{vmatrix}-1&0&0\\2&x+1&2\\3&1&2\end{vmatrix}=-2x,$$

因此 $x=0,\ y=-2$.

§3 矩阵可对角化的条件

在工程技术等领域中通常要计算矩阵的方幂. 对于一般的矩阵计算高次方幂是很困难的事，但对于一些特殊矩阵，是容易做到的. 比如对于对角矩阵 $\boldsymbol{A}=\mathrm{diag}(\lambda_1,\lambda_2,\cdots,\lambda_n)$，$\boldsymbol{A}^m=\mathrm{diag}(\lambda_1^m,\lambda_2^m,\cdots,\lambda_n^m)$；对于 n 阶方阵 $\boldsymbol{A}$，若存在可逆矩阵 $\boldsymbol{P}$，使得 $\boldsymbol{P}^{-1}\boldsymbol{A}\boldsymbol{P}=\boldsymbol{\Lambda}$ 为对角矩阵，则 $\boldsymbol{A}=\boldsymbol{P}\boldsymbol{\Lambda}\boldsymbol{P}^{-1}$，$\boldsymbol{A}^m=\underbrace{(\boldsymbol{P}\boldsymbol{\Lambda}\boldsymbol{P}^{-1})(\boldsymbol{P}\boldsymbol{\Lambda}\boldsymbol{P}^{-1})\cdots(\boldsymbol{P}\boldsymbol{\Lambda}\boldsymbol{P}^{-1})}_{m\text{个}}=\boldsymbol{P}\boldsymbol{\Lambda}^m\boldsymbol{P}^{-1}$. 因此若矩阵 $\boldsymbol{A}$ 相似于对角矩阵，也容易计算 $\boldsymbol{A}$ 的方幂. 若方阵 $\boldsymbol{A}$ 与某一对角矩阵相似就称该矩阵**可相似对角化**. 但是并不是所有的方阵都与对角矩阵相似，下面主要讨论什么样的方阵可相似对角化，以及可相似对角化时如何实施相似对角化.

定理 3 n 阶方阵 $\boldsymbol{A}$ 与 n 阶对角矩阵相似的充分必要条件是 $\boldsymbol{A}$ 有 n 个线性无关的特征向量.

证 必要性. 设 n 阶方阵 $\boldsymbol{A}$ 与对角阵 $\boldsymbol{\Lambda}=\mathrm{diag}(\lambda_1,\lambda_2,\cdots,\lambda_n)$ 相似，即存在可逆矩阵 $\boldsymbol{P}$，使得 $\boldsymbol{P}^{-1}\boldsymbol{A}\boldsymbol{P}=\boldsymbol{\Lambda}$，于是 $\boldsymbol{A}\boldsymbol{P}=\boldsymbol{P}\boldsymbol{\Lambda}$. 设 $\boldsymbol{P}=(\boldsymbol{\xi}_1,\boldsymbol{\xi}_2,\cdots,\boldsymbol{\xi}_n)$，其中 $\boldsymbol{\xi}_i$ 为矩阵 $\boldsymbol{P}$ 的第 i 个非零列向量，$i=1,2,\cdots,n$，则

$$\boldsymbol{A}(\boldsymbol{\xi}_1, \boldsymbol{\xi}_2, \cdots, \boldsymbol{\xi}_n) = (\boldsymbol{\xi}_1, \boldsymbol{\xi}_2, \cdots, \boldsymbol{\xi}_n)\boldsymbol{\Lambda} = (\lambda_1\boldsymbol{\xi}_1, \lambda_2\boldsymbol{\xi}_2, \cdots, \lambda_n\boldsymbol{\xi}_n),$$

因此 $\boldsymbol{A}\boldsymbol{\xi}_i = \lambda_i\boldsymbol{\xi}_i$, $i = 1, 2, \cdots, n$. 由此可知 λ_i 为 $\boldsymbol{A}$ 的特征值，$\boldsymbol{P}$ 的第 i 个列向量 $\boldsymbol{\xi}_i$ 为 $\boldsymbol{A}$ 的对应于 λ_i 的特征向量. 又 $\boldsymbol{P}$ 是可逆矩阵，$\boldsymbol{P}$ 的列向量组 $\boldsymbol{\xi}_1, \boldsymbol{\xi}_2, \cdots, \boldsymbol{\xi}_n$ 线性无关，因此 $\boldsymbol{A}$ 有 n 个线性无关的特征向量.

充分性. 设 $\boldsymbol{A}$ 有 n 个线性无关的特征向量 $\boldsymbol{\xi}_1, \boldsymbol{\xi}_2, \cdots, \boldsymbol{\xi}_n$，则 $\boldsymbol{A}\boldsymbol{\xi}_i = \lambda_i\boldsymbol{\xi}_i$, $i = 1, 2, \cdots, n$. 令 $\boldsymbol{P} = (\boldsymbol{\xi}_1, \boldsymbol{\xi}_2, \cdots, \boldsymbol{\xi}_n)$，由 $\boldsymbol{\xi}_1, \boldsymbol{\xi}_2, \cdots, \boldsymbol{\xi}_n$ 线性无关可知，方阵 $\boldsymbol{P}$ 可逆，且

$$\begin{aligned}\boldsymbol{AP} &= \boldsymbol{A}(\boldsymbol{\xi}_1, \boldsymbol{\xi}_2, \cdots, \boldsymbol{\xi}_n) = (\boldsymbol{A}\boldsymbol{\xi}_1, \boldsymbol{A}\boldsymbol{\xi}_2, \cdots, \boldsymbol{A}\boldsymbol{\xi}_n) \\ &= (\lambda_1\boldsymbol{\xi}_1, \lambda_2\boldsymbol{\xi}_2, \cdots, \lambda_n\boldsymbol{\xi}_n) = \boldsymbol{P}\mathrm{diag}(\lambda_1, \lambda_2, \cdots, \lambda_n),\end{aligned}$$

即 $\boldsymbol{P}^{-1}\boldsymbol{AP} = \mathrm{diag}(\lambda_1, \lambda_2, \cdots, \lambda_n)$，因此 $\boldsymbol{A}$ 与对角矩阵 $\boldsymbol{\Lambda} = \mathrm{diag}(\lambda_1, \lambda_2, \cdots, \lambda_n)$ 相似.

推论 若 n 阶方阵 $\boldsymbol{A}$ 有 n 个不同的特征值，则 $\boldsymbol{A}$ 可相似对角化.

例 1 及例 3 中的矩阵都可相似对角化，而例 2 中的矩阵不可相似对角化. 定理 3 中充分性的证明给出了矩阵 $\boldsymbol{A}$ 实施相似对角化的方法，与 $\boldsymbol{A}$ 相似的对角阵的主对角元正好是 $\boldsymbol{A}$ 的全部特征值，并且可逆矩阵 $\boldsymbol{P}$ 的列向量也正好是与 $\boldsymbol{A}$ 的特征值对应的特征向量. 注意这里可逆矩阵 $\boldsymbol{P}$ 并不唯一，因为一方面 $\boldsymbol{A}$ 的特征向量并不唯一，另一方面可逆矩阵 $\boldsymbol{P}$ 中列向量的次序也不唯一，只要与 $\boldsymbol{A}$ 的特征值相对应即可.

例 8 设 $\boldsymbol{A} = \begin{pmatrix} -1 & 0 & 0 \\ -2 & 1 & 0 \\ 2 & x & 1 \end{pmatrix}$，问 x 为何值时，矩阵 $\boldsymbol{A}$ 可相似对角化.

解 $\boldsymbol{A}$ 的特征多项式 $|\boldsymbol{A}-\lambda\boldsymbol{E}| = \begin{vmatrix} -1-\lambda & 0 & 0 \\ -2 & 1-\lambda & 0 \\ 2 & x & 1-\lambda \end{vmatrix} = -(1+\lambda)(1-\lambda)^2$,

故 $\boldsymbol{A}$ 的特征值 $\lambda_1 = -1$, $\lambda_2 = \lambda_3 = 1$. 因为 $\lambda_1 \neq \lambda_2$，由例 6 知 $\boldsymbol{A}$ 的对应于 λ_1, λ_2 的特征向量线性无关. 要使得 $\boldsymbol{A}$ 有三个线性无关的特征向量，只要对于 $\lambda_2 = \lambda_3 = 1$，有两个线性无关的特征向量与之对应，即方程组 $(\boldsymbol{A} - \lambda_2\boldsymbol{E})\boldsymbol{x} = \boldsymbol{0}$ 有两个线性无关的解向量，也就是说系数矩阵 $\boldsymbol{A} - \lambda_2\boldsymbol{E}$ 的秩为 1. 而

$$\boldsymbol{A} - \lambda_2\boldsymbol{E} = \begin{pmatrix} -2 & 0 & 0 \\ -2 & 0 & 0 \\ 2 & x & 0 \end{pmatrix} \sim \begin{pmatrix} 1 & 0 & 0 \\ 0 & x & 0 \\ 0 & 0 & 0 \end{pmatrix},$$

故 $x = 0$ 时 $\boldsymbol{A} - \lambda_2\boldsymbol{E}$ 的秩为 1，此时 $\boldsymbol{A}$ 可相似对角化.

例 9 设 $\boldsymbol{A}=\begin{pmatrix}0&1&1\\1&0&1\\1&1&0\end{pmatrix}$，

(1) 求可逆矩阵 $\boldsymbol{P}$,使得 $\boldsymbol{P}^{-1}\boldsymbol{AP}$ 为对角矩阵；

(2) 求 $\boldsymbol{A}^m$(其中 m 为整数).

解 (1) $\boldsymbol{A}$ 的特征多项式 $|\boldsymbol{A}-\lambda\boldsymbol{E}|=\begin{vmatrix}-\lambda&1&1\\1&-\lambda&1\\1&1&-\lambda\end{vmatrix}=(2-\lambda)(1+\lambda)^2$，故 $\boldsymbol{A}$ 的特征值 $\lambda_1=2$, $\lambda_2=\lambda_3=-1$. 对于 $\lambda_1=2$,解齐次线性方程组 $(\boldsymbol{A}-\lambda_1\boldsymbol{E})\boldsymbol{x}=\boldsymbol{0}$,解得基础解系 $\boldsymbol{\xi}_1=\begin{pmatrix}1\\1\\1\end{pmatrix}$；对于 $\lambda_2=\lambda_3=-1$,解齐次线性方程组 $(\boldsymbol{A}-\lambda_2\boldsymbol{E})\boldsymbol{x}=\boldsymbol{0}$,解得基础解系 $\boldsymbol{\xi}_2=\begin{pmatrix}-1\\1\\0\end{pmatrix}$，$\boldsymbol{\xi}_3=\begin{pmatrix}-1\\0\\1\end{pmatrix}$. 取 $\boldsymbol{P}=(\boldsymbol{\xi}_1,\boldsymbol{\xi}_2,\boldsymbol{\xi}_3)=\begin{pmatrix}1&-1&-1\\1&1&0\\1&0&1\end{pmatrix}$，则

$$\begin{aligned}\boldsymbol{AP}&=\boldsymbol{A}(\boldsymbol{\xi}_1,\boldsymbol{\xi}_2,\boldsymbol{\xi}_3)=(\boldsymbol{A\xi}_1,\boldsymbol{A\xi}_2,\boldsymbol{A\xi}_3)=(\lambda_1\boldsymbol{\xi}_1,\lambda_2\boldsymbol{\xi}_2,\lambda_3\boldsymbol{\xi}_3)\\&=(\boldsymbol{\xi}_1,\boldsymbol{\xi}_2,\boldsymbol{\xi}_3)\mathrm{diag}(\lambda_1,\lambda_2,\lambda_3)=\boldsymbol{P}\mathrm{diag}(\lambda_1,\lambda_2,\lambda_3),\end{aligned}$$

即

$$\boldsymbol{P}^{-1}\boldsymbol{AP}=\mathrm{diag}(2,-1,-1).$$

(2) 由(1) 知 $\boldsymbol{P}^{-1}\boldsymbol{AP}=\mathrm{diag}(2,-1,-1)$,则 $\boldsymbol{A}=\boldsymbol{P}\mathrm{diag}(2,-1,-1)\boldsymbol{P}^{-1}$，于是

$$\begin{aligned}\boldsymbol{A}^m&=\boldsymbol{P}\mathrm{diag}(2^m,(-1)^m,(-1)^m)\boldsymbol{P}^{-1}\\&=\begin{pmatrix}1&-1&-1\\1&1&0\\1&0&1\end{pmatrix}\begin{pmatrix}2^m&0&0\\0&(-1)^m&0\\0&0&(-1)^m\end{pmatrix}\begin{pmatrix}1&-1&-1\\1&1&0\\1&0&1\end{pmatrix}^{-1}\\&=\frac{1}{3}\begin{pmatrix}2^m&(-1)^{m+1}&(-1)^{m+1}\\2^m&(-1)^m&0\\2^m&0&(-1)^m\end{pmatrix}\begin{pmatrix}1&1&1\\-1&2&-1\\-1&-1&2\end{pmatrix}\\&=\frac{1}{3}\begin{pmatrix}2^m+2(-1)^m&2^m+(-1)^{m+1}&2^m+(-1)^{m+1}\\2^m+(-1)^{m+1}&2^m+2(-1)^m&2^m+(-1)^{m+1}\\2^m+(-1)^{m+1}&2^m+(-1)^{m+1}&2^m+2(-1)^m\end{pmatrix}.\end{aligned}$$

§4　向量的内积、长度与正交性

三维空间中，两个向量 $\boldsymbol{\alpha}=(a_1, a_2, a_3)^{\mathrm{T}}$，$\boldsymbol{\beta}=(b_1, b_2, b_3)^{\mathrm{T}}$ 的内积定义为 $\boldsymbol{\alpha}\cdot\boldsymbol{\beta}=a_1b_1+a_2b_2+a_3b_3$，向量 $\boldsymbol{\alpha}$ 的长度定义为 $|\boldsymbol{\alpha}|=\sqrt{\boldsymbol{\alpha}\cdot\boldsymbol{\alpha}}=\sqrt{a_1^2+a_2^2+a_3^2}$，若 $\boldsymbol{\alpha}\cdot\boldsymbol{\beta}=0$，则称 $\boldsymbol{\alpha}$ 与 $\boldsymbol{\beta}$ 正交. 下面把三维向量的内积推广到 n 维情形.

定义 4　对于 n 维向量 $\boldsymbol{x}=\begin{pmatrix}x_1\\x_2\\\vdots\\x_n\end{pmatrix}$，$\boldsymbol{y}=\begin{pmatrix}y_1\\y_2\\\vdots\\y_n\end{pmatrix}$，称 $[\boldsymbol{x}, \boldsymbol{y}]=x_1y_1+x_2y_2+\cdots+x_ny_n$ 为向量 $\boldsymbol{x}$ 与 $\boldsymbol{y}$ 的**内积**.

显然，若把 $\boldsymbol{x}$，$\boldsymbol{y}$ 看成两个 $n\times 1$ 矩阵，则 $[\boldsymbol{x}, \boldsymbol{y}]=\boldsymbol{x}^{\mathrm{T}}\boldsymbol{y}=\boldsymbol{y}^{\mathrm{T}}\boldsymbol{x}$.

向量的内积具有如下性质：

(1) $[\boldsymbol{x}, \boldsymbol{y}]=[\boldsymbol{y}, \boldsymbol{x}]$；

(2) $[\lambda\boldsymbol{x}, \boldsymbol{y}]=\lambda[\boldsymbol{x}, \boldsymbol{y}]$；

(3) $[\boldsymbol{x}+\boldsymbol{y}, \boldsymbol{z}]=[\boldsymbol{x}, \boldsymbol{z}]+[\boldsymbol{y}, \boldsymbol{z}]$；

(4) 当 $\boldsymbol{x}=\mathbf{0}$ 时，$[\boldsymbol{x}, \boldsymbol{x}]=0$；当 $\boldsymbol{x}\neq\mathbf{0}$ 时，$[\boldsymbol{x}, \boldsymbol{x}]>0$；

(5) 柯西-施瓦茨(Cauchy-Schwarz)不等式：$[\boldsymbol{x}, \boldsymbol{y}]^2\leqslant[\boldsymbol{x}, \boldsymbol{x}][\boldsymbol{y}, \boldsymbol{y}]$，其中 $\boldsymbol{x}$，$\boldsymbol{y}$，$\boldsymbol{z}$ 为 n 维向量，λ 为常数.

类似于三维空间中向量长度的定义，我们可以定义 n 维向量的长度：

定义 5　对于 n 维向量 $\boldsymbol{x}=\begin{pmatrix}x_1\\x_2\\\vdots\\x_n\end{pmatrix}$，称 $\|\boldsymbol{x}\|=\sqrt{[\boldsymbol{x}, \boldsymbol{x}]}=\sqrt{x_1^2+x_2^2+\cdots+x_n^2}$ 为向量 $\boldsymbol{x}$ 的**长度(或范数)**. 若 $\|\boldsymbol{x}\|=1$，则称 $\boldsymbol{x}$ 为**单位向量**. 当 $\boldsymbol{x}\neq\mathbf{0}$ 时，$\|\boldsymbol{x}\|>0$，此时 $\dfrac{\boldsymbol{x}}{\|\boldsymbol{x}\|}$ 为单位向量，这一过程称为向量 $\boldsymbol{x}$ 的**单位化**.

向量的长度具有如下性质：

(1) 非负性：当 $\boldsymbol{x}=\mathbf{0}$ 时，$\|\boldsymbol{x}\|=0$；当 $\boldsymbol{x}\neq\mathbf{0}$ 时，$\|\boldsymbol{x}\|>0$；

(2) 齐次性：$\|\lambda\boldsymbol{x}\|=|\lambda|\cdot\|\boldsymbol{x}\|$；

(3) 三角不等式：$\|\boldsymbol{x}+\boldsymbol{y}\|\leqslant\|\boldsymbol{x}\|+\|\boldsymbol{y}\|$.

证　性质(1)与(2)由定义易得，仅证性质(3). 由于

$$\|\boldsymbol{x}+\boldsymbol{y}\|^2=[\boldsymbol{x}+\boldsymbol{y}, \boldsymbol{x}+\boldsymbol{y}]=[\boldsymbol{x}, \boldsymbol{x}]+[\boldsymbol{y}, \boldsymbol{y}]+2[\boldsymbol{x}, \boldsymbol{y}], \tag{5}$$

由柯西-施瓦茨不等式，有$[\boldsymbol{x}, \boldsymbol{y}] \leqslant \sqrt{[\boldsymbol{x}, \boldsymbol{x}][\boldsymbol{y}, \boldsymbol{y}]}$，因此(5)式即为

$$\| \boldsymbol{x}+\boldsymbol{y} \|^2 \leqslant [\boldsymbol{x}, \boldsymbol{x}]+[\boldsymbol{y}, \boldsymbol{y}]+2\sqrt{[\boldsymbol{x}, \boldsymbol{x}][\boldsymbol{y}, \boldsymbol{y}]} = (\| \boldsymbol{x} \|+\| \boldsymbol{y} \|)^2,$$

由向量长度的非负性，有$\| \boldsymbol{x}+\boldsymbol{y} \| \leqslant \| \boldsymbol{x} \|+\| \boldsymbol{y} \|$.

当$\boldsymbol{x} \neq \boldsymbol{0}$，$\boldsymbol{y} \neq \boldsymbol{0}$时，由柯西-施瓦茨不等式，$|[\boldsymbol{x}, \boldsymbol{y}]| \leqslant \| \boldsymbol{x} \| \cdot \| \boldsymbol{y} \|$，故$\left| \dfrac{[\boldsymbol{x}, \boldsymbol{y}]}{\| \boldsymbol{x} \| \cdot \| \boldsymbol{y} \|} \right| \leqslant 1$，于是，定义$\theta = \arccos \dfrac{[\boldsymbol{x}, \boldsymbol{y}]}{\| \boldsymbol{x} \| \cdot \| \boldsymbol{y} \|}$，$0 \leqslant \theta \leqslant \pi$，称为向量$\boldsymbol{x}$与$\boldsymbol{y}$的**夹角**. 当$[\boldsymbol{x}, \boldsymbol{y}] = 0$时，称向量$\boldsymbol{x}$与$\boldsymbol{y}$**正交**. 显然若$\boldsymbol{x} = \boldsymbol{0}$，则$\boldsymbol{x}$与任意向量正交. 若向量组中任意两个非零向量正交，则称该向量组为**正交向量组**；进一步，若正交向量组中的向量均为单位向量，则称该正交向量组为**标准正交向量组**.

定理 4 不含零向量的正交向量组必定线性无关.

证 设$\boldsymbol{\alpha}_1, \boldsymbol{\alpha}_2, \cdots, \boldsymbol{\alpha}_m$为正交向量组且均不为零，下证$\boldsymbol{\alpha}_1, \boldsymbol{\alpha}_2, \cdots, \boldsymbol{\alpha}_m$线性无关. 设

$$k_1\boldsymbol{\alpha}_1 + k_2\boldsymbol{\alpha}_2 + \cdots + k_m\boldsymbol{\alpha}_m = \boldsymbol{0}, \tag{6}$$

用$\boldsymbol{\alpha}_i$，$i = 1, 2, \cdots, m$与(6)式两端做内积，得$[k_1\boldsymbol{\alpha}_1 + k_2\boldsymbol{\alpha}_2 + \cdots + k_m\boldsymbol{\alpha}_m, \boldsymbol{\alpha}_i] = 0$. 由向量的正交性知$j \neq i$时，$[\boldsymbol{\alpha}_j, \boldsymbol{\alpha}_i] = 0$，故$0 = [k_1\boldsymbol{\alpha}_1 + k_2\boldsymbol{\alpha}_2 + \cdots + k_m\boldsymbol{\alpha}_m, \boldsymbol{\alpha}_i] = k_i[\boldsymbol{\alpha}_i, \boldsymbol{\alpha}_i]$. 因为$\boldsymbol{\alpha}_i \neq \boldsymbol{0}$，所以$[\boldsymbol{\alpha}_i, \boldsymbol{\alpha}_i] > 0$，因此$k_i = 0$，$i = 1, 2, \cdots, m$，故向量组$\boldsymbol{\alpha}_1, \boldsymbol{\alpha}_2, \cdots, \boldsymbol{\alpha}_m$线性无关.

例 10 已知$\boldsymbol{\alpha}_1 = \begin{pmatrix} 1 \\ 1 \\ 1 \end{pmatrix}$与$\boldsymbol{\alpha}_2 = \begin{pmatrix} 1 \\ -2 \\ 1 \end{pmatrix}$正交，试求一非零向量$\boldsymbol{\alpha}_3$，使得$\boldsymbol{\alpha}_1, \boldsymbol{\alpha}_2, \boldsymbol{\alpha}_3$两两正交.

解 依题意，设$\boldsymbol{\alpha}_3 = \begin{pmatrix} x_1 \\ x_2 \\ x_3 \end{pmatrix}$，使得$\boldsymbol{\alpha}_3$同时满足$[\boldsymbol{\alpha}_1, \boldsymbol{\alpha}_3] = 0$，$[\boldsymbol{\alpha}_2, \boldsymbol{\alpha}_3] = 0$. 也就是说$\begin{cases} x_1 + x_2 + x_3 = 0 \\ x_1 - 2x_2 + x_3 = 0 \end{cases}$，解得基础解系$\begin{pmatrix} -1 \\ 0 \\ 1 \end{pmatrix}$，令$\boldsymbol{\alpha}_3 = \begin{pmatrix} -1 \\ 0 \\ 1 \end{pmatrix}$，则$\boldsymbol{\alpha}_3$即为所求.

由定理 4 知，不含零向量的正交向量组必定线性无关，反之线性无关向量组不一定是正交向量组，但是对于线性无关向量组可以构造出一个与之等价的标准正交向量组，具体过程如下：

设$\boldsymbol{\alpha}_1, \boldsymbol{\alpha}_2, \cdots, \boldsymbol{\alpha}_m$是一个线性无关向量组，令

$$\boldsymbol{\beta}_1=\boldsymbol{\alpha}_1,$$

$$\boldsymbol{\beta}_2=\boldsymbol{\alpha}_2-\frac{[\boldsymbol{\alpha}_2,\boldsymbol{\beta}_1]}{[\boldsymbol{\beta}_1,\boldsymbol{\beta}_1]}\boldsymbol{\beta}_1,$$

$$\boldsymbol{\beta}_3=\boldsymbol{\alpha}_3-\frac{[\boldsymbol{\alpha}_3,\boldsymbol{\beta}_1]}{[\boldsymbol{\beta}_1,\boldsymbol{\beta}_1]}\boldsymbol{\beta}_1-\frac{[\boldsymbol{\alpha}_3,\boldsymbol{\beta}_2]}{[\boldsymbol{\beta}_2,\boldsymbol{\beta}_2]}\boldsymbol{\beta}_2,$$

……

$$\boldsymbol{\beta}_m=\boldsymbol{\alpha}_m-\frac{[\boldsymbol{\alpha}_m,\boldsymbol{\beta}_1]}{[\boldsymbol{\beta}_1,\boldsymbol{\beta}_1]}\boldsymbol{\beta}_1-\frac{[\boldsymbol{\alpha}_m,\boldsymbol{\beta}_2]}{[\boldsymbol{\beta}_2,\boldsymbol{\beta}_2]}\boldsymbol{\beta}_2-\cdots-\frac{[\boldsymbol{\alpha}_m,\boldsymbol{\beta}_{m-1}]}{[\boldsymbol{\beta}_{m-1},\boldsymbol{\beta}_{m-1}]}\boldsymbol{\beta}_{m-1},$$

从而得到一个正交向量组 $\boldsymbol{\beta}_1,\boldsymbol{\beta}_2,\cdots,\boldsymbol{\beta}_m$. 可以验证向量组 $\boldsymbol{\beta}_1,\boldsymbol{\beta}_2,\cdots,\boldsymbol{\beta}_m$ 与向量组 $\boldsymbol{\alpha}_1,\boldsymbol{\alpha}_2,\cdots,\boldsymbol{\alpha}_m$ 等价. 再将 $\boldsymbol{\beta}_1,\boldsymbol{\beta}_2,\cdots,\boldsymbol{\beta}_m$ 单位化,即

$$\boldsymbol{\eta}_1=\frac{\boldsymbol{\beta}_1}{\|\boldsymbol{\beta}_1\|},\ \boldsymbol{\eta}_2=\frac{\boldsymbol{\beta}_2}{\|\boldsymbol{\beta}_2\|},\ \cdots,\ \boldsymbol{\eta}_m=\frac{\boldsymbol{\beta}_m}{\|\boldsymbol{\beta}_m\|},$$

则 $\boldsymbol{\eta}_1,\boldsymbol{\eta}_2,\cdots,\boldsymbol{\eta}_m$ 是与 $\boldsymbol{\alpha}_1,\boldsymbol{\alpha}_2,\cdots,\boldsymbol{\alpha}_m$ 等价的标准正交向量组.

对于线性无关向量组 $\boldsymbol{\alpha}_1,\boldsymbol{\alpha}_2,\cdots,\boldsymbol{\alpha}_m$,用上述过程构造出的与之等价的标准正交向量组 $\boldsymbol{\eta}_1,\boldsymbol{\eta}_2,\cdots,\boldsymbol{\eta}_m$ 的方法称为**施密特(Schmidt)正交化法**.

例 11　已知 $\boldsymbol{\alpha}_1=\begin{pmatrix}1\\-1\\0\end{pmatrix},\boldsymbol{\alpha}_2=\begin{pmatrix}1\\0\\1\end{pmatrix},\boldsymbol{\alpha}_3=\begin{pmatrix}1\\-1\\1\end{pmatrix}$ 为线性无关向量组,试用施密特正交化法将该向量组化为标准正交向量组.

解　取

$$\boldsymbol{\beta}_1=\boldsymbol{\alpha}_1=\begin{pmatrix}1\\-1\\0\end{pmatrix},$$

$$\boldsymbol{\beta}_2=\boldsymbol{\alpha}_2-\frac{[\boldsymbol{\alpha}_2,\boldsymbol{\beta}_1]}{[\boldsymbol{\beta}_1,\boldsymbol{\beta}_1]}\boldsymbol{\beta}_1=\begin{pmatrix}1\\0\\1\end{pmatrix}-\frac{1}{2}\begin{pmatrix}1\\-1\\0\end{pmatrix}=\frac{1}{2}\begin{pmatrix}1\\1\\2\end{pmatrix},$$

$$\boldsymbol{\beta}_3=\boldsymbol{\alpha}_3-\frac{[\boldsymbol{\alpha}_3,\boldsymbol{\beta}_1]}{[\boldsymbol{\beta}_1,\boldsymbol{\beta}_1]}\boldsymbol{\beta}_1-\frac{[\boldsymbol{\alpha}_3,\boldsymbol{\beta}_2]}{[\boldsymbol{\beta}_2,\boldsymbol{\beta}_2]}\boldsymbol{\beta}_2=\begin{pmatrix}1\\-1\\1\end{pmatrix}-\begin{pmatrix}1\\-1\\0\end{pmatrix}-\frac{1}{3}\begin{pmatrix}1\\1\\2\end{pmatrix}=\frac{1}{3}\begin{pmatrix}-1\\-1\\1\end{pmatrix}.$$

再将 $\boldsymbol{\beta}_1,\boldsymbol{\beta}_2,\boldsymbol{\beta}_3$ 单位化,得标准正交向量组:

$$\boldsymbol{\eta}_1=\frac{\boldsymbol{\beta}_1}{\|\boldsymbol{\beta}_1\|}=\frac{\sqrt{2}}{2}\begin{pmatrix}1\\-1\\0\end{pmatrix},\ \boldsymbol{\eta}_2=\frac{\boldsymbol{\beta}_2}{\|\boldsymbol{\beta}_2\|}=\frac{\sqrt{6}}{6}\begin{pmatrix}1\\1\\2\end{pmatrix},\ \boldsymbol{\eta}_3=\frac{\boldsymbol{\beta}_3}{\|\boldsymbol{\beta}_3\|}=\frac{\sqrt{3}}{3}\begin{pmatrix}-1\\-1\\1\end{pmatrix}.$$

定义 6 若 n 阶方阵 $\boldsymbol{A}$ 满足 $\boldsymbol{A}^{\mathrm{T}}\boldsymbol{A}=\boldsymbol{E}$,则称 $\boldsymbol{A}$ 为**正交矩阵**.

显然,$\boldsymbol{A}^{\mathrm{T}}\boldsymbol{A}=\boldsymbol{E}$ 当且仅当 $\boldsymbol{A}\boldsymbol{A}^{\mathrm{T}}=\boldsymbol{E}$,当且仅当方阵 $\boldsymbol{A}$ 可逆且 $\boldsymbol{A}^{\mathrm{T}}=\boldsymbol{A}^{-1}$.

设 $\boldsymbol{A}$ 为 n 阶正交矩阵,$\boldsymbol{A}=(\boldsymbol{\alpha}_1,\boldsymbol{\alpha}_2,\cdots,\boldsymbol{\alpha}_n)$,其中 $\boldsymbol{\alpha}_i$ 为矩阵 $\boldsymbol{A}$ 的第 i 个列向量,则 $\boldsymbol{A}^{\mathrm{T}}\boldsymbol{A}=\boldsymbol{E}$ 当且仅当

$$\begin{pmatrix}\boldsymbol{\alpha}_1^{\mathrm{T}}\\\boldsymbol{\alpha}_2^{\mathrm{T}}\\\vdots\\\boldsymbol{\alpha}_n^{\mathrm{T}}\end{pmatrix}(\boldsymbol{\alpha}_1,\boldsymbol{\alpha}_2,\cdots,\boldsymbol{\alpha}_n)=\boldsymbol{E},$$

亦即 $\boldsymbol{\alpha}_i^{\mathrm{T}}\boldsymbol{\alpha}_j=\begin{cases}1, & i=j\\0, & i\neq j\end{cases}$, $i,j=1,2,\cdots,n$. 此式表明 $\boldsymbol{A}$ 为正交矩阵当且仅当 $\boldsymbol{A}$ 的列向量都是两两正交的单位向量. 由于 $\boldsymbol{A}$ 为正交矩阵时 $\boldsymbol{A}^{\mathrm{T}}$ 也为正交矩阵,故上述结论对 $\boldsymbol{A}$ 的行向量也成立. 由此我们得到正交矩阵的判别定理:

定理 5 方阵 $\boldsymbol{A}$ 为正交矩阵的充分必要条件是 $\boldsymbol{A}$ 的列(行)向量组为标准正交向量组.

例 12 设 $\boldsymbol{A}=\begin{pmatrix}\frac{1}{2} & -\frac{1}{2} & \frac{1}{2} & -\frac{1}{2}\\ \frac{1}{2} & -\frac{1}{2} & -\frac{1}{2} & \frac{1}{2}\\ \frac{\sqrt{2}}{2} & \frac{\sqrt{2}}{2} & 0 & 0\\ 0 & 0 & \frac{\sqrt{2}}{2} & \frac{\sqrt{2}}{2}\end{pmatrix}$,验证 $\boldsymbol{A}$ 为正交矩阵.

解 $\boldsymbol{A}$ 的四个列向量分别为

$$\boldsymbol{\eta}_1=\begin{pmatrix}\frac{1}{2}\\\frac{1}{2}\\\frac{\sqrt{2}}{2}\\0\end{pmatrix},\ \boldsymbol{\eta}_2=\begin{pmatrix}-\frac{1}{2}\\-\frac{1}{2}\\\frac{\sqrt{2}}{2}\\0\end{pmatrix},\ \boldsymbol{\eta}_3=\begin{pmatrix}\frac{1}{2}\\-\frac{1}{2}\\0\\\frac{\sqrt{2}}{2}\end{pmatrix},\ \boldsymbol{\eta}_4=\begin{pmatrix}-\frac{1}{2}\\\frac{1}{2}\\0\\\frac{\sqrt{2}}{2}\end{pmatrix},$$

因为 $\| \boldsymbol{\eta}_1 \| = \| \boldsymbol{\eta}_2 \| = \| \boldsymbol{\eta}_3 \| = \| \boldsymbol{\eta}_4 \| = 1$，且 $[\boldsymbol{\eta}_i, \boldsymbol{\eta}_j] = 0,\ i \neq j,\ i, j = 1, 2, 3, 4$. 所以由定理 5 知 $\boldsymbol{A}$ 为正交矩阵.

§5　实对称矩阵的相似对角化

一般地，并不是所有的矩阵都可以相似对角化，到目前为止我们知道，若 n 阶方阵 $\boldsymbol{A}$ 有 n 个线性无关的特征向量，则 $\boldsymbol{A}$ 可相似对角化. 本节将证明实对称矩阵（每个元素都是实数的对称矩阵）可相似对角化.

定理 6　实对称矩阵的特征值一定是实数.

证　设 $\boldsymbol{A} = (a_{ij})$ 为 n 阶实对称矩阵，λ 是 $\boldsymbol{A}$ 的任一特征值，$\boldsymbol{\xi} = \begin{pmatrix} a_1 \\ a_2 \\ \vdots \\ a_n \end{pmatrix}$ 为 $\boldsymbol{A}$ 的对应于 λ 的特征向量，于是 $\boldsymbol{A\xi} = \lambda\boldsymbol{\xi}$. 向量 $\boldsymbol{\xi}$ 的共轭向量记为 $\bar{\boldsymbol{\xi}} = \begin{pmatrix} \bar{a}_1 \\ \bar{a}_2 \\ \vdots \\ \bar{a}_n \end{pmatrix}$. 一方面，

$$\bar{\boldsymbol{\xi}}^{\mathrm{T}}\boldsymbol{A\xi} = \bar{\boldsymbol{\xi}}^{\mathrm{T}}(\boldsymbol{A\xi}) = \bar{\boldsymbol{\xi}}^{\mathrm{T}}(\lambda\boldsymbol{\xi}) = \lambda(\bar{\boldsymbol{\xi}}^{\mathrm{T}}\boldsymbol{\xi}),$$

另一方面，注意到 $\boldsymbol{A}$ 为实对称矩阵，$\boldsymbol{A} = \bar{\boldsymbol{A}}^{\mathrm{T}}$，故

$$\bar{\boldsymbol{\xi}}^{\mathrm{T}}\boldsymbol{A\xi} = (\bar{\boldsymbol{\xi}}^{\mathrm{T}}\,\bar{\boldsymbol{A}}^{\mathrm{T}})\boldsymbol{\xi} = (\bar{\boldsymbol{A}}\,\bar{\boldsymbol{\xi}})^{\mathrm{T}}\boldsymbol{\xi} = (\overline{\boldsymbol{A\xi}})^{\mathrm{T}}\boldsymbol{\xi} = (\overline{\lambda\boldsymbol{\xi}})^{\mathrm{T}}\boldsymbol{\xi} = (\bar{\lambda}\,\bar{\boldsymbol{\xi}})^{\mathrm{T}}\boldsymbol{\xi} = \bar{\lambda}(\bar{\boldsymbol{\xi}}^{\mathrm{T}}\boldsymbol{\xi}),$$

而 $\bar{\boldsymbol{\xi}}^{\mathrm{T}}\boldsymbol{\xi} = \bar{a}_1 a_1 + \bar{a}_2 a_2 + \cdots + \bar{a}_n a_n > 0$，所以 $\bar{\lambda} = \lambda$，即 λ 为实数.

当 λ 为实数时，方程组 $(\boldsymbol{A} - \lambda\boldsymbol{E})\boldsymbol{x} = \boldsymbol{0}$ 为实系数线性方程组，其解都是实数，因此对应于实特征值 λ 的特征向量均为实向量.

由例 6 知对应于不同特征值的特征向量线性无关，对于实对称矩阵而言，进一步有下面的结果：

定理 7　实对称矩阵 $\boldsymbol{A}$ 的对应于不同特征值的特征向量相互正交.

证　设 λ_1, λ_2 是实对称矩阵 $\boldsymbol{A}$ 的两个不同的特征值，$\boldsymbol{\xi}_1, \boldsymbol{\xi}_2$ 分别是对应于 λ_1, λ_2 的特征向量，于是 $\boldsymbol{A\xi}_1 = \lambda_1\boldsymbol{\xi}_1,\ \boldsymbol{A\xi}_2 = \lambda_2\boldsymbol{\xi}_2$. 注意到 $\boldsymbol{A} = \boldsymbol{A}^{\mathrm{T}}$，故

$$\lambda_1\boldsymbol{\xi}_1^{\mathrm{T}}\boldsymbol{\xi}_2 = (\lambda_1\boldsymbol{\xi}_1)^{\mathrm{T}}\boldsymbol{\xi}_2 = (\boldsymbol{A\xi}_1)^{\mathrm{T}}\boldsymbol{\xi}_2 = \boldsymbol{\xi}_1^{\mathrm{T}}\boldsymbol{A}^{\mathrm{T}}\boldsymbol{\xi}_2 = \boldsymbol{\xi}_1^{\mathrm{T}}\boldsymbol{A\xi}_2 = \boldsymbol{\xi}_1^{\mathrm{T}}\lambda_2\boldsymbol{\xi}_2 = \lambda_2\boldsymbol{\xi}_1^{\mathrm{T}}\boldsymbol{\xi}_2.$$

而 $\lambda_1 \neq \lambda_2$，故 $\boldsymbol{\xi}_1^{\mathrm{T}}\boldsymbol{\xi}_2 = 0$，即 $\boldsymbol{\xi}_1$ 与 $\boldsymbol{\xi}_2$ 正交.

一般地，若 λ 为 n 阶方阵 $\boldsymbol{A}$ 的 r 重特征值，则对应于 λ 的线性无关的特征向量

不会超过 r 个. 如例 2 中 λ_1 为 $\boldsymbol{A}$ 的二重特征值,对应于 λ_1 的线性无关的特征向量只有一个,例 3 中 λ_1 为二重特征值,对应于 λ_1 的线性无关的特征向量有两个. 当 $\boldsymbol{A}$ 为 n 阶实对称矩阵时,对应于 r 重特征值 λ 的线性无关的特征向量恰有 r 个.

定理 8 设 $\boldsymbol{A}$ 为 n 阶实对称矩阵,则存在 n 阶正交矩阵 $\boldsymbol{P}$,使得 $\boldsymbol{P}^{-1}\boldsymbol{AP}$ 为对角矩阵.

这个定理不予证明,下面给出具体的构造正交矩阵 $\boldsymbol{P}$,使得 $\boldsymbol{P}^{-1}\boldsymbol{AP}$ 为对角矩阵的方法:

(1) 求出 n 阶实对称矩阵 $\boldsymbol{A}$ 的全部不同的特征值 $\lambda_1, \lambda_2, \cdots, \lambda_m$(全部为实数),它们的重数分别为 $r_1, r_2, \cdots, r_m(r_1+r_2+\cdots+r_m=n)$;

(2) 对每个 $\lambda_i(i=1, 2, \cdots, m)$,解齐次线性方程组 $(\boldsymbol{A}-\lambda_i\boldsymbol{E})\boldsymbol{x}=\boldsymbol{0}$,得到 r_i 个线性无关的特征向量(实向量);

(3) 由于对应于不同的特征值的特征向量正交,因此只需将对应于同一 λ_i 的 r_i 个特征向量正交化、单位化,从而得到 $\boldsymbol{A}$ 的 $r_1+r_2+\cdots+r_m$,即 n 个正交的单位特征向量;

(4) 将这 n 个正交的单位特征向量构成矩阵 $\boldsymbol{P}$,则 $\boldsymbol{P}$ 为正交矩阵,此时 $\boldsymbol{P}^{-1}\boldsymbol{AP}$ 为对角矩阵且主对角元为 $\boldsymbol{A}$ 的 n 个特征值.

例 13 设 $\boldsymbol{A}=\begin{pmatrix} 2 & 2 & -2 \\ 2 & 5 & -4 \\ -2 & -4 & 5 \end{pmatrix}$ 为实对称矩阵,求正交矩阵 $\boldsymbol{P}$,使得 $\boldsymbol{P}^{-1}\boldsymbol{AP}$ 为对角矩阵.

解 $\boldsymbol{A}$ 的特征多项式为 $|\boldsymbol{A}-\lambda\boldsymbol{E}|=\begin{vmatrix} 2-\lambda & 2 & -2 \\ 2 & 5-\lambda & -4 \\ -2 & -4 & 5-\lambda \end{vmatrix}=(\lambda-1)^2(10-\lambda)$,

故 $\boldsymbol{A}$ 的特征值为 $\lambda_1=\lambda_2=1, \lambda_3=10$. 当 $\lambda_1=\lambda_2=1$ 时,解齐次线性方程组 $(\boldsymbol{A}-\lambda_1\boldsymbol{E})\boldsymbol{x}=\boldsymbol{0}$,解得基础解系 $\boldsymbol{\xi}_1=\begin{pmatrix} -2 \\ 1 \\ 0 \end{pmatrix}, \boldsymbol{\xi}_2=\begin{pmatrix} 2 \\ 0 \\ 1 \end{pmatrix}$,正交化得

$$\boldsymbol{\beta}_1=\boldsymbol{\xi}_1=\begin{pmatrix} -2 \\ 1 \\ 0 \end{pmatrix}, \boldsymbol{\beta}_2=\boldsymbol{\xi}_2-\frac{[\boldsymbol{\xi}_2, \boldsymbol{\beta}_1]}{[\boldsymbol{\beta}_1, \boldsymbol{\beta}_1]}\boldsymbol{\beta}_1=\begin{pmatrix} 2 \\ 0 \\ 1 \end{pmatrix}-\left(-\frac{4}{5}\right)\begin{pmatrix} -2 \\ 1 \\ 0 \end{pmatrix}=\frac{1}{5}\begin{pmatrix} 2 \\ 4 \\ 5 \end{pmatrix}.$$

单位化得

$$\boldsymbol{\eta}_1=\frac{\boldsymbol{\beta}_1}{\|\boldsymbol{\beta}_1\|}=\frac{\sqrt{5}}{5}\begin{pmatrix} -2 \\ 1 \\ 0 \end{pmatrix}, \boldsymbol{\eta}_2=\frac{\boldsymbol{\beta}_2}{\|\boldsymbol{\beta}_2\|}=\frac{\sqrt{5}}{15}\begin{pmatrix} 2 \\ 4 \\ 5 \end{pmatrix}.$$

当$\lambda_3=10$时,解齐次线性方程组$(\boldsymbol{A}-\lambda_3\boldsymbol{E})\boldsymbol{x}=\boldsymbol{0}$,解得基础解系$\boldsymbol{\xi}_3=\begin{pmatrix}1\\2\\-2\end{pmatrix}$,单位化得

$$\boldsymbol{\eta}_3=\frac{\boldsymbol{\xi}_3}{\|\boldsymbol{\xi}_3\|}=\frac{1}{3}\begin{pmatrix}1\\2\\-2\end{pmatrix}.$$

令

$$\boldsymbol{P}=(\boldsymbol{\eta}_1,\boldsymbol{\eta}_2,\boldsymbol{\eta}_3)=\begin{pmatrix}-\frac{2\sqrt{5}}{5} & \frac{2\sqrt{5}}{15} & \frac{1}{3}\\ \frac{\sqrt{5}}{5} & \frac{4\sqrt{5}}{15} & \frac{2}{3}\\ 0 & \frac{\sqrt{5}}{3} & -\frac{2}{3}\end{pmatrix},$$

则$\boldsymbol{P}$为正交矩阵,且$\boldsymbol{P}^{-1}\boldsymbol{AP}=\mathrm{diag}(1,1,10)$为对角矩阵.

例 14　设3阶实对称矩阵$\boldsymbol{A}$的特征值分别为$\lambda_1=1,\lambda_2=3,\lambda_3=-3$,对应于$\lambda_1,\lambda_2$的特征向量分别为$\boldsymbol{\xi}_1=\begin{pmatrix}1\\-1\\0\end{pmatrix}$,$\boldsymbol{\xi}_2=\begin{pmatrix}1\\1\\1\end{pmatrix}$,求方阵$\boldsymbol{A}$.

解　设对应于λ_3的特征向量为$\boldsymbol{\xi}_3=\begin{pmatrix}x_1\\x_2\\x_3\end{pmatrix}$,由于$\boldsymbol{\xi}_1,\boldsymbol{\xi}_2$与$\boldsymbol{\xi}_3$正交,于是可得

$\begin{cases}x_1-x_2=0\\x_1+x_2+x_3=0\end{cases}$,解得基础解系$\boldsymbol{\xi}_3=\begin{pmatrix}1\\1\\-2\end{pmatrix}$.

则

$$\begin{aligned}\boldsymbol{A}(\boldsymbol{\xi}_1,\boldsymbol{\xi}_2,\boldsymbol{\xi}_3)&=(\boldsymbol{A\xi}_1,\boldsymbol{A\xi}_2,\boldsymbol{A\xi}_3)=(\lambda_1\boldsymbol{\xi}_1,\lambda_2\boldsymbol{\xi}_2,\lambda_3\boldsymbol{\xi}_3)\\&=(\boldsymbol{\xi}_1,\boldsymbol{\xi}_2,\boldsymbol{\xi}_3)\mathrm{diag}(\lambda_1,\lambda_2,\lambda_3).\end{aligned}$$

令

$$\boldsymbol{P}=(\boldsymbol{\xi}_1,\boldsymbol{\xi}_2,\boldsymbol{\xi}_3)=\begin{pmatrix}1&1&1\\-1&1&1\\0&1&-2\end{pmatrix},\ \boldsymbol{\Lambda}=\begin{pmatrix}1&0&0\\0&3&0\\0&0&-3\end{pmatrix},$$

则由 $\boldsymbol{AP}=\boldsymbol{P\Lambda}$，得 $\boldsymbol{A}=\boldsymbol{P\Lambda P}^{-1}=\begin{pmatrix}1&0&2\\0&1&2\\2&2&-1\end{pmatrix}$.

习 题 五

1. 求下列矩阵的特征值与特征向量：

(1) $\begin{pmatrix}5&-1\\3&1\end{pmatrix}$；　(2) $\begin{pmatrix}1&-1&3\\0&1&2\\0&0&2\end{pmatrix}$；　(3) $\begin{pmatrix}2&1&1\\1&2&1\\1&1&2\end{pmatrix}$；

(4) $\begin{pmatrix}2&-1&2\\5&-3&3\\-1&0&-2\end{pmatrix}$；　(5) $\begin{pmatrix}0&0&1\\1&1&a\\1&0&0\end{pmatrix}$；　(6) $\begin{pmatrix}-1&1&0\\-4&3&0\\1&0&2\end{pmatrix}$.

2. 设 $\boldsymbol{A}=\begin{pmatrix}-2&0&0\\2&0&2\\3&1&1\end{pmatrix}$，若 $\boldsymbol{\xi}=\begin{pmatrix}0\\x\\1\end{pmatrix}$ 是 $\boldsymbol{A}$ 的特征向量，试求常数 x 的值.

3. 设 $\boldsymbol{A}$、$\boldsymbol{B}$ 为 n 阶方阵，证明：

(1) $tr(\boldsymbol{A}+\boldsymbol{B})=tr(\boldsymbol{A})+tr(\boldsymbol{B})$；

(2) $tr(k\boldsymbol{A})=ktr(\boldsymbol{A})$；

(3) $tr(\boldsymbol{AB})=tr(\boldsymbol{BA})$.

4. 设 $\boldsymbol{A}=\begin{pmatrix}0&0&1\\1&1&x\\1&0&0\end{pmatrix}$，问 x 为何值时，矩阵 $\boldsymbol{A}$ 可相似对角化.

5. 设上三角矩阵 $\boldsymbol{A}=\begin{pmatrix}a_{11}&a_{12}&\cdots&a_{1n}\\0&a_{22}&\cdots&a_{2n}\\\vdots&\vdots&\ddots&\vdots\\0&0&\cdots&a_{nn}\end{pmatrix}$ 的主对角元 $a_{11}, a_{22}, \cdots, a_{nn}$ 互不相同，证明：矩阵 $\boldsymbol{A}$ 可相似对角化.

6. 设 $\boldsymbol{A}$ 与对角矩阵 $\mathrm{diag}(-1, 2, 3)$ 相似，求 $|\boldsymbol{A}-2\boldsymbol{E}|$.

7. 设 $\boldsymbol{A}=\begin{pmatrix}1&a&1\\a&1&b\\1&b&1\end{pmatrix}$，$\boldsymbol{B}=\begin{pmatrix}2&0&0\\0&1&0\\0&0&0\end{pmatrix}$. 问 a，b 满足什么条件时，$\boldsymbol{A}$ 与 $\boldsymbol{B}$ 相似.

8. 设 $\boldsymbol{A}=\begin{pmatrix}1&2&0\\2&1&0\\-2&a&3\end{pmatrix}$，

(1) 问 a 为何值时，$\boldsymbol{A}$ 可相似对角化；

(2) $\boldsymbol{A}$ 可相似对角化时，求可逆矩阵 $\boldsymbol{P}$，使得 $\boldsymbol{P}^{-1}\boldsymbol{A}\boldsymbol{P}$ 为对角矩阵.

9. 设 $\boldsymbol{A}=\begin{pmatrix}1&3\\2&2\end{pmatrix}$，

(1) 求可逆矩阵 $\boldsymbol{P}$，使得 $\boldsymbol{P}^{-1}\boldsymbol{A}\boldsymbol{P}$ 为对角矩阵；

(2) 求 $\boldsymbol{A}^m$(其中 m 为整数).

10. 设方阵 $\boldsymbol{A}$ 与 $\boldsymbol{B}$ 相似，方阵 $\boldsymbol{C}$ 与 $\boldsymbol{D}$ 相似，证明 $\begin{pmatrix}\boldsymbol{A}&\boldsymbol{0}\\\boldsymbol{0}&\boldsymbol{C}\end{pmatrix}$ 与 $\begin{pmatrix}\boldsymbol{B}&\boldsymbol{0}\\\boldsymbol{0}&\boldsymbol{D}\end{pmatrix}$ 相似.

11. 已知向量 $\boldsymbol{\alpha}_1=\begin{pmatrix}1\\2\\3\end{pmatrix}$，试求非零向量 $\boldsymbol{\alpha}_2,\boldsymbol{\alpha}_3$，使得 $\boldsymbol{\alpha}_1,\boldsymbol{\alpha}_2,\boldsymbol{\alpha}_3$ 为正交向量组.

12. 用施密特正交化法化下列线性无关向量组为标准正交向量组：

(1) $\boldsymbol{\alpha}_1=\begin{pmatrix}1\\1\\1\end{pmatrix},\boldsymbol{\alpha}_2=\begin{pmatrix}0\\1\\2\end{pmatrix},\boldsymbol{\alpha}_3=\begin{pmatrix}2\\0\\3\end{pmatrix}$；

(2) $\boldsymbol{\alpha}_1=\begin{pmatrix}1\\1\\1\end{pmatrix},\boldsymbol{\alpha}_2=\begin{pmatrix}1\\2\\3\end{pmatrix},\boldsymbol{\alpha}_3=\begin{pmatrix}1\\4\\9\end{pmatrix}$；

(3) $\boldsymbol{\alpha}_1=\begin{pmatrix}1\\1\\1\\1\end{pmatrix},\boldsymbol{\alpha}_2=\begin{pmatrix}3\\3\\-1\\-1\end{pmatrix},\boldsymbol{\alpha}_3=\begin{pmatrix}-2\\0\\6\\8\end{pmatrix}$；

(4) $\boldsymbol{\alpha}_1=\begin{pmatrix}1\\0\\-1\\1\end{pmatrix},\boldsymbol{\alpha}_2=\begin{pmatrix}1\\-1\\0\\1\end{pmatrix},\boldsymbol{\alpha}_3=\begin{pmatrix}-1\\1\\1\\0\end{pmatrix}$.

13. 对下列实对称矩阵 $\boldsymbol{A}$，求正交矩阵 $\boldsymbol{P}$，使得 $\boldsymbol{P}^{-1}\boldsymbol{A}\boldsymbol{P}$ 为对角矩阵：

(1) $\boldsymbol{A}=\begin{pmatrix}1&0&1\\0&1&1\\1&1&2\end{pmatrix}$；　　(2) $\boldsymbol{A}=\begin{pmatrix}1&0&0\\0&2&1\\0&1&2\end{pmatrix}$；

(3) $\boldsymbol{A}=\begin{pmatrix}0&1&1&-1\\1&0&-1&1\\1&-1&0&1\\-1&1&1&0\end{pmatrix}$； (4) $\boldsymbol{A}=\begin{pmatrix}2&-2&0\\-2&1&-2\\0&-2&0\end{pmatrix}$；

(5) $\boldsymbol{A}=\begin{pmatrix}1&2&4\\2&-2&2\\4&2&1\end{pmatrix}$.

14. 设3阶方阵$\boldsymbol{A}$的特征值分别为$\lambda_1=1$，$\lambda_2=0$，$\lambda_3=-1$，对应的特征向量分别为$\boldsymbol{\alpha}_1=\begin{pmatrix}1\\2\\2\end{pmatrix}$，$\boldsymbol{\alpha}_2=\begin{pmatrix}2\\-2\\1\end{pmatrix}$，$\boldsymbol{\alpha}_3=\begin{pmatrix}-2\\-1\\2\end{pmatrix}$，求方阵$\boldsymbol{A}$.

15. 设3阶方阵$\boldsymbol{A}$的特征值分别为$\lambda_1=1$，$\lambda_2=2$，$\lambda_3=3$，与之对应于λ_1，λ_2的特征向量分别为$\boldsymbol{\alpha}_1=\begin{pmatrix}-1\\-1\\1\end{pmatrix}$，$\boldsymbol{\alpha}_2=\begin{pmatrix}1\\-2\\-1\end{pmatrix}$，求

(1) 对应于λ_3的特征向量$\boldsymbol{\alpha}_3$；

(2) 方阵$\boldsymbol{A}$.

16. 如果任一n维非零向量都是n阶矩阵$\boldsymbol{A}$的特征向量，证明$\boldsymbol{A}=\lambda\boldsymbol{E}$，其中$\lambda$为常数.

17. 设$\boldsymbol{A}$、$\boldsymbol{B}$是实对称矩阵，证明：存在正交矩阵$\boldsymbol{P}$，使得$\boldsymbol{P}^{-1}\boldsymbol{A}\boldsymbol{P}=\boldsymbol{B}$的充分必要条件是$\boldsymbol{A}$与$\boldsymbol{B}$有相同的特征多项式.

第六章　二　次　型

在平面解析几何中，为了便于研究二次曲线 $ax^2+bxy+cy^2=1$ 的几何性质，我们可以选择适当的坐标旋转变换

$$\begin{cases}x=x'\cos\theta-y'\sin\theta\\ y=x'\sin\theta+y'\cos\theta\end{cases},$$

把方程化为标准形 $mx'^2+ny'^2=1$. 由此确定其图形是圆、椭圆还是双曲线，从而可以方便地讨论原来曲线的图形及性质.

从代数学的观点来看，化标准形的过程就是通过变量的线性变换化简一个二次齐次多项式，使得它只含有平方项. 这样的问题在线性系统理论、概率统计和工程技术等诸多领域中都会遇到，为此我们一般化，讨论 n 个变量的二次齐次多项式的化简问题.

§1　二次型及其矩阵表示

定义 1　含有 n 个变量 $x_1, x_2, \cdots, x_n$ 的二次齐次多项式

$$\begin{aligned}f(x_1, x_2, \cdots, x_n)=&a_{11}x_1^2+2a_{12}x_1x_2+2a_{13}x_1x_3+\cdots+2a_{1n}x_1x_n\\&+a_{22}x_2^2+2a_{23}x_2x_3+\cdots+2a_{2n}x_2x_n\\&+\cdots\cdots\\&+a_{nn}x_n^2\end{aligned}\tag{1}$$

称为一个 **n 元二次型**，简称为**二次型**. 当系数 $a_{ij}\,(i\leqslant j)$ 为实数时，称为**实二次型**；当系数 $a_{ij}\,(i\leqslant j)$ 为复数时，称为**复二次型**. 令 $a_{ji}=a_{ij}\,(i\leqslant j)$，则

$$2a_{ij}x_ix_j=a_{ij}x_ix_j+a_{ji}x_jx_i,$$

于是(1)式可写成对称形式：

$$\begin{aligned}f(x_1, x_2, \cdots, x_n)=&a_{11}x_1^2+a_{12}x_1x_2+\cdots+a_{1n}x_1x_n\\&+a_{21}x_2x_1+a_{22}x_2^2+\cdots+a_{2n}x_2x_n\end{aligned}$$

$$
\begin{aligned}
&+\cdots\cdots \\
&+a_{n1}x_nx_1+a_{n2}x_nx_2+\cdots+a_{nn}x_n^2 \\
=&\sum_{i,\ j=1}^{n}a_{ij}x_ix_j.
\end{aligned} \tag{2}
$$

记

$$
\boldsymbol{x}=\begin{pmatrix}x_1\\x_2\\\vdots\\x_n\end{pmatrix},\quad \boldsymbol{A}=\begin{pmatrix}a_{11}&a_{12}&\cdots&a_{1n}\\a_{21}&a_{22}&\cdots&a_{2n}\\\vdots&\vdots&&\vdots\\a_{n1}&a_{n2}&\cdots&a_{nn}\end{pmatrix},\quad 其中\ a_{ji}=a_{ij},
$$

则(2)式又可表示为 $f(x_1,x_2,\cdots,x_n)=\boldsymbol{x}^{\mathrm{T}}\boldsymbol{A}\boldsymbol{x}$ 或 $f(\boldsymbol{x})=\boldsymbol{x}^{\mathrm{T}}\boldsymbol{A}\boldsymbol{x}$,此式称为二次型(1)的**矩阵表示**,其中 $\boldsymbol{A}$ 为 n 阶对称矩阵且由二次型唯一确定. 因为若同时存在 n 阶对称矩阵 $\boldsymbol{A}$, $\boldsymbol{B}$, 使得

$$
f(\boldsymbol{x})=\boldsymbol{x}^{\mathrm{T}}\boldsymbol{A}\boldsymbol{x}=\boldsymbol{x}^{\mathrm{T}}\boldsymbol{B}\boldsymbol{x},
$$

取 $\boldsymbol{x}=\boldsymbol{e}_i+\boldsymbol{e}_j$,其中 $\boldsymbol{e}_i$, $\boldsymbol{e}_j$ 为 n 维单位列向量,$i,\ j=1,\ 2,\ \cdots,\ n$,代入不难证明 $\boldsymbol{A}=\boldsymbol{B}$. 因此每个二次型都对应唯一的对称矩阵;反之,每个对称矩阵也都对应唯一的二次型. 因此二次型与对称矩阵之间一一对应. 因而对于 $f(x_1,x_2,\cdots,x_n)=\boldsymbol{x}^{\mathrm{T}}\boldsymbol{A}\boldsymbol{x}$, $\boldsymbol{A}$ 称为**二次型 f 的矩阵**,$\boldsymbol{A}$ 的秩 $R(\boldsymbol{A})$ 称为**二次型 f 的秩**.

例 1 写出二次型 $f(x_1,x_2,x_3)=x_1^2+2x_2^2+3x_3^2+4x_1x_2-6x_2x_3$ 的矩阵及其矩阵表示式,并求出该二次型的秩.

解 二次型 $f(x_1,x_2,x_3)$ 的矩阵为 $\boldsymbol{A}=\begin{pmatrix}1&2&0\\2&2&-3\\0&-3&3\end{pmatrix}$,二次型的矩阵表示式为

$$
f(x_1,x_2,x_3)=(x_1,x_2,x_3)\boldsymbol{A}\begin{pmatrix}x_1\\x_2\\x_3\end{pmatrix}.
$$

由于 $|\boldsymbol{A}|=-15\neq 0$,故 $R(\boldsymbol{A})=3$, 因而二次型 f 的秩为 3.

定义 2 设 $\boldsymbol{x}=\begin{pmatrix}x_1\\x_2\\\vdots\\x_n\end{pmatrix}$, $\boldsymbol{y}=\begin{pmatrix}y_1\\y_2\\\vdots\\y_n\end{pmatrix}$,矩阵 $\boldsymbol{C}=\begin{pmatrix}c_{11}&c_{12}&\cdots&c_{1n}\\c_{21}&c_{22}&\cdots&c_{2n}\\\vdots&\vdots&&\vdots\\c_{n1}&c_{n2}&\cdots&c_{nn}\end{pmatrix}$,则关系 $\boldsymbol{x}=\boldsymbol{C}\boldsymbol{y}$, 即

$$\begin{cases} x_1 = c_{11}y_1 + c_{12}y_2 + \cdots + c_{1n}y_n \\ x_2 = c_{21}y_1 + c_{22}y_2 + \cdots + c_{2n}y_n \\ \cdots\cdots\cdots\cdots\cdots\cdots\cdots\cdots\cdots\cdots \\ x_n = c_{n1}y_1 + c_{n2}y_2 + \cdots + c_{nn}y_n \end{cases}$$

称为由 $\boldsymbol{x}$ 到 $\boldsymbol{y}$ 的线性变换. 当 $\boldsymbol{C}$ 为可逆矩阵时,该线性变换称为**可逆线性变换**;当 $\boldsymbol{C}$ 为正交矩阵时,该线性变换称为**正交变换**. 可逆线性变换 $\boldsymbol{x} = \boldsymbol{Cy}$ 有逆变换$\boldsymbol{y} = \boldsymbol{C}^{-1}\boldsymbol{x}$.

设 $\boldsymbol{x} = \boldsymbol{Cy}$ 为可逆线性变换,代入二次型 $f = \boldsymbol{x}^{\mathrm{T}}\boldsymbol{A}\boldsymbol{x}$ 得

$$\boldsymbol{x}^{\mathrm{T}}\boldsymbol{A}\boldsymbol{x} = (\boldsymbol{Cy})^{\mathrm{T}}\boldsymbol{A}(\boldsymbol{Cy}) = \boldsymbol{y}^{\mathrm{T}}(\boldsymbol{C}^{\mathrm{T}}\boldsymbol{AC})\boldsymbol{y},$$

$\boldsymbol{y}^{\mathrm{T}}(\boldsymbol{C}^{\mathrm{T}}\boldsymbol{AC})\boldsymbol{y}$ 为关于变量 $\boldsymbol{y}$ 的二次型,其二次型矩阵为 $\boldsymbol{C}^{\mathrm{T}}\boldsymbol{AC}$. 一般地,我们定义:

定义 3 设 $\boldsymbol{A}$ 和 $\boldsymbol{B}$ 是 n 阶矩阵,若存在可逆矩阵 $\boldsymbol{C}$, 使得 $\boldsymbol{B} = \boldsymbol{C}^{\mathrm{T}}\boldsymbol{AC}$,则称矩阵 $\boldsymbol{A}$ 与 $\boldsymbol{B}$ **合同**.

由此可知,经过可逆线性变换 $\boldsymbol{x} = \boldsymbol{Cy}$ 后,二次型 f 的矩阵由 $\boldsymbol{A}$ 变成与 $\boldsymbol{A}$ 合同的矩阵 $\boldsymbol{C}^{\mathrm{T}}\boldsymbol{AC}$,且 $R(\boldsymbol{C}^{\mathrm{T}}\boldsymbol{AC}) = R(\boldsymbol{A})$,即二次型的秩不变;反之,若 $\boldsymbol{A}$ 与 $\boldsymbol{B}$ 都是对称矩阵且合同,则存在可逆矩阵 $\boldsymbol{C}$,使得 $\boldsymbol{B} = \boldsymbol{C}^{\mathrm{T}}\boldsymbol{AC}$,此时二次型 $\boldsymbol{x}^{\mathrm{T}}\boldsymbol{A}\boldsymbol{x}$ 经过可逆线性变换 $\boldsymbol{x} = \boldsymbol{Cy}$ 可以变为 $\boldsymbol{y}^{\mathrm{T}}\boldsymbol{B}\boldsymbol{y}$.

合同是矩阵之间的一个关系,它具有如下性质:

(1) 反身性:$\boldsymbol{A}$ 与 $\boldsymbol{A}$ 本身合同;

(2) 对称性:若 $\boldsymbol{A}$ 与 $\boldsymbol{B}$ 合同,则 $\boldsymbol{B}$ 与 $\boldsymbol{A}$ 合同;

(3) 传递性:若 $\boldsymbol{A}$ 与 $\boldsymbol{B}$ 合同,$\boldsymbol{B}$ 与 $\boldsymbol{C}$ 合同,则 $\boldsymbol{A}$ 与 $\boldsymbol{C}$ 合同.

因此,合同是矩阵之间的一个等价关系. 对于二次型,如果二次型的矩阵合同,就把这样的二次型归为一类,这就得到二次型的一个分类. 同一类二次型有许多相同性质,研究同一类二次型,只要研究这一类里面的任一个就行了. 我们总希望在二次型的等价类中选取最简单的作为代表来研究二次型的性质,而二次型的最简形式莫过于只含平方项的二次型.

定义 4 只含有平方项的二次型 $f = k_1y_1^2 + k_2y_2^2 + \cdots + k_ny_n^2$ 称为**标准形**,其矩阵表示为 $f = \boldsymbol{y}^{\mathrm{T}}\boldsymbol{\Lambda}\boldsymbol{y}$,其中 $\boldsymbol{y} = \begin{pmatrix} y_1 \\ y_2 \\ \vdots \\ y_n \end{pmatrix}$, $\boldsymbol{\Lambda} = \mathrm{diag}(k_1, k_2, \cdots, k_n)$ 为对角矩阵.

目前有多种方法可以化二次型 $f = \boldsymbol{x}^{\mathrm{T}}\boldsymbol{A}\boldsymbol{x}$ 为标准形,根本途径就是要找一个可逆的线性变换 $\boldsymbol{x} = \boldsymbol{Cy}$,代入使得 $f = \boldsymbol{y}^{\mathrm{T}}(\boldsymbol{C}^{\mathrm{T}}\boldsymbol{AC})\boldsymbol{y}$ 为标准形,其中 $\boldsymbol{C}^{\mathrm{T}}\boldsymbol{AC}$ 为对角矩

阵. 下节我们将具体介绍一种方法——配方法.

§2 用配方法化二次型为标准形

我们先来看下面几个例子:

例 2 化二次型 $f(x_1, x_2, x_3) = x_1^2 + 5x_2^2 - 4x_3^2 + 2x_1x_2 - 4x_1x_3$ 为标准形, 并给出所用的线性变换.

解 二次型 $f(x_1, x_2, x_3)$ 中先将含有 x_1 的项合并起来,并配方

$$\begin{aligned} f(x_1, x_2, x_3) &= (x_1^2 + 2x_1x_2 - 4x_1x_3) + 5x_2^2 - 4x_3^2 \\ &= [x_1^2 + 2x_1(x_2 - 2x_3) + (x_2 - 2x_3)^2] - (x_2 - 2x_3)^2 + 5x_2^2 - 4x_3^2 \\ &= (x_1 + x_2 - 2x_3)^2 + 4x_2^2 + 4x_2x_3 - 8x_3^2. \end{aligned}$$

再将余下的含有 x_2 的项合并起来,并配方

$$\begin{aligned} f(x_1, x_2, x_3) &= (x_1 + x_2 - 2x_3)^2 + (4x_2^2 + 4x_2x_3) - 8x_3^2 \\ &= (x_1 + x_2 - 2x_3)^2 + (4x_2^2 + 4x_2x_3 + x_3^2) - 9x_3^2 \\ &= (x_1 + x_2 - 2x_3)^2 + (2x_2 + x_3)^2 - 9x_3^2. \end{aligned}$$

作线性变换

$$\begin{cases} y_1 = x_1 + x_2 - 2x_3 \\ y_2 = 2x_2 + x_3 \\ y_3 = x_3 \end{cases},$$

即

$$\begin{pmatrix} y_1 \\ y_2 \\ y_3 \end{pmatrix} = \begin{pmatrix} 1 & 1 & -2 \\ 0 & 2 & 1 \\ 0 & 0 & 1 \end{pmatrix} \begin{pmatrix} x_1 \\ x_2 \\ x_3 \end{pmatrix},$$

化得二次型的标准形为 $f = y_1^2 + y_2^2 - 9y_3^2$. 所用的线性变换为

$$\begin{pmatrix} x_1 \\ x_2 \\ x_3 \end{pmatrix} = \begin{pmatrix} 1 & 1 & -2 \\ 0 & 2 & 1 \\ 0 & 0 & 1 \end{pmatrix}^{-1} \begin{pmatrix} y_1 \\ y_2 \\ y_3 \end{pmatrix} = \frac{1}{2} \begin{pmatrix} 2 & -1 & 5 \\ 0 & 1 & -1 \\ 0 & 0 & 2 \end{pmatrix} \begin{pmatrix} y_1 \\ y_2 \\ y_3 \end{pmatrix},$$

且为可逆线性变换.

例 3　化二次型 $f(x_1, x_2, x_3) = x_1x_2 + x_1x_3 + x_2x_3$ 为标准形，并给出所用的线性变换.

解　二次型中不含有平方项，作线性变换

$$\begin{cases} x_1 = y_1 + y_2 \\ x_2 = y_1 - y_2, \\ x_3 = y_3 \end{cases}$$

即

$$\begin{pmatrix} x_1 \\ x_2 \\ x_3 \end{pmatrix} = \begin{pmatrix} 1 & 1 & 0 \\ 1 & -1 & 0 \\ 0 & 0 & 1 \end{pmatrix} \begin{pmatrix} y_1 \\ y_2 \\ y_3 \end{pmatrix},$$

则二次型

$$\begin{aligned} f &= x_1x_2 + x_1x_3 + x_2x_3 \\ &= (y_1 + y_2)(y_1 - y_2) + (y_1 + y_2)y_3 + (y_1 - y_2)y_3 \\ &= y_1^2 - y_2^2 + 2y_1y_3. \end{aligned}$$

此时二次型含有平方项，可用例 2 的方法进行配方，得

$$f = y_1^2 - y_2^2 + 2y_1y_3 = (y_1^2 + 2y_1y_3) - y_2^2 = (y_1 + y_3)^2 - y_2^2 - y_3^2.$$

作线性变换

$$\begin{cases} z_1 = y_1 + y_3 \\ z_2 = y_2 \\ z_3 = y_3 \end{cases},$$

即

$$\begin{pmatrix} z_1 \\ z_2 \\ z_3 \end{pmatrix} = \begin{pmatrix} 1 & 0 & 1 \\ 0 & 1 & 0 \\ 0 & 0 & 1 \end{pmatrix} \begin{pmatrix} y_1 \\ y_2 \\ y_3 \end{pmatrix},$$

或

$$\begin{pmatrix} y_1 \\ y_2 \\ y_3 \end{pmatrix} = \begin{pmatrix} 1 & 0 & 1 \\ 0 & 1 & 0 \\ 0 & 0 & 1 \end{pmatrix}^{-1} \begin{pmatrix} z_1 \\ z_2 \\ z_3 \end{pmatrix} = \begin{pmatrix} 1 & 0 & -1 \\ 0 & 1 & 0 \\ 0 & 0 & 1 \end{pmatrix} \begin{pmatrix} z_1 \\ z_2 \\ z_3 \end{pmatrix},$$

得二次型的标准形 $f = z_1^2 - z_2^2 - z_3^2$. 所用的线性变换为

$$\begin{pmatrix} x_1 \\ x_2 \\ x_3 \end{pmatrix} = \begin{pmatrix} 1 & 1 & 0 \\ 1 & -1 & 0 \\ 0 & 0 & 1 \end{pmatrix} \begin{pmatrix} 1 & 0 & -1 \\ 0 & 1 & 0 \\ 0 & 0 & 1 \end{pmatrix} \begin{pmatrix} z_1 \\ z_2 \\ z_3 \end{pmatrix} = \begin{pmatrix} 1 & 1 & -1 \\ 1 & -1 & -1 \\ 0 & 0 & 1 \end{pmatrix} \begin{pmatrix} z_1 \\ z_2 \\ z_3 \end{pmatrix},$$

因为两次所用的线性变换都是可逆线性变换,因此它们的合成也是可逆线性变换.

上述两例所采用的方法具有代表性,也适合一般的二次型. 一般地,对于二次型

$$f(x_1, x_2, \cdots, x_n) = \sum_{i,\, j=1}^{n} a_{ij} x_i x_j,$$

其中 $a_{ij} = a_{ji},\ i, j = 1, 2, \cdots, n$.

(1) 若 $a_{11}, a_{22}, \cdots, a_{nn}$ 不全为 0,不妨设 $a_{11} \neq 0$,则对 x_1 配方,

$$f(x_1, x_2, \cdots, x_n) = a_{11}^{-1}(a_{11}x_1 + a_{12}x_2 + \cdots + a_{1n}x_n)^2 + \sum_{i,\, j=2}^{n} b_{ij} x_i x_j,$$

其中 $b_{ij} = a_{ij} - a_{11}^{-1} a_{1i} a_{1j}$. 因为 $a_{ij} = a_{ji}$,所以 $b_{ij} = b_{ji}$,这样 $\sum\limits_{i,\, j=2}^{n} b_{ij} x_i x_j$ 就是一个含有 $n-1$ 个变量的二次型. 若 $b_{22} \neq 0$,重复上述过程,对 x_2 进行配方,这样经过有限次配方后就可以把二次型化为标准形.

(2) 若 $a_{11} = a_{22} = \cdots = a_{nn} = 0$,而其它项不全为零,比如 $a_{12} \neq 0$,则如例 3 所示,作可逆线性变换

$$\begin{cases} x_1 = y_1 + y_2 \\ x_2 = y_1 - y_2 \\ x_3 = y_3 \\ \quad \vdots \\ x_n = y_n \end{cases}$$

得到 $f(x_1, x_2, \cdots, x_n) = 2a_{12} y_1^2 + \cdots$. 再用(1) 的方法对 $y_1, y_2, \cdots, y_n$ 配方,可化得标准形.

§3 用正交变换化实二次型为标准形

由第五章定理 8 知,对任意 n 阶实对称矩阵 $\boldsymbol{A}$,总存在正交矩阵 $\boldsymbol{P}$,使得 $\boldsymbol{P}^{\mathrm{T}}\boldsymbol{A}\boldsymbol{P}$ 为对角矩阵 $\mathrm{diag}(\lambda_1, \lambda_2, \cdots, \lambda_n)$,其中 $\lambda_1, \lambda_2, \cdots, \lambda_n$ 为 $\boldsymbol{A}$ 的特征值. 将其转化为二次型的语言,可以叙述为:

定理 1 对于 n 个变量的实二次型 $f = \boldsymbol{x}^{\mathrm{T}}\boldsymbol{A}\boldsymbol{x}$,总存在正交变换 $\boldsymbol{x} = \boldsymbol{P}\boldsymbol{y}$,使得

$f = \boldsymbol{y}^{\mathrm{T}}(\boldsymbol{P}^{\mathrm{T}}\boldsymbol{A}\boldsymbol{P})\boldsymbol{y} = \lambda_1 y_1^2 + \lambda_2 y_2^2 + \cdots + \lambda_n y_n^2$，其中 $\lambda_1, \lambda_2, \cdots, \lambda_n$ 为矩阵 $\boldsymbol{A}$ 的特征值.

例 4 求一正交变换 $\boldsymbol{x} = \boldsymbol{P}\boldsymbol{y}$，化二次型

$$f(x_1, x_2, x_3) = x_1^2 + x_2^2 + x_3^2 + 4x_1x_2 + 4x_1x_3 + 4x_2x_3$$

为标准形.

解 二次型的矩阵为 $\boldsymbol{A} = \begin{pmatrix} 1 & 2 & 2 \\ 2 & 1 & 2 \\ 2 & 2 & 1 \end{pmatrix}$，$\boldsymbol{A}$ 的特征多项式为

$$|\boldsymbol{A} - \lambda\boldsymbol{E}| = \begin{vmatrix} 1-\lambda & 2 & 2 \\ 2 & 1-\lambda & 2 \\ 2 & 2 & 1-\lambda \end{vmatrix} = (\lambda+1)^2(5-\lambda),$$

所以 $\boldsymbol{A}$ 的特征值为 $\lambda_1 = \lambda_2 = -1$，$\lambda_3 = 5$. 对于 $\lambda_1 = \lambda_2 = -1$，解齐次线性方程组 $(\boldsymbol{A} - \lambda_1\boldsymbol{E})\boldsymbol{x} = \boldsymbol{0}$，解得基础解系 $\boldsymbol{\xi}_1 = \begin{pmatrix} -1 \\ 1 \\ 0 \end{pmatrix}$，$\boldsymbol{\xi}_2 = \begin{pmatrix} -1 \\ 0 \\ 1 \end{pmatrix}$，正交化得

$$\boldsymbol{\beta}_1 = \boldsymbol{\xi}_1 = \begin{pmatrix} -1 \\ 1 \\ 0 \end{pmatrix}, \boldsymbol{\beta}_2 = \boldsymbol{\xi}_2 - \frac{[\boldsymbol{\xi}_2, \boldsymbol{\beta}_1]}{[\boldsymbol{\beta}_1, \boldsymbol{\beta}_1]}\boldsymbol{\beta}_1 = \begin{pmatrix} -1 \\ 0 \\ 1 \end{pmatrix} - \frac{1}{2}\begin{pmatrix} -1 \\ 1 \\ 0 \end{pmatrix} = \frac{1}{2}\begin{pmatrix} -1 \\ -1 \\ 2 \end{pmatrix},$$

单位化得

$$\boldsymbol{\eta}_1 = \frac{\boldsymbol{\beta}_1}{\|\boldsymbol{\beta}_1\|} = \begin{pmatrix} -\frac{\sqrt{2}}{2} \\ \frac{\sqrt{2}}{2} \\ 0 \end{pmatrix}, \boldsymbol{\eta}_2 = \frac{\boldsymbol{\beta}_2}{\|\boldsymbol{\beta}_2\|} = \begin{pmatrix} -\frac{\sqrt{6}}{6} \\ -\frac{\sqrt{6}}{6} \\ \frac{\sqrt{6}}{3} \end{pmatrix}.$$

对于 $\lambda_3 = 5$，解齐次线性方程组 $(\boldsymbol{A} - \lambda_3\boldsymbol{E})\boldsymbol{x} = \boldsymbol{0}$，解得基础解系 $\boldsymbol{\xi}_3 = \begin{pmatrix} 1 \\ 1 \\ 1 \end{pmatrix}$，单位化得

$$\boldsymbol{\eta}_3 = \frac{\boldsymbol{\xi}_3}{\|\boldsymbol{\xi}_3\|} = \begin{pmatrix} \frac{\sqrt{3}}{3} \\ \frac{\sqrt{3}}{3} \\ \frac{\sqrt{3}}{3} \end{pmatrix}.$$

取正交矩阵 $\boldsymbol{P}=(\boldsymbol{\eta}_1,\boldsymbol{\eta}_2,\boldsymbol{\eta}_3)=\begin{pmatrix}-\frac{\sqrt{2}}{2} & -\frac{\sqrt{6}}{6} & \frac{\sqrt{3}}{3}\\ \frac{\sqrt{2}}{2} & -\frac{\sqrt{6}}{6} & \frac{\sqrt{3}}{3}\\ 0 & \frac{\sqrt{6}}{3} & \frac{\sqrt{3}}{3}\end{pmatrix}$，向量 $\boldsymbol{x}=\begin{pmatrix}x_1\\x_2\\x_3\end{pmatrix}$，$\boldsymbol{y}=\begin{pmatrix}y_1\\y_2\\y_3\end{pmatrix}$，则二次型 f 在正交变换 $\boldsymbol{x}=\boldsymbol{P}\boldsymbol{y}$ 下的标准形为 $f=-y_1^2-y_2^2+5y_3^2$.

§4 正定二次型

二次型的标准形并不是唯一的，因为所用的线性变换并不唯一，但是标准形中平方项的个数是唯一的(该数即为二次型的秩). 对于实二次型，若所用的变换为实线性变换(变换所对应的矩阵为实矩阵)，则标准形中正项与负项的个数也是唯一的，此即下面的定理：

定理 2 (惯性定理) 对于秩为 r 的实二次型 $f=\boldsymbol{x}^{\mathrm{T}}\boldsymbol{A}\boldsymbol{x}$，若存在两个可逆线性变换 $\boldsymbol{x}=\boldsymbol{C}\boldsymbol{y}$ 及 $\boldsymbol{x}=\boldsymbol{P}\boldsymbol{z}$，分别化二次型为

$$f=k_1y_1^2+k_2y_2^2+\cdots+k_ry_r^2 \text{ 及 } f=\lambda_1z_1^2+\lambda_2z_2^2+\cdots+\lambda_rz_r^2,$$

其中 $k_i,\lambda_i\neq 0$，$i=1,2,\cdots,r$，则 $k_1,k_2,\cdots,k_r$ 中正数(负数)个数与 $\lambda_1,\lambda_2,\cdots,\lambda_r$ 中正数(负数)个数相等.

这个定理不予证明.

二次型的标准形中正系数(负系数)的个数称为二次型的**正惯性指数(负惯性指数)**，n 个变量的实二次型中若正惯性指数(负惯性指数)为 n，则这样的二次型称为**正定二次型(负定二次型)**，并把该二次型的矩阵称为**正定矩阵(负定矩阵)**.

定理 3 二次型 $f(\boldsymbol{x})=\boldsymbol{x}^{\mathrm{T}}\boldsymbol{A}\boldsymbol{x}$ 为正定二次型当且仅当对任意非零向量 $\boldsymbol{\xi}$，有 $f(\boldsymbol{\xi})>0$.

证 必要性. 记 $\boldsymbol{A}$ 的阶为 n. 由于 $f=\boldsymbol{x}^{\mathrm{T}}\boldsymbol{A}\boldsymbol{x}$ 为正定二次型，故存在可逆线性变换 $\boldsymbol{x}=\boldsymbol{C}\boldsymbol{y}$，使得

$$f(\boldsymbol{x})=f(\boldsymbol{C}\boldsymbol{y})=k_1y_1^2+k_2y_2^2+\cdots+k_ny_n^2, \tag{3}$$

其中 $k_i>0$，$i=1,2,\cdots,n$. 对任意非零向量 $\boldsymbol{\xi}$，由于 $\boldsymbol{C}$ 为可逆矩阵，所以向量 $\boldsymbol{C}^{-1}\boldsymbol{\xi}$

$\neq \mathbf{0}$. 记 $\boldsymbol{C}^{-1}\boldsymbol{\xi} = \begin{pmatrix} a_1 \\ a_2 \\ \vdots \\ a_n \end{pmatrix}$，则 $a_1, a_2, \cdots, a_n$ 不全为零. 此时由(3)式得

$$f(\boldsymbol{\xi}) = f(\boldsymbol{C}(\boldsymbol{C}^{-1}\boldsymbol{\xi})) = k_1 a_1^2 + k_2 a_2^2 + \cdots + k_n a_n^2 > 0.$$

充分性.（反证法）若存在可逆线性变换 $\boldsymbol{x} = \boldsymbol{C}\boldsymbol{y}$，使得

$$f(\boldsymbol{x}) = f(\boldsymbol{C}\boldsymbol{y}) = k_1 y_1^2 + k_2 y_2^2 + \cdots + k_n y_n^2,$$

且某个系数 $k_j \leqslant 0$，则对于单位向量 $\boldsymbol{e}_j$，有 $\boldsymbol{C}\boldsymbol{e}_j \neq \mathbf{0}$，此时 $f(\boldsymbol{C}\boldsymbol{e}_j) = k_j \leqslant 0$，与题设矛盾.

定理 4　对于 n 阶实对称矩阵 $\boldsymbol{A}$，下列命题等价：

(1) $\boldsymbol{A}$ 是正定矩阵；

(2) 存在可逆矩阵 $\boldsymbol{B}$，使得 $\boldsymbol{A} = \boldsymbol{B}^{\mathrm{T}}\boldsymbol{B}$，即 $\boldsymbol{A}$ 与单位矩阵 $\boldsymbol{E}$ 合同；

(3) $\boldsymbol{A}$ 的特征值全大于零.

证　(1)⇒(2)因为 $\boldsymbol{A}$ 是 n 阶正定矩阵，所以 $f = \boldsymbol{x}^{\mathrm{T}}\boldsymbol{A}\boldsymbol{x}$ 是正定二次型，因此存在可逆线性变换 $\boldsymbol{x} = \boldsymbol{C}\boldsymbol{y}$，使得

$$f(\boldsymbol{x}) = f(\boldsymbol{C}\boldsymbol{y}) = k_1 y_1^2 + k_2 y_2^2 + \cdots + k_n y_n^2 = \boldsymbol{y}^{\mathrm{T}}\boldsymbol{D}\boldsymbol{y},$$

其中 $\boldsymbol{D} = \mathrm{diag}(k_1, k_2, \cdots, k_n)$，$k_i > 0$，$i = 1, 2, \cdots, n$. 上式即

$$(\boldsymbol{C}\boldsymbol{y})^{\mathrm{T}}\boldsymbol{A}(\boldsymbol{C}\boldsymbol{y}) = \boldsymbol{y}^{\mathrm{T}}(\boldsymbol{C}^{\mathrm{T}}\boldsymbol{A}\boldsymbol{C})\boldsymbol{y} = \boldsymbol{y}^{\mathrm{T}}\boldsymbol{D}\boldsymbol{y}.$$

从而 $\boldsymbol{C}^{\mathrm{T}}\boldsymbol{A}\boldsymbol{C} = \boldsymbol{D}$，$\boldsymbol{A} = (\boldsymbol{C}^{\mathrm{T}})^{-1}\boldsymbol{D}\boldsymbol{C}^{-1}$. 取 $\boldsymbol{G} = \mathrm{diag}(\sqrt{k_1}, \sqrt{k_2}, \cdots, \sqrt{k_n})$，则 $\boldsymbol{D} = \boldsymbol{G}^{\mathrm{T}}\boldsymbol{G}$，$\boldsymbol{A} = (\boldsymbol{C}^{\mathrm{T}})^{-1}\boldsymbol{G}^{\mathrm{T}}\boldsymbol{G}\boldsymbol{C}^{-1} = (\boldsymbol{G}\boldsymbol{C}^{-1})^{\mathrm{T}}(\boldsymbol{G}\boldsymbol{C}^{-1})$. 取 $\boldsymbol{B} = \boldsymbol{G}\boldsymbol{C}^{-1}$，则 $\boldsymbol{B}$ 可逆，且 $\boldsymbol{A} = \boldsymbol{B}^{\mathrm{T}}\boldsymbol{B}$.

(2) ⇒(3)设 λ 是 $\boldsymbol{A}$ 的任一特征值，$\boldsymbol{\xi}$ 为对应于 λ 的特征向量，于是 $\boldsymbol{A}\boldsymbol{\xi} = \lambda\boldsymbol{\xi}$. 由于 $\boldsymbol{A} = \boldsymbol{B}^{\mathrm{T}}\boldsymbol{B}$，其中 $\boldsymbol{B}$ 为可逆矩阵，于是$(\boldsymbol{B}^{\mathrm{T}}\boldsymbol{B})\boldsymbol{\xi} = \boldsymbol{A}\boldsymbol{\xi} = \lambda\boldsymbol{\xi}$，等式两边左乘 $\boldsymbol{\xi}^{\mathrm{T}}$ 得 $(\boldsymbol{B}\boldsymbol{\xi})^{\mathrm{T}}(\boldsymbol{B}\boldsymbol{\xi}) = \lambda\boldsymbol{\xi}^{\mathrm{T}}\boldsymbol{\xi}$. 由于 $\boldsymbol{\xi} \neq \mathbf{0}$，故 $\boldsymbol{\xi}^{\mathrm{T}}\boldsymbol{\xi} > 0$，$(\boldsymbol{B}\boldsymbol{\xi})^{\mathrm{T}}(\boldsymbol{B}\boldsymbol{\xi}) > 0$，因而 $\lambda > 0$.

(3) ⇒(1)$\boldsymbol{A}$ 为实对称矩阵，由定理 1 知，总存在正交变换 $\boldsymbol{x} = \boldsymbol{P}\boldsymbol{y}$，化二次型 $f = \boldsymbol{x}^{\mathrm{T}}\boldsymbol{A}\boldsymbol{x}$ 为标准形 $f = \boldsymbol{y}^{\mathrm{T}}(\boldsymbol{P}^{\mathrm{T}}\boldsymbol{A}\boldsymbol{P})\boldsymbol{y} = \lambda_1 y_1^2 + \lambda_2 y_2^2 + \cdots + \lambda_n y_n^2$，其中 $\lambda_1, \lambda_2, \cdots, \lambda_n$ 为矩阵 $\boldsymbol{A}$ 的特征值. 由(3) 知 $\lambda_1, \lambda_2, \cdots, \lambda_n$ 全大于 0，因此二次型 $f = \boldsymbol{x}^{\mathrm{T}}\boldsymbol{A}\boldsymbol{x}$ 是正定二次型，$\boldsymbol{A}$ 是正定矩阵.

定理 5　(霍尔维茨(Sylvester)定理)

(1) 二次型 $f = \boldsymbol{x}^{\mathrm{T}}\boldsymbol{A}\boldsymbol{x}$ 为正定二次型(或实对称矩阵 $\boldsymbol{A}$ 为正定矩阵) 当且仅当 $\boldsymbol{A}$ 的各阶顺序主子式全大于零，即

$$a_{11}>0,\ \begin{vmatrix} a_{11} & a_{12} \\ a_{21} & a_{22} \end{vmatrix}>0,\ \cdots,\ \begin{vmatrix} a_{11} & \cdots & a_{1n} \\ \vdots & & \vdots \\ a_{n1} & \cdots & a_{nn} \end{vmatrix}>0;$$

(2) 二次型 $f=\boldsymbol{x}^{\mathrm{T}}\boldsymbol{A}\boldsymbol{x}$ 为负定二次型(或实对称矩阵 $\boldsymbol{A}$ 为负定矩阵)当且仅当 $\boldsymbol{A}$ 的奇数阶顺序主子式全小于零,偶数阶顺序主子式全大于零,即

$$(-1)^k\begin{vmatrix} a_{11} & \cdots & a_{1k} \\ \vdots & & \vdots \\ a_{k1} & \cdots & a_{kk} \end{vmatrix}>0,\ k=1,2,\cdots,n.$$

这个定理不予证明.

例 5 判定二次型 $f=5x^2+6y^2+4z^2+4xy+4xz$ 的正定性.

解 二次型 f 的矩阵为 $\begin{pmatrix} 5 & 2 & 2 \\ 2 & 6 & 0 \\ 2 & 0 & 4 \end{pmatrix}$,因为 $a_{11}=5>0$, $\begin{vmatrix} 5 & 2 \\ 2 & 6 \end{vmatrix}=26>0$, $\begin{vmatrix} 5 & 2 & 2 \\ 2 & 6 & 0 \\ 2 & 0 & 4 \end{vmatrix}=80>0$,由定理 5 知,$f$ 为正定二次型.

习 题 六

1. 写出下列二次型的矩阵表示式:

(1) $f(x_1,x_2,x_3)=x_1^2+x_2^2+x_3^2+5x_1x_2-x_1x_3+x_2x_3$;

(2) $f(x_1,x_2,x_3,x_4)=x_1x_2+x_1x_3+x_1x_4+x_2x_3+x_2x_4+x_3x_4$;

(3) $f(x_1,x_2,\cdots,x_n)=\sum\limits_{i=1}^{n}x_i^2+\sum\limits_{i=1}^{n-1}x_ix_{i+1}$;

(4) $f(x_1,x_2,x_3)=(x_1,x_2,x_3)\begin{pmatrix} 1 & 4 & 7 \\ 2 & 5 & 8 \\ 3 & 6 & 9 \end{pmatrix}\begin{pmatrix} x_1 \\ x_2 \\ x_3 \end{pmatrix}$.

2. 求下列二次型的秩:

(1) $f=x_1^2-3x_2^2-2x_1x_2+2x_1x_3-6x_2x_3$;

(2) $f=3x_1^2+3x_2^2+9x_3^2+10x_1x_2+12x_1x_3+12x_2x_3$;

(3) $f=4x_1x_2-2x_1x_3-2x_2x_3$.

3. 已知二次型 $f=5x_1^2+5x_2^2+cx_3^2-2x_1x_2+6x_1x_3-6x_2x_3$ 的秩为 2,求 c

的值.

4. 证明实对角阵 $\mathrm{diag}(a_1, a_2, \cdots, a_n)$ 与单位矩阵合同的充分必要条件是 $a_i > 0\ (i = 1, 2, \cdots, n)$.

5. 证明矩阵 $\begin{pmatrix} a_1 & 0 & 0 \\ 0 & a_2 & 0 \\ 0 & 0 & a_3 \end{pmatrix}$ 与 $\begin{pmatrix} a_2 & 0 & 0 \\ 0 & a_3 & 0 \\ 0 & 0 & a_1 \end{pmatrix}$ 合同.

6. 证明矩阵 $\begin{pmatrix} 1 & 0 \\ 0 & 1 \end{pmatrix}$ 与 $\begin{pmatrix} 1 & 0 \\ 0 & -1 \end{pmatrix}$ 不合同.

7. 用配方法化下列二次型为标准形,并给出所用的线性变换:

(1) $f = x_1^2 + 2x_2^2 + 5x_3^2 + 2x_1x_2 + 2x_1x_3 + 6x_2x_3$;

(2) $f = 2x_1x_2 + 2x_1x_3 - 6x_2x_3$;

(3) $f = x_1^2 + 3x_2^2 + 5x_3^2 + 2x_1x_2 - 4x_1x_3$;

(4) $f = x_1^2 + 2x_3^2 + 2x_1x_3 + 2x_2x_3$;

(5) $f = 2x_1^2 + x_2^2 + 4x_3^2 + 2x_1x_2 - 2x_2x_3$.

8. 用正交变换化下列二次型为标准形,并给出所用的线性变换:

(1) $f = 2x_1^2 + x_2^2 - 4x_1x_2 - 4x_2x_3$;

(2) $f = x_1^2 + 4x_2^2 + 4x_3^2 - 4x_1x_2 + 4x_1x_3 - 8x_2x_3$;

(3) $f = x_2^2 + 2x_1x_2 + 4x_1x_3 + 2x_2x_3$;

(4) $f = 8x_1x_3 + 2x_1x_4 + 2x_2x_3 + 8x_2x_4$.

9. 判定下列二次型的正定性:

(1) $f = 2x_1^2 + 5x_2^2 + 5x_3^2 + 4x_1x_2 + 4x_1x_3 + 8x_2x_3$;

(2) $f = -2x_1^2 - 6x_2^2 - 4x_3^2 + 2x_1x_2 + 2x_1x_3$.

10. 求 t 的取值范围,使得下列二次型为正定二次型:

(1) $f = 2x_1^2 + x_2^2 + x_3^2 + 2x_1x_2 - 4tx_1x_3$;

(2) $f = x_1^2 + x_2^2 + tx_3^2 + 2tx_1x_2$;

(3) $f = x_1^2 + x_2^2 + 5x_3^2 + 2tx_1x_2 - 2x_1x_3 + 4x_2x_3$;

(4) $f = t(x_1^2 + x_2^2 + x_3^2) + x_4^2 + 2x_1x_2 + 2x_1x_3 - 2x_2x_3$.

11. 设 $\boldsymbol{A}$、$\boldsymbol{B}$ 均为 n 阶正定矩阵,证明:

(1) $k\boldsymbol{A}\,(k > 0)$、$\boldsymbol{A}^m$(m 为正整数)及伴随矩阵 $\boldsymbol{A}^*$ 为正定矩阵;

(2) $\boldsymbol{A} + \boldsymbol{B}$ 为正定矩阵.

12. 设$\boldsymbol{A}$、$\boldsymbol{B}$分别为m、n阶正定矩阵，证明分块矩阵$\begin{pmatrix} \boldsymbol{A} & \boldsymbol{0} \\ \boldsymbol{0} & \boldsymbol{B} \end{pmatrix}$为正定矩阵.

13. 设$\boldsymbol{A}$、$\boldsymbol{B}$为n阶实对称矩阵，且$\boldsymbol{A}$为正定矩阵，证明存在实可逆矩阵$\boldsymbol{P}$，使得$\boldsymbol{P}^{\mathrm{T}}\boldsymbol{A}\boldsymbol{P}$为单位矩阵，且$\boldsymbol{P}^{\mathrm{T}}\boldsymbol{B}\boldsymbol{P}$为对角矩阵.

14. 证明正定矩阵的主对角元都大于零.

15. 设$\boldsymbol{A}$为n阶正定矩阵，$\boldsymbol{E}$为n阶单位矩阵，证明$|\boldsymbol{A}+\boldsymbol{E}|>1$.

16. 已知$\boldsymbol{A}$为n阶对称矩阵，且对任意的n维列向量$\boldsymbol{x}$都有$\boldsymbol{x}^{\mathrm{T}}\boldsymbol{A}\boldsymbol{x}=0$，证明$\boldsymbol{A}=\boldsymbol{0}$.

17. 设$\boldsymbol{A}$为n阶实对称矩阵，$\boldsymbol{E}$为n阶单位矩阵，证明：

(1) 对于充分大的正实数δ，$\delta\boldsymbol{E}+\boldsymbol{A}$为正定矩阵；

(2) 对于充分小的正实数ε，$\boldsymbol{E}+\varepsilon\boldsymbol{A}$为正定矩阵.

第七章　线性空间与线性变换

线性空间是线性代数中的基本概念之一，它是数域（比如实数域、复数域）上的一个集合，集合中的元素可以进行加法运算与数乘运算. 同一线性空间中的元素是通过线性变换来联系的，线性变换是一种最基本最重要的映射，它是线性代数的主要研究对象之一，在科学技术及经济领域中有着重要应用. 本章主要介绍实数域 $\boldsymbol{R}$ 上的线性空间.

§1　线性空间的定义与性质

定义 1　设 V 是一个非空集合，$\boldsymbol{R}$ 是实数域. 在 V 中定义了“加法”与“数乘”两种代数运算. 如果 V 对于这两种运算封闭，即对于任意元素 $\boldsymbol{\alpha}, \boldsymbol{\beta}\in V$，都有 $\boldsymbol{\alpha}+\boldsymbol{\beta}\in V$，对于任意实数 $k\in\boldsymbol{R}$，都有 $k\boldsymbol{\alpha}\in V$，且这两种运算满足下面八条运算律（$\boldsymbol{\alpha}, \boldsymbol{\beta}, \boldsymbol{\gamma}\in V$, $\lambda, \mu\in\boldsymbol{R}$）：

(1) 加法交换律：$\boldsymbol{\alpha}+\boldsymbol{\beta}=\boldsymbol{\beta}+\boldsymbol{\alpha}$；

(2) 加法结合律：$(\boldsymbol{\alpha}+\boldsymbol{\beta})+\boldsymbol{\gamma}=\boldsymbol{\alpha}+(\boldsymbol{\beta}+\boldsymbol{\gamma})$；

(3) V 中存在零元 $\boldsymbol{0}$，使得 $\boldsymbol{\alpha}+\boldsymbol{0}=\boldsymbol{\alpha}$；

(4) 对于 V 中任意元素 $\boldsymbol{\alpha}$，总存在与之对应的元素 $\boldsymbol{\beta}$，使得 $\boldsymbol{\alpha}+\boldsymbol{\beta}=\boldsymbol{0}$，这里 $\boldsymbol{\beta}$ 称为 $\boldsymbol{\alpha}$ 的负元素，记为 $-\boldsymbol{\alpha}$；

(5) $1\boldsymbol{\alpha}=\boldsymbol{\alpha}$；

(6) $\lambda(\mu\boldsymbol{\alpha})=(\lambda\mu)\boldsymbol{\alpha}$；

(7) $(\lambda+\mu)\boldsymbol{\alpha}=\lambda\boldsymbol{\alpha}+\mu\boldsymbol{\alpha}$；

(8) $\lambda(\boldsymbol{\alpha}+\boldsymbol{\beta})=\lambda\boldsymbol{\alpha}+\lambda\boldsymbol{\beta}$.

则称 V 为实数域 $\boldsymbol{R}$ 上的**线性空间**.

如果要定义一般的数域上的线性空间，只要把上面定义中的实数域 $\boldsymbol{R}$ 换成一般的数域即可. 线性空间中的元素我们统称为向量. 数学中许多研究对象都具有线性空间结构，下面举例说明.

例 1　第四章中的 n 维实向量空间 $\boldsymbol{R}^n=\{(a_1, a_2, \cdots, a_n)^{\mathrm{T}} \mid a_i\in\boldsymbol{R}, i=1, 2, \cdots, n\}$ 在通常的向量的加法及数乘运算下构成 $\boldsymbol{R}$ 上的线性空间.

例 2　实数域 $\boldsymbol{R}$ 上全体 $m\times n$ 阶实矩阵在矩阵的加法与数乘运算下构成 $\boldsymbol{R}$ 上的线性空间，称为**矩阵空间**，记为 $\boldsymbol{R}^{m\times n}$.

例 3 齐次线性方程组 $\boldsymbol{Ax}=\boldsymbol{0}$ 的解集在通常的向量的加法及数乘运算下构成 $\boldsymbol{R}$ 上的线性空间，称为线性方程组 $\boldsymbol{Ax}=\boldsymbol{0}$ 的**解空间**.

例 4 实数域 $\boldsymbol{R}$ 上全体一元多项式的集合 $\boldsymbol{R}[x]$ 在多项式的加法及数乘运算下构成 $\boldsymbol{R}$ 上的线性空间.

例 5 实数域 $\boldsymbol{R}$ 上全体次数不超过 n 的一元多项式（包含 0）的集合 $\boldsymbol{R}[x]_n$ 在多项式的加法及数乘运算下构成 $\boldsymbol{R}$ 上的线性空间.

例 6 设 $\boldsymbol{R}^+$ 为全体正实数的集合，在 $\boldsymbol{R}^+$ 中定义加法及数乘运算如下：

$$a\oplus b=ab,\ \lambda\circ a=a^\lambda,$$

其中 $a,\ b\in\boldsymbol{R}^+,\ \lambda\in\boldsymbol{R}$，证明 $\boldsymbol{R}^+$ 在该加法及数乘运算下构成 $\boldsymbol{R}$ 上的线性空间.

证 首先，易见上述定义的加法及数乘运算封闭，即对任意的 $a,\ b\in\boldsymbol{R}^+,\ \lambda\in\boldsymbol{R}$，有

$$a\oplus b=ab\in\boldsymbol{R}^+,\ \lambda\circ a=a^\lambda\in\boldsymbol{R}^+;$$

其次，验证加法及数乘运算满足线性空间定义里的八条运算律：

(1) $a\oplus b=ab=ba=b\oplus a$;

(2) $(a\oplus b)\oplus c=ab\oplus c=abc=a\oplus bc=a\oplus(b\oplus c)$;

(3) $\boldsymbol{R}^+$ 中存在零元 1，使得 $a\oplus 1=a1=a$;

(4) 对于 $\boldsymbol{R}^+$ 中任意元素 a，总存在与之对应的元素 a^{-1}，使得 $a\oplus a^{-1}=aa^{-1}=1$;

(5) $1\circ a=a^1=a$;

(6) $\lambda\circ(\mu\circ a)=\lambda\circ a^\mu=a^{\lambda\mu}=(\lambda\mu)\circ a$;

(7) $(\lambda+\mu)\circ a=a^{\lambda+\mu}=a^\lambda a^\mu=a^\lambda\oplus a^\mu=\lambda\circ a\oplus\mu\circ a$;

(8) $\lambda\circ(a\oplus b)=\lambda\circ(ab)=(ab)^\lambda=a^\lambda b^\lambda=a^\lambda\oplus b^\lambda=\lambda\circ a\oplus\lambda\circ b$,

这里 $a,\ b,\ c\in\boldsymbol{R}^+,\ \lambda,\ \mu\in\boldsymbol{R}$. 因此 $\boldsymbol{R}^+$ 为实数域 $\boldsymbol{R}$ 上的线性空间.

根据线性空间的定义，可以得到线性空间的一些性质.

性质 1 零元素唯一.

证 若 $\boldsymbol{0}_1,\ \boldsymbol{0}_2$ 均为线性空间的零元素，则对于线性空间中任意向量 $\boldsymbol{\alpha}$，有 $\boldsymbol{\alpha}+\boldsymbol{0}_1=\boldsymbol{\alpha},\ \boldsymbol{\alpha}+\boldsymbol{0}_2=\boldsymbol{\alpha}$. 特别地，分别取 $\boldsymbol{\alpha}$ 为 $\boldsymbol{0}_2$、$\boldsymbol{0}_1$，有 $\boldsymbol{0}_2+\boldsymbol{0}_1=\boldsymbol{0}_2,\ \boldsymbol{0}_1+\boldsymbol{0}_2=\boldsymbol{0}_1$，而加法满足交换律，即有 $\boldsymbol{0}_2+\boldsymbol{0}_1=\boldsymbol{0}_1+\boldsymbol{0}_2$，因此 $\boldsymbol{0}_1=\boldsymbol{0}_2$.

性质 2 任意元素 $\boldsymbol{\alpha}$ 的负元唯一，因而可以记为 $-\boldsymbol{\alpha}$.

证 若 $\boldsymbol{\alpha}$ 有两个负元 $\boldsymbol{\beta},\ \boldsymbol{\gamma}$，即 $\boldsymbol{\alpha}+\boldsymbol{\beta}=\boldsymbol{0},\ \boldsymbol{\alpha}+\boldsymbol{\gamma}=\boldsymbol{0}$，于是

$$\boldsymbol{\beta}=\boldsymbol{\beta}+\boldsymbol{0}=\boldsymbol{\beta}+(\boldsymbol{\alpha}+\boldsymbol{\gamma})=(\boldsymbol{\beta}+\boldsymbol{\alpha})+\boldsymbol{\gamma}=(\boldsymbol{\alpha}+\boldsymbol{\beta})+\boldsymbol{\gamma}=\boldsymbol{0}+\boldsymbol{\gamma}=\boldsymbol{\gamma}.$$

性质 3 $0\boldsymbol{\alpha}=\boldsymbol{0},\ (-1)\boldsymbol{\alpha}=-\boldsymbol{\alpha},\ \lambda\boldsymbol{0}=\boldsymbol{0}$.

证 $\boldsymbol{\alpha}+0\boldsymbol{\alpha}=1\boldsymbol{\alpha}+0\boldsymbol{\alpha}=(1+0)\boldsymbol{\alpha}=1\boldsymbol{\alpha}=\boldsymbol{\alpha}$,所以 $0\boldsymbol{\alpha}=\boldsymbol{0}$;

$\boldsymbol{\alpha}+(-1)\boldsymbol{\alpha}=1\boldsymbol{\alpha}+(-1)\boldsymbol{\alpha}=[1+(-1)]\boldsymbol{\alpha}=0\boldsymbol{\alpha}=\boldsymbol{0}$,所以 $(-1)\boldsymbol{\alpha}=-\boldsymbol{\alpha}$;

$$\lambda\boldsymbol{0}=\lambda[\boldsymbol{\alpha}+(-1)\boldsymbol{\alpha}]=\lambda\boldsymbol{\alpha}+(-\lambda)\boldsymbol{\alpha}=[\lambda+(-\lambda)]\boldsymbol{\alpha}=0\boldsymbol{\alpha}=\boldsymbol{0}.$$

性质 4 若 $\lambda\boldsymbol{\alpha}=\boldsymbol{0}$,则 $\lambda=0$ 或 $\boldsymbol{\alpha}=\boldsymbol{0}$.

证 只要证明 $\lambda\neq 0$ 时,必有 $\boldsymbol{\alpha}=\boldsymbol{0}$. 若 $\lambda\neq 0$,则

$$\boldsymbol{\alpha}=1\boldsymbol{\alpha}=(\lambda^{-1}\lambda)\boldsymbol{\alpha}=\lambda^{-1}(\lambda\boldsymbol{\alpha})=\lambda^{-1}\boldsymbol{0}=\boldsymbol{0}.$$

定义 2 设 V 是 $\boldsymbol{R}$ 上的一个线性空间,W 是 V 的非空子集,如果 W 对于 V 上的加法及数乘运算也构成线性空间,则称 W 为 V 的**子空间**.

要验证线性空间 V 的非空子集 W 为 V 的子空间,应验证定义中的八条运算律. 事实上,子集 W 作为 V 的一部分,运算律中的(1),(2),(5),(6),(7),(8)自然满足,因此只要验证(3),(4)成立就行了. 但由线性空间的性质可知,一旦子集 W 对加法及数乘运算封闭,(3),(4)就能成立. 因此验证线性空间 V 的非空子集 W 为子空间,只要验证 W 中的元素关于 V 的加法以及数乘运算封闭,即对于 W 中任意元素 $\boldsymbol{\alpha}$,$\boldsymbol{\beta}$,任意常数 λ,有 $\boldsymbol{\alpha}+\boldsymbol{\beta}\in W$,$\lambda\boldsymbol{\alpha}\in W$.

§2 维数、基与坐标

在第四章介绍向量时,给出了向量的线性组合、线性相关、线性无关等概念,这些概念以及相关性质在一般的线性空间中都适用,我们不加定义地照搬到线性空间中来.

定义 3 在线性空间 V 中,若 $\boldsymbol{\alpha}_1,\boldsymbol{\alpha}_2,\cdots,\boldsymbol{\alpha}_n$ 为线性无关的一组向量,而且 V 中其余向量都可以由这组向量线性表示,则称 $\boldsymbol{\alpha}_1,\boldsymbol{\alpha}_2,\cdots,\boldsymbol{\alpha}_n$ 为线性空间 V 的一组**基**,n 称为线性空间 V 的**维数**,此时 V 也称为 **n 维线性空间**.

只含一个元素即零元的线性空间没有基,其维数记为 0;存在无限维的线性空间,比如实数域 $\boldsymbol{R}$ 上的一元多项式的全体 $\boldsymbol{R}[x]$ 为 $\boldsymbol{R}$ 上的无限维线性空间. 线性空间的维数是唯一的,但是它的基不是唯一的. 事实上,对于 n 维线性空间,任意 n 个线性无关的向量均构成它的一组基.

例 7 在线性空间 $\boldsymbol{R}^n$ 中,向量 $\boldsymbol{e}_i=(0,\cdots,0,1,0,\cdots,0)^{\mathrm{T}}$(第 i 个分量为 1,其余分量为 0),$i=1,2,\cdots,n$,为 n 个线性无关的向量,且对于 $\boldsymbol{R}^n$ 中的任意向量 $\boldsymbol{x}=(x_1,x_2,\cdots,x_n)^{\mathrm{T}}$,

$$\boldsymbol{x}=x_1\boldsymbol{e}_1+x_2\boldsymbol{e}_2+\cdots+x_n\boldsymbol{e}_n,$$

即任意向量均可由 $\boldsymbol{e}_1,\boldsymbol{e}_2,\cdots,\boldsymbol{e}_n$ 线性表示,因此 $\boldsymbol{e}_1,\boldsymbol{e}_2,\cdots,\boldsymbol{e}_n$ 为线性空间 $\boldsymbol{R}^n$ 的

一组基,称为 $\boldsymbol{R}^n$ 的**自然基**,$\boldsymbol{R}^n$ 的维数为 n.

例 8 线性空间 $\boldsymbol{R}[x]_n$ 中,$1, x, x^2, \cdots, x^n$ 为线性无关的向量,且 $\boldsymbol{R}[x]_n$ 中任意向量均可以由 $1, x, x^2, \cdots, x^n$ 线性表示,因此 $1, x, x^2, \cdots, x^n$ 为线性空间 $\boldsymbol{R}[x]_n$ 的一组基,$\boldsymbol{R}[x]_n$ 的维数为 $n+1$. $\boldsymbol{R}[x]_n$ 的基并不唯一,可以验证 $1, 1+x, x+x^2, \cdots, x^{n-1}+x^n$ 也为 $\boldsymbol{R}[x]_n$ 的一组基.

定义 4 设 $\boldsymbol{\alpha}_1, \boldsymbol{\alpha}_2, \cdots, \boldsymbol{\alpha}_n$ 为 n 维线性空间 V 的一组基,则 V 中任意向量 $\boldsymbol{\alpha}$ 可由 $\boldsymbol{\alpha}_1, \boldsymbol{\alpha}_2, \cdots, \boldsymbol{\alpha}_n$ 线性表示,若设

$$\boldsymbol{\alpha} = x_1\boldsymbol{\alpha}_1 + x_2\boldsymbol{\alpha}_2 + \cdots + x_n\boldsymbol{\alpha}_n = (\boldsymbol{\alpha}_1, \boldsymbol{\alpha}_2, \cdots, \boldsymbol{\alpha}_n)\begin{pmatrix} x_1 \\ x_2 \\ \vdots \\ x_n \end{pmatrix},$$

则称 $(x_1, x_2, \cdots, x_n)^{\mathrm{T}}$ 为向量 $\boldsymbol{\alpha}$ 在基 $\boldsymbol{\alpha}_1, \boldsymbol{\alpha}_2, \cdots, \boldsymbol{\alpha}_n$ 下的**坐标**.

由于线性空间的基并不唯一,因此线性空间中同一向量在不同基下的坐标也并不一定相同.

例 9 在线性空间 $\boldsymbol{R}[x]_3$ 中,$1, x, x^2, x^3$ 以及 $1, 1+x, x+x^2, x^2+x^3$ 均为 $\boldsymbol{R}[x]_3$ 的一组基,显然多项式 $1+2x+3x^2+4x^3$ 在基 $1, x, x^2, x^3$ 下的坐标为 $(1, 2, 3, 4)^{\mathrm{T}}$. 下面我们来求该多项式在基 $1, 1+x, x+x^2, x^2+x^3$ 下的坐标. 因为

$$(1, 1+x, x+x^2, x^2+x^3) = (1, x, x^2, x^3)\begin{pmatrix} 1 & 1 & 0 & 0 \\ 0 & 1 & 1 & 0 \\ 0 & 0 & 1 & 1 \\ 0 & 0 & 0 & 1 \end{pmatrix},$$

而 $\begin{pmatrix} 1 & 1 & 0 & 0 \\ 0 & 1 & 1 & 0 \\ 0 & 0 & 1 & 1 \\ 0 & 0 & 0 & 1 \end{pmatrix}$ 可逆,其逆矩阵为 $\begin{pmatrix} 1 & 1 & 0 & 0 \\ 0 & 1 & 1 & 0 \\ 0 & 0 & 1 & 1 \\ 0 & 0 & 0 & 1 \end{pmatrix}^{-1} = \begin{pmatrix} 1 & -1 & 1 & -1 \\ 0 & 1 & -1 & 1 \\ 0 & 0 & 1 & -1 \\ 0 & 0 & 0 & 1 \end{pmatrix}$,因此

$$(1, x, x^2, x^3) = (1, 1+x, x+x^2, x^2+x^3)\begin{pmatrix} 1 & 1 & 0 & 0 \\ 0 & 1 & 1 & 0 \\ 0 & 0 & 1 & 1 \\ 0 & 0 & 0 & 1 \end{pmatrix}^{-1}$$

$$=(1,\ 1+x,\ x+x^2,\ x^2+x^3)\begin{pmatrix}1 & -1 & 1 & -1\\0 & 1 & -1 & 1\\0 & 0 & 1 & -1\\0 & 0 & 0 & 1\end{pmatrix}.$$

此时

$$1+2x+3x^2+4x^3=(1,\ x,\ x^2,\ x^3)\begin{pmatrix}1\\2\\3\\4\end{pmatrix}$$

$$=(1,\ 1+x,\ x+x^2,\ x^2+x^3)\begin{pmatrix}1 & -1 & 1 & -1\\0 & 1 & -1 & 1\\0 & 0 & 1 & -1\\0 & 0 & 0 & 1\end{pmatrix}\begin{pmatrix}1\\2\\3\\4\end{pmatrix}$$

$$=(1,\ 1+x,\ x+x^2,\ x^2+x^3)\begin{pmatrix}-2\\3\\-1\\4\end{pmatrix},$$

即多项式 $1+2x+3x^2+4x^3$ 在基 $1,\ 1+x,\ x+x^2,\ x^2+x^3$ 下的坐标为 $(-2,\ 3,\ -1,\ 4)^{\mathrm{T}}$.

由于有限维线性空间的基并不唯一，同一向量在不同的基下的坐标也不尽相同，下面我们将讨论这些不同基下的坐标之间的关系.

定义 5　设 $\boldsymbol{\alpha}_1,\ \boldsymbol{\alpha}_2,\ \cdots,\ \boldsymbol{\alpha}_n$ 以及 $\boldsymbol{\beta}_1,\ \boldsymbol{\beta}_2,\ \cdots,\ \boldsymbol{\beta}_n$ 为 n 维线性空间 V 的两组基，则向量 $\boldsymbol{\beta}_1,\ \boldsymbol{\beta}_2,\ \cdots,\ \boldsymbol{\beta}_n$ 分别可由基 $\boldsymbol{\alpha}_1,\ \boldsymbol{\alpha}_2,\ \cdots,\ \boldsymbol{\alpha}_n$ 线性表示. 设

$$\begin{cases}\boldsymbol{\beta}_1=p_{11}\boldsymbol{\alpha}_1+p_{21}\boldsymbol{\alpha}_2+\cdots+p_{n1}\boldsymbol{\alpha}_n\\ \boldsymbol{\beta}_2=p_{12}\boldsymbol{\alpha}_1+p_{22}\boldsymbol{\alpha}_2+\cdots+p_{n2}\boldsymbol{\alpha}_n\\ \cdots\cdots\cdots\cdots\cdots\cdots\cdots\cdots\cdots\cdots\\ \boldsymbol{\beta}_n=p_{1n}\boldsymbol{\alpha}_1+p_{2n}\boldsymbol{\alpha}_2+\cdots+p_{nn}\boldsymbol{\alpha}_n\end{cases},$$

如果记 n 阶方阵

$$\boldsymbol{P}=\begin{pmatrix}p_{11} & p_{12} & \cdots & p_{1n}\\p_{21} & p_{22} & \cdots & p_{2n}\\\vdots & \vdots & & \vdots\\p_{n1} & p_{n2} & \cdots & p_{nn}\end{pmatrix},$$

则上式即为$(\boldsymbol{\beta}_1, \boldsymbol{\beta}_2, \cdots, \boldsymbol{\beta}_n)=(\boldsymbol{\alpha}_1, \boldsymbol{\alpha}_2, \cdots, \boldsymbol{\alpha}_n)\boldsymbol{P}$,称矩阵$\boldsymbol{P}$为基$\boldsymbol{\alpha}_1, \boldsymbol{\alpha}_2, \cdots, \boldsymbol{\alpha}_n$到基$\boldsymbol{\beta}_1, \boldsymbol{\beta}_2, \cdots, \boldsymbol{\beta}_n$的**过渡矩阵**.

如果$\boldsymbol{P}$为基$\boldsymbol{\alpha}_1, \boldsymbol{\alpha}_2, \cdots, \boldsymbol{\alpha}_n$到基$\boldsymbol{\beta}_1, \boldsymbol{\beta}_2, \cdots, \boldsymbol{\beta}_n$的过渡矩阵,$\boldsymbol{T}$为基$\boldsymbol{\beta}_1, \boldsymbol{\beta}_2, \cdots, \boldsymbol{\beta}_n$到基$\boldsymbol{\alpha}_1, \boldsymbol{\alpha}_2, \cdots, \boldsymbol{\alpha}_n$的过渡矩阵, 即

$(\boldsymbol{\beta}_1, \boldsymbol{\beta}_2, \cdots, \boldsymbol{\beta}_n)=(\boldsymbol{\alpha}_1, \boldsymbol{\alpha}_2, \cdots, \boldsymbol{\alpha}_n)\boldsymbol{P}$ 且$(\boldsymbol{\alpha}_1, \boldsymbol{\alpha}_2, \cdots, \boldsymbol{\alpha}_n)=(\boldsymbol{\beta}_1, \boldsymbol{\beta}_2, \cdots, \boldsymbol{\beta}_n)\boldsymbol{T}$,

则$(\boldsymbol{\beta}_1, \boldsymbol{\beta}_2, \cdots, \boldsymbol{\beta}_n)=(\boldsymbol{\beta}_1, \boldsymbol{\beta}_2, \cdots, \boldsymbol{\beta}_n)\boldsymbol{TP}$. 而基$\boldsymbol{\beta}_1, \boldsymbol{\beta}_2, \cdots, \boldsymbol{\beta}_n$线性无关,因此$\boldsymbol{TP}=\boldsymbol{E}$,即过渡矩阵均为可逆矩阵,且基$\boldsymbol{\alpha}_1, \boldsymbol{\alpha}_2, \cdots, \boldsymbol{\alpha}_n$到基$\boldsymbol{\beta}_1, \boldsymbol{\beta}_2, \cdots, \boldsymbol{\beta}_n$的过渡矩阵的逆矩阵即为基$\boldsymbol{\beta}_1, \boldsymbol{\beta}_2, \cdots, \boldsymbol{\beta}_n$到基$\boldsymbol{\alpha}_1, \boldsymbol{\alpha}_2, \cdots, \boldsymbol{\alpha}_n$的过渡矩阵.

例 10 设$\boldsymbol{\alpha}_1, \boldsymbol{\alpha}_2, \boldsymbol{\alpha}_3$以及$\boldsymbol{\beta}_1, \boldsymbol{\beta}_2, \boldsymbol{\beta}_3$为$\boldsymbol{R}^3$的两组基,其中

$$\boldsymbol{\alpha}_1=\begin{pmatrix}0\\0\\1\end{pmatrix}, \boldsymbol{\alpha}_2=\begin{pmatrix}0\\1\\1\end{pmatrix}, \boldsymbol{\alpha}_3=\begin{pmatrix}1\\1\\1\end{pmatrix}, \boldsymbol{\beta}_1=\begin{pmatrix}1\\0\\-1\end{pmatrix}, \boldsymbol{\beta}_2=\begin{pmatrix}2\\1\\0\end{pmatrix}, \boldsymbol{\beta}_3=\begin{pmatrix}3\\-1\\2\end{pmatrix},$$

求基$\boldsymbol{\alpha}_1, \boldsymbol{\alpha}_2, \boldsymbol{\alpha}_3$到基$\boldsymbol{\beta}_1, \boldsymbol{\beta}_2, \boldsymbol{\beta}_3$的过渡矩阵.

解 设基$\boldsymbol{\alpha}_1, \boldsymbol{\alpha}_2, \boldsymbol{\alpha}_3$到基$\boldsymbol{\beta}_1, \boldsymbol{\beta}_2, \boldsymbol{\beta}_3$的过渡矩阵为$\boldsymbol{P}$, 即$(\boldsymbol{\beta}_1, \boldsymbol{\beta}_2, \boldsymbol{\beta}_3)=(\boldsymbol{\alpha}_1, \boldsymbol{\alpha}_2, \boldsymbol{\alpha}_3)\boldsymbol{P}$, 所以

$$\begin{pmatrix}1&2&3\\0&1&-1\\-1&0&2\end{pmatrix}=\begin{pmatrix}0&0&1\\0&1&1\\1&1&1\end{pmatrix}\boldsymbol{P},$$

因此

$$\boldsymbol{P}=\begin{pmatrix}0&0&1\\0&1&1\\1&1&1\end{pmatrix}^{-1}\begin{pmatrix}1&2&3\\0&1&-1\\-1&0&2\end{pmatrix}$$

$$=\begin{pmatrix}0&-1&1\\-1&1&0\\1&0&0\end{pmatrix}\begin{pmatrix}1&2&3\\0&1&-1\\-1&0&2\end{pmatrix}=\begin{pmatrix}-1&-1&3\\-1&-1&-4\\1&2&3\end{pmatrix}.$$

§3 线性变换及其矩阵表示

本节将讨论同一线性空间中不同元素之间的关系,这种关系是通过线性变换来实现的,线性变换是研究线性空间结构的有力工具之一.

定义 6 设V为线性空间,若有V到V的对应法则T,使得对于V中的任意向量$\boldsymbol{\alpha}$,通过对应法则T,总存在V中唯一的向量$\boldsymbol{\beta}$与$\boldsymbol{\alpha}$对应,则称T为V上的一

个**变换**,$\boldsymbol{\beta}$ 称为 $\boldsymbol{\alpha}$ 的**像**，记为 $\boldsymbol{\beta}=T(\boldsymbol{\alpha})$. 进一步若 V 上的变换 T 还具有线性关系：即对于 V 中任意向量 $\boldsymbol{\alpha}$，$\boldsymbol{\beta}$ 及数 λ，有 $T(\boldsymbol{\alpha}+\boldsymbol{\beta})=T(\boldsymbol{\alpha})+T(\boldsymbol{\beta})$，$T(\lambda\boldsymbol{\alpha})=\lambda T(\boldsymbol{\alpha})$，则称 T 为 V 上的一个**线性变换**.

由定义可知变换 T 为 V 上的一个线性变换当且仅当对于 V 中任意向量 $\boldsymbol{\alpha}$，$\boldsymbol{\beta}$ 及数 λ，μ，总有 $T(\lambda\boldsymbol{\alpha}+\mu\boldsymbol{\beta})=\lambda T(\boldsymbol{\alpha})+\mu T(\boldsymbol{\beta})$.

定义 7 设 V 为线性空间，对于 V 中任意向量 $\boldsymbol{\alpha}$，定义 $I(\boldsymbol{\alpha})=\boldsymbol{\alpha}$，则 I 为 V 上的一个线性变换，称为 V 上的**恒等变换**或**单位变换**. 设 T 为 V 上的线性变换，若存在 V 上的线性变换 S，使得它们的合成 $S\circ T=T\circ S=I$ 为恒等变换，则称 T 为**可逆线性变换**，S 称为 T 的**逆变换**，记为 T^{-1}. 其中，S 与 T 的合成 $S\circ T$ 定义为 $(S\circ T)(\boldsymbol{\alpha})=S(T(\boldsymbol{\alpha}))$，$\boldsymbol{\alpha}\in V$.

例 11 设 $\boldsymbol{A}$ 为 n 阶实方阵，对于线性空间 $\boldsymbol{R}^n$ 中任意向量 $\boldsymbol{x}$，定义 $T(\boldsymbol{x})=\boldsymbol{A}\boldsymbol{x}$，则 T 为线性空间 $\boldsymbol{R}^n$ 上的线性变换.

例 12 在线性空间 $\boldsymbol{R}[x]_n$ 中对于任意多项式 $f(x)$，定义 $T(f(x))=\dfrac{df(x)}{dx}$，则 T 为线性空间 $\boldsymbol{R}[x]_n$ 上的线性变换.

定义 8 设 $\boldsymbol{\alpha}_1$，$\boldsymbol{\alpha}_2$，…，$\boldsymbol{\alpha}_n$ 为 n 维线性空间 V 的一组基，T 为 V 上的一个线性变换，则 $T(\boldsymbol{\alpha}_i)$ 为 V 中的元素，$i=1,2,\cdots,n$，从而可以由基 $\boldsymbol{\alpha}_1$，$\boldsymbol{\alpha}_2$，…，$\boldsymbol{\alpha}_n$ 线性表示. 设

$$\begin{cases}T(\boldsymbol{\alpha}_1)=a_{11}\boldsymbol{\alpha}_1+a_{21}\boldsymbol{\alpha}_2+\cdots+a_{n1}\boldsymbol{\alpha}_n\\T(\boldsymbol{\alpha}_2)=a_{12}\boldsymbol{\alpha}_1+a_{22}\boldsymbol{\alpha}_2+\cdots+a_{n2}\boldsymbol{\alpha}_n\\\cdots\cdots\cdots\cdots\cdots\cdots\cdots\cdots\\T(\boldsymbol{\alpha}_n)=a_{1n}\boldsymbol{\alpha}_1+a_{2n}\boldsymbol{\alpha}_2+\cdots+a_{nn}\boldsymbol{\alpha}_n\end{cases},$$

如果记 n 阶方阵

$$\boldsymbol{A}=\begin{pmatrix}a_{11}&a_{12}&\cdots&a_{1n}\\a_{21}&a_{22}&\cdots&a_{2n}\\\vdots&\vdots&&\vdots\\a_{n1}&a_{n2}&\cdots&a_{nn}\end{pmatrix},$$

则上式即为 $(T(\boldsymbol{\alpha}_1),T(\boldsymbol{\alpha}_2),\cdots,T(\boldsymbol{\alpha}_n))=(\boldsymbol{\alpha}_1,\boldsymbol{\alpha}_2,\cdots,\boldsymbol{\alpha}_n)\boldsymbol{A}$，称矩阵 $\boldsymbol{A}$ 为**线性变换 $\boldsymbol{T}$ 在基 $\boldsymbol{\alpha}_1$，$\boldsymbol{\alpha}_2$，…，$\boldsymbol{\alpha}_n$ 下的矩阵**.

记 $T(\boldsymbol{\alpha}_1,\boldsymbol{\alpha}_2,\cdots,\boldsymbol{\alpha}_n)=(\boldsymbol{\alpha}_1,\boldsymbol{\alpha}_2,\cdots,\boldsymbol{\alpha}_n)\boldsymbol{A}$，则线性变换 T 通过该式确定了一个矩阵 $\boldsymbol{A}$；反之，任意一个矩阵，也可以通过上式确定一个线性变换. 因此线性变换与矩阵之间存在一一对应，所以抽象的线性变换就可以通过具体的矩阵来表示. 进

一步若 T 为可逆线性变换，则 T 的逆变换 T^{-1} 在基 $\boldsymbol{\alpha}_1, \boldsymbol{\alpha}_2, \cdots, \boldsymbol{\alpha}_n$ 下的矩阵为 $\boldsymbol{A}^{-1}$.

例 13 设 T 为 3 维线性空间 $\boldsymbol{R}^3$ 中的一个线性变换，其定义为

$$T((x_1, x_2, x_3)^{\mathrm{T}}) = (x_1, 2x_2, x_1 - x_2)^{\mathrm{T}}.$$

则对于 $\boldsymbol{R}^3$ 的自然基 $\boldsymbol{e}_1 = (1, 0, 0)^{\mathrm{T}}$, $\boldsymbol{e}_2 = (0, 1, 0)^{\mathrm{T}}$, $\boldsymbol{e}_3 = (0, 0, 1)^{\mathrm{T}}$, 有

$$\begin{cases} T(\boldsymbol{e}_1) = (1, 0, 1)^{\mathrm{T}} = \boldsymbol{e}_1 + 0\boldsymbol{e}_2 + \boldsymbol{e}_3 \\ T(\boldsymbol{e}_2) = (0, 2, -1)^{\mathrm{T}} = 0\boldsymbol{e}_1 + 2\boldsymbol{e}_2 - \boldsymbol{e}_3, \\ T(\boldsymbol{e}_3) = (0, 0, 0)^{\mathrm{T}} = 0\boldsymbol{e}_1 + 0\boldsymbol{e}_2 + 0\boldsymbol{e}_3 \end{cases}$$

即

$$T(\boldsymbol{e}_1, \boldsymbol{e}_2, \boldsymbol{e}_3) = (\boldsymbol{e}_1, \boldsymbol{e}_2, \boldsymbol{e}_3)\begin{pmatrix} 1 & 0 & 0 \\ 0 & 2 & 0 \\ 1 & -1 & 0 \end{pmatrix},$$

因此 T 在自然基 $\boldsymbol{e}_1, \boldsymbol{e}_2, \boldsymbol{e}_3$ 下的矩阵为 $\begin{pmatrix} 1 & 0 & 0 \\ 0 & 2 & 0 \\ 1 & -1 & 0 \end{pmatrix}$.

定理 1 设 $\boldsymbol{\alpha}_1, \boldsymbol{\alpha}_2, \cdots, \boldsymbol{\alpha}_n$ 以及 $\boldsymbol{\beta}_1, \boldsymbol{\beta}_2, \cdots, \boldsymbol{\beta}_n$ 为 n 维线性空间 V 的两组基，T 为 V 上的一个线性变换，T 在基 $\boldsymbol{\alpha}_1, \boldsymbol{\alpha}_2, \cdots, \boldsymbol{\alpha}_n$ 以及基 $\boldsymbol{\beta}_1, \boldsymbol{\beta}_2, \cdots, \boldsymbol{\beta}_n$ 下的矩阵分别为 $\boldsymbol{A}$ 和 $\boldsymbol{B}$，且基 $\boldsymbol{\alpha}_1, \boldsymbol{\alpha}_2, \cdots, \boldsymbol{\alpha}_n$ 到基 $\boldsymbol{\beta}_1, \boldsymbol{\beta}_2, \cdots, \boldsymbol{\beta}_n$ 的过渡矩阵为 $\boldsymbol{P}$，则 $\boldsymbol{B} = \boldsymbol{P}^{-1}\boldsymbol{A}\boldsymbol{P}$，即同一线性变换在不同基下的矩阵相似.

证 由题设，有

$$T(\boldsymbol{\alpha}_1, \boldsymbol{\alpha}_2, \cdots, \boldsymbol{\alpha}_n) = (\boldsymbol{\alpha}_1, \boldsymbol{\alpha}_2, \cdots, \boldsymbol{\alpha}_n)\boldsymbol{A},$$
$$T(\boldsymbol{\beta}_1, \boldsymbol{\beta}_2, \cdots, \boldsymbol{\beta}_n) = (\boldsymbol{\beta}_1, \boldsymbol{\beta}_2, \cdots, \boldsymbol{\beta}_n)\boldsymbol{B},$$

且 $(\boldsymbol{\beta}_1, \boldsymbol{\beta}_2, \cdots, \boldsymbol{\beta}_n) = (\boldsymbol{\alpha}_1, \boldsymbol{\alpha}_2, \cdots, \boldsymbol{\alpha}_n)\boldsymbol{P}$, 于是

$$\begin{aligned} T(\boldsymbol{\beta}_1, \boldsymbol{\beta}_2, \cdots, \boldsymbol{\beta}_n) &= T[(\boldsymbol{\alpha}_1, \boldsymbol{\alpha}_2, \cdots, \boldsymbol{\alpha}_n)\boldsymbol{P}] \\ &= T(\boldsymbol{\alpha}_1, \boldsymbol{\alpha}_2, \cdots, \boldsymbol{\alpha}_n)\boldsymbol{P} \\ &= (\boldsymbol{\alpha}_1, \boldsymbol{\alpha}_2, \cdots, \boldsymbol{\alpha}_n)\boldsymbol{A}\boldsymbol{P} \\ &= (\boldsymbol{\beta}_1, \boldsymbol{\beta}_2, \cdots, \boldsymbol{\beta}_n)\boldsymbol{P}^{-1}\boldsymbol{A}\boldsymbol{P}, \end{aligned}$$

由于线性变换 T 在同一组基下的矩阵唯一，因此 $\boldsymbol{B} = \boldsymbol{P}^{-1}\boldsymbol{A}\boldsymbol{P}$.

例 14 在 3 维线性空间 $\boldsymbol{R}^3$ 中，求线性变换 T 在基 $\boldsymbol{\alpha}_1, \boldsymbol{\alpha}_2, \boldsymbol{\alpha}_3$ 下的矩阵，其中

$$T((x_1, x_2, x_3)^{\mathrm{T}}) = (x_1 + x_2, x_3 - x_1, 2x_1 - x_2 + 3x_3)^{\mathrm{T}},$$

$$\boldsymbol{\alpha}_1 = (1, 0, -1)^{\mathrm{T}}, \boldsymbol{\alpha}_2 = (1, 2, 3)^{\mathrm{T}}, \boldsymbol{\alpha}_3 = (1, -1, -1)^{\mathrm{T}}.$$

解　由题设,有

$$T(\boldsymbol{e}_1, \boldsymbol{e}_2, \boldsymbol{e}_3) = (\boldsymbol{e}_1, \boldsymbol{e}_2, \boldsymbol{e}_3)\begin{pmatrix} 1 & 1 & 0 \\ -1 & 0 & 1 \\ 2 & -1 & 3 \end{pmatrix},$$

则线性变换 T 在自然基 $\boldsymbol{e}_1 = (1, 0, 0)^{\mathrm{T}}, \boldsymbol{e}_2 = (0, 1, 0)^{\mathrm{T}}, \boldsymbol{e}_3 = (0, 0, 1)^{\mathrm{T}}$ 下的矩阵为 $\begin{pmatrix} 1 & 1 & 0 \\ -1 & 0 & 1 \\ 2 & -1 & 3 \end{pmatrix}$. 而 $(\boldsymbol{\alpha}_1, \boldsymbol{\alpha}_2, \boldsymbol{\alpha}_3) = (\boldsymbol{e}_1, \boldsymbol{e}_2, \boldsymbol{e}_3)\begin{pmatrix} 1 & 1 & 1 \\ 0 & 2 & -1 \\ -1 & 3 & -1 \end{pmatrix}$,即基 $\boldsymbol{e}_1$, $\boldsymbol{e}_2$, $\boldsymbol{e}_3$ 到基 $\boldsymbol{\alpha}_1, \boldsymbol{\alpha}_2, \boldsymbol{\alpha}_3$ 的过渡矩阵为 $\begin{pmatrix} 1 & 1 & 1 \\ 0 & 2 & -1 \\ -1 & 3 & -1 \end{pmatrix}$,因此由定理 1 知,线性变换 T 在基 $\boldsymbol{\alpha}_1, \boldsymbol{\alpha}_2, \boldsymbol{\alpha}_3$ 下的矩阵为

$$\begin{pmatrix} 1 & 1 & 1 \\ 0 & 2 & -1 \\ -1 & 3 & -1 \end{pmatrix}^{-1}\begin{pmatrix} 1 & 1 & 0 \\ -1 & 0 & 1 \\ 2 & -1 & 3 \end{pmatrix}\begin{pmatrix} 1 & 1 & 1 \\ 0 & 2 & -1 \\ -1 & 3 & -1 \end{pmatrix} = \begin{pmatrix} -1 & -4 & -2 \\ 0 & 3 & 0 \\ 2 & 4 & 2 \end{pmatrix}.$$

习　题　七

1. 判断下列集合在给定的运算下是否构成实数域 $\boldsymbol{R}$ 上的线性空间:

(1) 所有 n 阶实可逆矩阵的集合对于矩阵的加法与数乘运算;

(2) 非齐次线性方程组 $\boldsymbol{Ax} = \boldsymbol{b}$ 的解集对于通常的向量的加法及数乘运算;

(3) $V = \left\{\boldsymbol{A} = (a_{ij})_{n\times n} \,\middle|\, \sum_{i=1}^{n} a_{ii} = 0\right\}$ 对于矩阵的加法与数乘运算;

(4) $V = \{f(x) \mid f(x) \leqslant 0\}$ 对于函数的通常的加法与数乘运算.

2. 在线性空间 $\boldsymbol{R}[x]_3$ 中, $1, x, x^2, x^3$ 以及 $1, 1-x, (1-x)^2, (1-x)^3$ 均为 $\boldsymbol{R}[x]_3$ 的一组基,显然多项式 $1+5x^2-4x^3$ 在基 $1, x, x^2, x^3$ 下的坐标为 $(1, 0, 5, -4)$. 求该多项式在基 $1, 1-x, (1-x)^2, (1-x)^3$ 下的坐标.

3. 已知 $\boldsymbol{\alpha}_1 = (1, 1, -1, 1)^{\mathrm{T}}, \boldsymbol{\alpha}_2 = (1, 1, 2, -1)^{\mathrm{T}}, \boldsymbol{\alpha}_3 = (1, 0, -1, -1)^{\mathrm{T}}$, $\boldsymbol{\alpha}_4 = (0, -1, 2, 1)^{\mathrm{T}}$ 为线性空间 $\boldsymbol{R}^4$ 的四个向量,

(1) 证明 $\boldsymbol{\alpha}_1, \boldsymbol{\alpha}_2, \boldsymbol{\alpha}_3, \boldsymbol{\alpha}_4$ 为 $\boldsymbol{R}^4$ 的一组基;

(2) 求向量 $\boldsymbol{\beta}=(3,0,-1,2)^{\mathrm{T}}$ 在基 $\boldsymbol{\alpha}_1,\boldsymbol{\alpha}_2,\boldsymbol{\alpha}_3,\boldsymbol{\alpha}_4$ 下的坐标.

4. 设 $\boldsymbol{\alpha}_1,\boldsymbol{\alpha}_2,\boldsymbol{\alpha}_3$ 以及 $\boldsymbol{\beta}_1,\boldsymbol{\beta}_2,\boldsymbol{\beta}_3$ 为 $\boldsymbol{R}^3$ 的两组基,其中

$$\boldsymbol{\alpha}_1=\begin{pmatrix}-1\\0\\1\end{pmatrix},\ \boldsymbol{\alpha}_2=\begin{pmatrix}1\\1\\2\end{pmatrix},\ \boldsymbol{\alpha}_3=\begin{pmatrix}1\\1\\1\end{pmatrix},\ \boldsymbol{\beta}_1=\begin{pmatrix}1\\1\\0\end{pmatrix},\ \boldsymbol{\beta}_2=\begin{pmatrix}0\\1\\-1\end{pmatrix},\ \boldsymbol{\beta}_3=\begin{pmatrix}1\\2\\1\end{pmatrix},$$

(1) 求基 $\boldsymbol{\alpha}_1,\boldsymbol{\alpha}_2,\boldsymbol{\alpha}_3$ 到基 $\boldsymbol{\beta}_1,\boldsymbol{\beta}_2,\boldsymbol{\beta}_3$ 的过渡矩阵;

(2) 求向量 $\boldsymbol{\gamma}=2\boldsymbol{\alpha}_1+\boldsymbol{\alpha}_2-3\boldsymbol{\alpha}_3$ 在基 $\boldsymbol{\beta}_1,\boldsymbol{\beta}_2,\boldsymbol{\beta}_3$ 下的坐标.

5. 设 $\boldsymbol{\alpha}_1,\boldsymbol{\alpha}_2,\boldsymbol{\alpha}_3,\boldsymbol{\alpha}_4$ 以及 $\boldsymbol{\beta}_1,\boldsymbol{\beta}_2,\boldsymbol{\beta}_3,\boldsymbol{\beta}_4$ 分别为 4 维线性空间 V 的两组基,且满足

$$\boldsymbol{\alpha}_1+2\boldsymbol{\alpha}_2=\boldsymbol{\beta}_3,\ \boldsymbol{\alpha}_2+2\boldsymbol{\alpha}_3=\boldsymbol{\beta}_4,\ \boldsymbol{\beta}_1+2\boldsymbol{\beta}_2=\boldsymbol{\alpha}_3,\ \boldsymbol{\beta}_2+2\boldsymbol{\beta}_3=\boldsymbol{\alpha}_4,$$

(1) 求基 $\boldsymbol{\alpha}_1,\boldsymbol{\alpha}_2,\boldsymbol{\alpha}_3,\boldsymbol{\alpha}_4$ 到基 $\boldsymbol{\beta}_1,\boldsymbol{\beta}_2,\boldsymbol{\beta}_3,\boldsymbol{\beta}_4$ 的过渡矩阵;

(2) 求向量 $\boldsymbol{\gamma}=2\boldsymbol{\beta}_1-\boldsymbol{\beta}_2+\boldsymbol{\beta}_3+\boldsymbol{\beta}_4$ 在基 $\boldsymbol{\alpha}_1,\boldsymbol{\alpha}_2,\boldsymbol{\alpha}_3,\boldsymbol{\alpha}_4$ 下的坐标.

6. 已知

$$\boldsymbol{A}_1=\begin{pmatrix}1&0\\0&0\end{pmatrix},\ \boldsymbol{A}_2=\begin{pmatrix}1&1\\0&0\end{pmatrix},\ \boldsymbol{A}_3=\begin{pmatrix}1&0\\0&1\end{pmatrix},\ \boldsymbol{A}_4=\begin{pmatrix}1&1\\1&1\end{pmatrix}$$

以及

$$\boldsymbol{B}_1=\begin{pmatrix}0&1\\1&1\end{pmatrix},\ \boldsymbol{B}_2=\begin{pmatrix}1&0\\1&1\end{pmatrix},\ \boldsymbol{B}_3=\begin{pmatrix}1&1\\0&1\end{pmatrix},\ \boldsymbol{B}_4=\begin{pmatrix}1&1\\1&0\end{pmatrix}$$

分别为 2 阶实矩阵空间 $\boldsymbol{R}^{2\times2}$ 的两组基,

(1) 求矩阵 $\boldsymbol{C}=\begin{pmatrix}7&0\\4&3\end{pmatrix}$ 在基 $\boldsymbol{B}_1,\boldsymbol{B}_2,\boldsymbol{B}_3,\boldsymbol{B}_4$ 下的坐标;

(2) 求基 $\boldsymbol{A}_1,\boldsymbol{A}_2,\boldsymbol{A}_3,\boldsymbol{A}_4$ 到基 $\boldsymbol{B}_1,\boldsymbol{B}_2,\boldsymbol{B}_3,\boldsymbol{B}_4$ 的过渡矩阵.

7. 判断下列变换是否为 2 阶实矩阵空间 $\boldsymbol{R}^{2\times2}$ 上的线性变换,其中 $\boldsymbol{A}$ 为任意 2 阶实矩阵:

(1) $T(\boldsymbol{A})=\boldsymbol{A}^{\mathrm{T}}$;

(2) $T(\boldsymbol{A})=\boldsymbol{XAX}^{-1}$, $\boldsymbol{X}$ 为可逆矩阵;

(3) $T(\boldsymbol{A})=\boldsymbol{A}+\boldsymbol{E}_2$.

8. 在 2 阶实矩阵空间 $\boldsymbol{R}^{2\times2}$ 中,对于任意 2 阶矩阵 $\boldsymbol{A}$,定义变换 $T(\boldsymbol{A})=\boldsymbol{A}+\boldsymbol{A}^{\mathrm{T}}$,

(1) 证明 T 为 $\boldsymbol{R}^{2\times2}$ 上的一个线性变换;

(2) 求 T 在基 $\boldsymbol{A}_1=\begin{pmatrix}1&0\\0&0\end{pmatrix}$, $\boldsymbol{A}_2=\begin{pmatrix}1&1\\0&0\end{pmatrix}$, $\boldsymbol{A}_3=\begin{pmatrix}1&0\\0&1\end{pmatrix}$, $\boldsymbol{A}_4=\begin{pmatrix}1&1\\1&1\end{pmatrix}$ 下的矩阵.

9. 已知 $\boldsymbol{\alpha}_1$，$\boldsymbol{\alpha}_2$，$\boldsymbol{\alpha}_3$ 为 3 维线性空间 V 的一组基，

$$\boldsymbol{\beta}_1=\boldsymbol{\alpha}_1,\ \boldsymbol{\beta}_2=2\boldsymbol{\alpha}_1+\boldsymbol{\alpha}_2+\boldsymbol{\alpha}_3,\ \boldsymbol{\beta}_3=\boldsymbol{\alpha}_1-2\boldsymbol{\alpha}_2+\boldsymbol{\alpha}_3,$$

T 为 V 的一个线性变换，且 T 在基 $\boldsymbol{\alpha}_1$，$\boldsymbol{\alpha}_2$，$\boldsymbol{\alpha}_3$ 下的矩阵为 $\boldsymbol{A}=\begin{pmatrix}1&2&4\\-1&0&2\\0&1&1\end{pmatrix}$，

(1) 证明 $\boldsymbol{\beta}_1$，$\boldsymbol{\beta}_2$，$\boldsymbol{\beta}_3$ 为 V 的一组基；

(2) 求线性变换 T 在基 $\boldsymbol{\beta}_1$，$\boldsymbol{\beta}_2$，$\boldsymbol{\beta}_3$ 下的矩阵.

习 题 答 案

习 题 一

1. (1) 13; (2) -2; (3) 21; (4) abd.

2. (1) 4; (2) 7; (3) $\frac{n^2-7n+18}{2}$; (4) $n(n-1)$.

3. (1) 正号; (2) 负号.

4. (1) $a_{13}a_{24}a_{31}a_{42}$, $-a_{13}a_{21}a_{34}a_{42}$; (2) $a_{12}a_{24}a_{33}a_{41}$, $-a_{12}a_{21}a_{33}a_{44}$.

5. (1) $-abcd$; (2) 24; (3) $-4abcdef$; (4) $-2(x^3+y^3)$; (5) 8; (6) $1-\frac{1}{2}x^2-\frac{1}{3}y^2-\frac{1}{4}z^2$; (7) $(b-a)(c-a)(d-a)(c-b)(d-b)(d-c)$; (8) $a^{n-2}(a^2-b^2)$; (9) $[a+(n-1)b](a-b)^{n-1}$; (10) $a^3(4a+6b)$; (11) a^2b^2; (12) 63; (13) 28.

6. -2, 1.

7. (1) $\left(a_0-\sum_{i=1}^{n}\frac{1}{a_i}\right)\prod_{i=1}^{n}a_i$; (2) $1+\sum_{i=1}^{n}a_i$; (3) $1+\sum_{i=1}^{n}x_i^2$; (4) $-2(n-2)!$; (5) $(-1)^{\frac{n(n-1)}{2}}\frac{n^{n-1}(n+1)}{2}$.

8. -13, 3.

10. (1) $x_1=-1$, $x_2=-2$, $x_3=2$; (2) $x_1=-1$, $x_2=-1$, $x_3=0$, $x_4=1$; (3) $x_1=1$, $x_2=-1$, $x_3=1$, $x_4=-1$, $x_5=1$.

11. $\lambda\neq-2$ 且 $\lambda\neq1$.

12. $\lambda=-1$ 或 $\lambda=4$.

13. $k\neq0$ 且 $k\neq1$.

14. $m\neq0$ 且 $k\neq1$.

习 题 二

1. (1) 错,行阶梯形矩阵不唯一; (2) 错,还可以有无穷多解; (3) 错; (4) 对.

2. (1) 1; (2) -2; (3) $\lambda\neq1$; (4) $\sum_{i=1}^{4}a_i=0$; (5) $\lambda=3$; (6) $\lambda=1$ 或 2; (7) 无穷多; (8) $\lambda\neq-2$ 且 $\lambda\neq1$, $\lambda=1$, $\lambda=-2$.

3. (1) c; (2) b; (3) b; (4) d; (5) d.

4. (1) $\begin{pmatrix}1&0&0&0\\0&0&1&0\\0&0&0&1\end{pmatrix}$; (2) $\begin{pmatrix}0&1&0&0\\0&0&1&0\\0&0&0&1\end{pmatrix}$; (3) $\begin{pmatrix}1&0&-1&-6\\0&1&2&11\\0&0&0&0\\0&0&0&0\end{pmatrix}$;

(4) $\begin{pmatrix} 1 & 0 & 2 & 0 & -2 \\ 0 & 1 & -1 & 0 & 3 \\ 0 & 0 & 0 & 1 & 4 \\ 0 & 0 & 0 & 0 & 0 \end{pmatrix}$；(5) $\begin{pmatrix} 1 & 0 & 0 & 2 & 0 \\ 0 & 1 & 0 & -1 & 0 \\ 0 & 0 & 1 & 0 & 0 \\ 0 & 0 & 0 & 0 & 1 \end{pmatrix}$.

5. (1) 1；(2) 3；(3) 3；(4) 3；(5) 3.

6. $a = \dfrac{1}{1-n}$.

7. 都可能有.

8. $\begin{pmatrix} 1 & 0 & 1 & 0 & 0 \\ 1 & -1 & 0 & 0 & 0 \\ 0 & 0 & 1 & 0 & 0 \\ 0 & 0 & 0 & 1 & 0 \\ 0 & 0 & 0 & 0 & 0 \end{pmatrix}$.

9. (1) 2，$\begin{vmatrix} 3 & 1 \\ 1 & -1 \end{vmatrix}$；(2) 3，$\begin{vmatrix} 3 & 2 & -1 \\ 2 & -1 & -3 \\ 7 & 0 & -8 \end{vmatrix}$；(3) 3，$\begin{vmatrix} 2 & 1 & 7 \\ 2 & -3 & -5 \\ 1 & 0 & 0 \end{vmatrix}$；

(4) 3，$\begin{vmatrix} 1 & -1 & 1 \\ 3 & 0 & -1 \\ 0 & 3 & 0 \end{vmatrix}$.

10. $k=-3$.

12. $k=17$, $R(\mathbf{A})=2<3$；$k\neq 17$, $R(\mathbf{A})=3$.

13. (1) $\begin{cases} x_1 = -\dfrac{1}{3}c \\ x_2 = -\dfrac{2}{3}c \\ x_3 = -\dfrac{1}{3}c \\ x_4 = c \end{cases}$，$c$ 为任意常数；(2) $\begin{cases} x_1 = -2c_1 + c_2 \\ x_2 = c_1 \\ x_3 = 0 \\ x_4 = c_2 \end{cases}$，$c_1$，$c_2$ 为任意常数；

(3) $\begin{cases} x_1 = -\dfrac{3}{2}c_1 - c_2 \\ x_2 = -\dfrac{7}{2}c_1 - 2c_2 \\ x_3 = c_1 \\ x_4 = c_2 \end{cases}$，$c_1$，$c_2$ 为任意常数；(4) $\begin{cases} x_1 = \dfrac{3}{17}c_1 - \dfrac{13}{17}c_2 \\ x_2 = \dfrac{19}{17}c_1 - \dfrac{20}{17}c_2 \\ x_3 = c_1 \\ x_4 = c_2 \end{cases}$，$c_1$，$c_2$ 为任意常数.

14. (1) $\begin{cases} x_1 = -\dfrac{1}{2} - 3c \\ x_2 = 1 - c \\ x_3 = c \\ x_4 = \dfrac{5}{2} \end{cases}$，$c$ 为任意常数；(2) 无解；

(3) $\begin{cases} x_1 = \dfrac{1}{6} + 5c \\ x_2 = \dfrac{1}{6} - 7c \\ x_3 = \dfrac{1}{6} + 5c \\ x_4 = 6c \end{cases}$，$c$ 为任意常数；(4) $\begin{cases} x_1 = -16 + c_1 + c_2 + 5c_3 \\ x_2 = 23 - 2c_1 - 2c_2 - 6c_3 \\ x_3 = c_1 \\ x_4 = c_2 \\ x_5 = c_3 \end{cases}$，$c_1$，$c_2$，$c_3$ 为任常数.

15. $\mu = 0$ 或 $\lambda = 1$.

16. $\lambda \neq 1$ 且 $\lambda \neq -2$ 时，有唯一解；$\lambda = -2$ 时，无解；$\lambda = 1$ 时，有无穷多解，$\begin{cases} x_1 = -2 - c_1 - c_2 \\ x_2 = c_1 \\ x_3 = c_2 \end{cases}$，$c_1$，$c_2$ 为任意常数.

17. $\lambda = 1$ 或 2 时有解；$\lambda = 1$ 时，$\begin{cases} x_1 = 1 + c \\ x_2 = c \\ x_3 = c \end{cases}$ c 为任意常数；$\lambda = -2$ 时，$\begin{cases} x_1 = 2 + c \\ x_2 = 2 + c \\ x_3 = c \end{cases}$，$c$ 为任意常数.

18. $\lambda \neq 0$ 且 $\lambda \neq -3$ 时，有唯一解；$\lambda = 0$ 时，无解；$\lambda = -3$ 时，有无穷多解，$\begin{cases} x_1 = -1 + c \\ x_2 = -2 + c, \\ x_3 = c \end{cases}$ c 为任意常数.

19. (1) $\begin{cases} x_1 = -2 + c \\ x_2 = -4 + c \\ x_3 = -5 + 2c \\ x_4 = c \end{cases}$，$c$ 为任意常数；(2) $m = 2$，$n = 4$，$t = 6$.

习 题 三

1. $x = 1$，$y = -2$，$z = 1$，$w = -1$.

2. $\boldsymbol{X} = \begin{pmatrix} 4 & -6 & 7 \\ 6 & 2 & -2 \end{pmatrix}$.

3. $2\boldsymbol{A} + 3\boldsymbol{B} = \begin{pmatrix} 8 & 14 & 7 & 0 \\ 6 & 27 & 1 & 16 \\ -29 & 16 & 15 & 38 \end{pmatrix}$；$\boldsymbol{A} - 2\boldsymbol{B} = \begin{pmatrix} 4 & -7 & 0 & 7 \\ -4 & -11 & 11 & -13 \\ 10 & -6 & -10 & -9 \end{pmatrix}$.

4. (1) -1；(2) $\begin{pmatrix} -5 & 3 & 1 \\ -15 & 9 & 3 \\ -25 & 15 & 5 \end{pmatrix}$；(3) $\begin{pmatrix} 0 & 8 & 26 \\ 7 & -2 & 11 \\ -5 & 10 & 20 \\ 11 & 2 & 34 \end{pmatrix}$；(4) $\begin{pmatrix} 12 \\ 7 \\ -7 \end{pmatrix}$.

5. $\begin{pmatrix} 8 & 18 \\ 9 & 17 \end{pmatrix}$.

6. (1) 否，如 $A=B=\begin{pmatrix}1&0\\0&0\end{pmatrix}$, $C=\begin{pmatrix}1&0\\0&1\end{pmatrix}$；(2) 否，不满足交换律；

(3) 否，不满足交换律；(4) 否，如 $A=\begin{pmatrix}1&1\\-1&-1\end{pmatrix}$.

7. (1) d；(2) c；(3) d；(4) b；(5) b；(6) b；(7) a；(8) c；(9) d；(10) b.

8. (1) $\frac{9}{64}$；(2) $-\frac{1}{2}$；(3) $\begin{pmatrix}-2&0&1\\0&-1&0\\0&0&-2\end{pmatrix}$；(4) $(-1)^{mn}ab$；(5) $3^{n-1}\begin{pmatrix}1&\frac{1}{2}&\frac{1}{3}\\2&1&\frac{2}{3}\\3&\frac{3}{2}&1\end{pmatrix}$；

(6) $\begin{pmatrix}\frac{1}{10}&0&0\\\frac{1}{5}&\frac{1}{5}&0\\\frac{3}{10}&\frac{2}{5}&\frac{1}{2}\end{pmatrix}$；(7) $\begin{pmatrix}1&\frac{1}{2}&0\\-\frac{1}{2}&1&0\\0&0&2\end{pmatrix}$；(8) 2^n；(9) $k^{n-1}A^*$；(10) 0；

(11) $|A|^{n-2}A$.

9. $\begin{pmatrix}1&2n&2n(n-1)\\0&1&2n\\0&0&1\end{pmatrix}$.

10. $13^{n-1}\begin{pmatrix}-2&6&8\\-1&3&4\\-3&9&12\end{pmatrix}$.

12. (1) 否，如 $A=\begin{pmatrix}1&0\\0&1\end{pmatrix}$, $B=\begin{pmatrix}-1&0\\0&-1\end{pmatrix}$；(2) 否，应为 $(-1)^n\,|A|$；

(3) 否，应为 $\frac{k^n}{|A|}$；(4) 成立.

13. (1) $\begin{pmatrix}2&-1\\-3&2\end{pmatrix}$；(2) $\begin{pmatrix}2&0&0\\0&3&0\\0&0&6\end{pmatrix}$；(3) $\begin{pmatrix}-8&-5&1\\29&18&-3\\-11&-7&1\end{pmatrix}$.

15. 2^{n-1}.

16. (1) $\begin{pmatrix}21&6&9\\-2&-1&-1\\2&0&19\end{pmatrix}$；(2) $\begin{pmatrix}\frac{3}{2}&\frac{1}{2}&1\\-\frac{1}{2}&0&\frac{5}{2}\\2&\frac{1}{2}&\frac{3}{2}\end{pmatrix}$；(3) $\begin{pmatrix}15&6&21\\-4&7&-5\\4&11&5\end{pmatrix}$.

17. $\begin{pmatrix}2&0&1\\0&3&0\\1&0&2\end{pmatrix}$.

18. (1) $\begin{pmatrix} -\frac{1}{6} & \frac{4}{3} \\ \frac{11}{6} & \frac{1}{3} \\ -\frac{4}{3} & -\frac{1}{3} \end{pmatrix}$；(2) $\begin{pmatrix} -\frac{1}{3} & \frac{1}{3} & \frac{4}{3} \\ \frac{2}{3} & \frac{1}{3} & \frac{1}{3} \end{pmatrix}$；(3) $\begin{pmatrix} -2 & -1 \\ -\frac{3}{2} & -\frac{3}{2} \\ -\frac{5}{2} & -\frac{1}{2} \end{pmatrix}$.

19. $\begin{pmatrix} 6 & 0 & 0 & 0 \\ 0 & 6 & 0 & 0 \\ 6 & 0 & 6 & 0 \\ 0 & 3 & 0 & -1 \end{pmatrix}$.

20. (1) $\begin{cases} x_1 = -11 \\ x_2 = -18 \\ x_3 = 23 \end{cases}$；(2) $\begin{cases} x_1 = 5 \\ x_2 = 0 \\ x_3 = 3 \end{cases}$.

21. (1) $\begin{pmatrix} 0 & 0 & -1 \\ \frac{1}{3} & \frac{1}{3} & \frac{2}{3} \\ \frac{1}{3} & -\frac{2}{3} & -\frac{1}{3} \end{pmatrix}$；(2) $\begin{pmatrix} \frac{5}{2} & -1 & -\frac{1}{2} \\ -1 & 1 & 0 \\ -\frac{1}{2} & 0 & \frac{1}{2} \end{pmatrix}$；(3) $\begin{pmatrix} 1 & -2 & 0 & 0 \\ -2 & 5 & 0 & 0 \\ 0 & 0 & -2 & \frac{3}{2} \\ 0 & 0 & 1 & -\frac{1}{2} \end{pmatrix}$；

(4) $\begin{pmatrix} 1 & 1 & -2 & -4 \\ 0 & 1 & 0 & -1 \\ -1 & -1 & 3 & 6 \\ 2 & 1 & -6 & -10 \end{pmatrix}$.

23. $\begin{pmatrix} -\frac{1}{6}+2^{10} & -\frac{2}{3} & -\frac{1}{6}-2^{10} \\ -\frac{2}{3} & \frac{1}{3} & -\frac{2}{3} \\ -\frac{1}{6}-2^{10} & -\frac{2}{3} & -\frac{1}{6}+2^{10} \end{pmatrix}$.

25. $\begin{pmatrix} -2 & 10 & 0 & 0 \\ -2 & 26 & 0 & 0 \\ 0 & 0 & 3 & 0 \\ 0 & 0 & 0 & -4 \end{pmatrix}$.

26. $\begin{pmatrix} 1 & 2 & 5 & 2 \\ 0 & 1 & 2 & -4 \\ 0 & 0 & -4 & 3 \\ 0 & 0 & 0 & -9 \end{pmatrix}$.

27. (1) $\begin{pmatrix} 1 & -2 & 0 & 0 \\ -2 & 5 & 0 & 0 \\ 0 & 0 & 2 & -3 \\ 0 & 0 & -5 & 8 \end{pmatrix}$；(2) $\begin{pmatrix} -\frac{1}{4} & \frac{3}{4} & 0 & 0 & 0 \\ \frac{1}{2} & -\frac{1}{2} & 0 & 0 & 0 \\ 0 & 0 & 1 & -1 & 0 \\ 0 & 0 & 0 & 1 & -1 \\ 0 & 0 & 0 & 0 & 1 \end{pmatrix}$；

(3) $\begin{pmatrix} \frac{3}{4} & -\frac{1}{4} & 0 & 0 & 0 \\ \frac{1}{4} & \frac{1}{4} & 0 & 0 & 0 \\ 0 & 0 & -\frac{1}{2} & 0 & 0 \\ 0 & 0 & 0 & 1 & -2 \\ 0 & 0 & 0 & 0 & 1 \end{pmatrix}$.

习 题 四

1. $\begin{pmatrix} -1 \\ -4 \\ 6 \end{pmatrix}$, $\begin{pmatrix} 7 \\ 1 \\ 1 \end{pmatrix}$.

2. $a=-12$, $b=-1$, $c=-2$.

3. (1) 不是；(2) 是，$\boldsymbol{\beta}=\frac{1}{3}\boldsymbol{\alpha}_1+\frac{1}{3}\boldsymbol{\alpha}_2+\frac{1}{3}\boldsymbol{\alpha}_3$；(3) 不是.

4. (1) 错；(2) 错；(3) 对；(4) 错；(5) 对；(6) 错；(7) 错；(8) 错.

5. (1) 线性相关；(2) 线性相关；(3) 线性相关；(4) 线性无关；(5) 线性无关.

7. $a=-9$.

9. (1) 3，$\boldsymbol{\alpha}_1$，$\boldsymbol{\alpha}_2$，$\boldsymbol{\alpha}_4$，$\boldsymbol{\alpha}_3=2\boldsymbol{\alpha}_1+3\boldsymbol{\alpha}_2$；(2) 4，$\boldsymbol{\alpha}_1$，$\boldsymbol{\alpha}_2$，$\boldsymbol{\alpha}_3$，$\boldsymbol{\alpha}_4$；

(3) 3，$\boldsymbol{\alpha}_1$，$\boldsymbol{\alpha}_2$，$\boldsymbol{\alpha}_4$，$\boldsymbol{\alpha}_3=2\boldsymbol{\alpha}_1-\boldsymbol{\alpha}_2$；(4) 3，$\boldsymbol{\alpha}_1$，$\boldsymbol{\alpha}_2$，$\boldsymbol{\alpha}_3$，$\boldsymbol{\alpha}_4=-\frac{1}{2}\boldsymbol{\alpha}_2+\frac{1}{2}\boldsymbol{\alpha}_3$.

10. $k=-1$.

11. (1) $\begin{pmatrix} 2 \\ -1 \\ 1 \\ 0 \end{pmatrix}$, $\begin{pmatrix} 3 \\ 2 \\ 1 \\ 6 \end{pmatrix}$, $\begin{pmatrix} 1 \\ 3 \\ 0 \\ 2 \end{pmatrix}$, $\begin{pmatrix} 7 \\ 0 \\ 3 \\ 14 \end{pmatrix}=3\begin{pmatrix} 3 \\ 2 \\ 1 \\ 6 \end{pmatrix}-2\begin{pmatrix} 1 \\ 3 \\ 0 \\ 2 \end{pmatrix}$；

(2) $\begin{pmatrix} 3 \\ 0 \\ -1 \\ 2 \\ 3 \end{pmatrix}$, $\begin{pmatrix} 1 \\ 2 \\ 5 \\ 0 \\ -1 \end{pmatrix}$, $\begin{pmatrix} 2 \\ 5 \\ 14 \\ 2 \\ -4 \end{pmatrix}$, $\begin{pmatrix} 2 \\ 1 \\ 2 \\ 1 \\ 1 \end{pmatrix}=\frac{1}{2}\begin{pmatrix} 3 \\ 0 \\ -1 \\ 2 \\ 3 \end{pmatrix}+\frac{1}{2}\begin{pmatrix} 1 \\ 2 \\ 5 \\ 0 \\ -1 \end{pmatrix}$, $\begin{pmatrix} 1 \\ 6 \\ 17 \\ 1 \\ -6 \end{pmatrix}=-\frac{1}{2}\begin{pmatrix} 3 \\ 0 \\ -1 \\ 2 \\ 3 \end{pmatrix}+$

$$\frac{1}{2}\begin{pmatrix}1\\2\\5\\0\\-1\end{pmatrix}+\begin{pmatrix}2\\5\\14\\2\\-4\end{pmatrix}.$$

12. 等价.

13. 不一定等价，如向量组 $\boldsymbol{\alpha}_1=\begin{pmatrix}1\\0\end{pmatrix}$，$\boldsymbol{\alpha}_2=\begin{pmatrix}0\\1\end{pmatrix}$与向量组 $\boldsymbol{\beta}_1=\begin{pmatrix}1\\0\\0\end{pmatrix}$，$\boldsymbol{\beta}_2=\begin{pmatrix}0\\1\\0\end{pmatrix}$.

16. (1) $\begin{pmatrix}-\frac{1}{3}\\-\frac{1}{3}\\1\end{pmatrix}$；(2) $\begin{pmatrix}-2\\0\\1\\0\end{pmatrix}$，$\begin{pmatrix}\frac{1}{2}\\-\frac{1}{2}\\0\\1\end{pmatrix}$；(3) $\begin{pmatrix}1\\1\\1\\1\\1\end{pmatrix}$；(4) $\begin{pmatrix}-1\\1\\0\\\vdots\\0\end{pmatrix}$，$\begin{pmatrix}-1\\0\\1\\\vdots\\0\end{pmatrix}$，…，$\begin{pmatrix}-1\\0\\0\\\vdots\\1\end{pmatrix}$.

18. $\boldsymbol{B}=\begin{pmatrix}-1&\frac{1}{5}\\-1&\frac{8}{5}\\1&0\\0&1\end{pmatrix}$.

19. $\boldsymbol{Ax}=\boldsymbol{0}$，其中 $\boldsymbol{A}=\begin{pmatrix}-1&-\frac{1}{2}&1&0\\-2&-\frac{1}{2}&0&1\end{pmatrix}$.

20. $k_1\begin{pmatrix}2\\-1\\0\end{pmatrix}+k_2\begin{pmatrix}1\\-1\\2\end{pmatrix}$，$k_1$，$k_2$ 为任意常数.

21. (1)（Ⅰ）的基础解系：$\begin{pmatrix}0\\0\\1\\0\end{pmatrix}$，$\begin{pmatrix}1\\-1\\0\\1\end{pmatrix}$，（Ⅱ）的基础解系：$\begin{pmatrix}-2\\1\\1\\0\end{pmatrix}$，$\begin{pmatrix}1\\-1\\0\\1\end{pmatrix}$；

(2) $\begin{pmatrix}x_1\\x_2\\x_3\\x_4\end{pmatrix}=k\begin{pmatrix}1\\-1\\0\\1\end{pmatrix}$，$k$ 为任意常数.

22. (1) $\begin{pmatrix} x_1 \\ x_2 \\ x_3 \\ x_4 \end{pmatrix} = \begin{pmatrix} 3 \\ 0 \\ -2 \\ 0 \end{pmatrix} + k\begin{pmatrix} -3 \\ 0 \\ 2 \\ 1 \end{pmatrix}$, k 为任意常数；

(2) $\begin{pmatrix} x_1 \\ x_2 \\ x_3 \\ x_4 \end{pmatrix} = \begin{pmatrix} -17 \\ 14 \\ 0 \\ 0 \end{pmatrix} + k_1\begin{pmatrix} -9 \\ 7 \\ 1 \\ 0 \end{pmatrix} + k_2\begin{pmatrix} -4 \\ \frac{7}{2} \\ 0 \\ 1 \end{pmatrix}$, k_1, k_2 为任意常数；

(3) $\begin{pmatrix} x_1 \\ x_2 \\ x_3 \\ \vdots \\ x_n \end{pmatrix} = \begin{pmatrix} 1 \\ 0 \\ 0 \\ \vdots \\ 0 \end{pmatrix} + k_1\begin{pmatrix} -2 \\ 1 \\ 0 \\ \vdots \\ 0 \end{pmatrix} + k_2\begin{pmatrix} -3 \\ 0 \\ 1 \\ \vdots \\ 0 \end{pmatrix} + \cdots + k_{n-1}\begin{pmatrix} -n \\ 0 \\ 0 \\ \vdots \\ 1 \end{pmatrix}$, k_1, k_2, $\cdots$, k_{n-1} 为任意常数.

23. $\begin{pmatrix} 1 \\ 0 \\ -1 \\ 0 \end{pmatrix} + k\begin{pmatrix} 1 \\ 1 \\ -3 \\ -1 \end{pmatrix}$, k 为任意常数.

26. $t_1 \neq 0$.

习 题 五

1. (1) $\lambda_1 = 2$, $\lambda_2 = 4$；对应于 λ_1 的全部特征向量为 $k\begin{pmatrix} 1 \\ 3 \end{pmatrix}(\neq \mathbf{0})$，对应于 λ_2 的全部特征向量为 $k\begin{pmatrix} 1 \\ 1 \end{pmatrix}(\neq \mathbf{0})$；

(2) $\lambda_1 = 1$(二重)，$\lambda_2 = 2$；对应于 λ_1 的全部特征向量为 $k\begin{pmatrix} 1 \\ 0 \\ 0 \end{pmatrix}(\neq \mathbf{0})$，对应于 λ_2 的全部特征向量为 $k\begin{pmatrix} 1 \\ 2 \\ 1 \end{pmatrix}(\neq \mathbf{0})$；

(3) $\lambda_1 = 1$(二重)，$\lambda_2 = 4$；对应于 λ_1 的全部特征向量为 $k_1\begin{pmatrix} 1 \\ -1 \\ 0 \end{pmatrix} + k_2\begin{pmatrix} 0 \\ 1 \\ -1 \end{pmatrix}(\neq \mathbf{0})$，对应于 λ_2 的全部特征向量为 $k\begin{pmatrix} 1 \\ 1 \\ 1 \end{pmatrix}(\neq \mathbf{0})$；

(4) $\lambda=-1$(三重),对应于λ的全部特征向量为$k\begin{pmatrix}1\\1\\-1\end{pmatrix}(\neq\mathbf{0})$;

(5) $\lambda_1=1$(二重),$\lambda_2=-1$;对于λ_1,$a=-1$时,对应的全部特征向量为$k_1\begin{pmatrix}1\\0\\1\end{pmatrix}+k_2\begin{pmatrix}1\\1\\1\end{pmatrix}(\neq\mathbf{0})$,$a\neq-1$时,对应的全部特征向量为$k\begin{pmatrix}0\\1\\0\end{pmatrix}(\neq\mathbf{0})$;对于$\lambda_2$,对应的全部特征向量为$k\begin{pmatrix}1\\\frac{a-1}{2}\\-1\end{pmatrix}(\neq\mathbf{0})$;

(6) $\lambda_1=1$(二重),$\lambda_2=2$;对应于λ_1的全部特征向量为$k\begin{pmatrix}1\\2\\-1\end{pmatrix}(\neq\mathbf{0})$,对应于$\lambda_2$的全部特征向量为$k\begin{pmatrix}0\\0\\1\end{pmatrix}(\neq\mathbf{0})$.

2. $x=1$或-2.

4. $x=-1$(提示:$\boldsymbol{A}$可相似对角化当且仅当$\boldsymbol{A}$有三个线性无关的特征向量).

5. 提示:$\boldsymbol{A}$有n个互不相同的特征值,从而有n个线性无关的特征向量.

6. $\boldsymbol{A}-2\boldsymbol{E}$的特征值为$\lambda_1=-3$,$\lambda_2=0$,$\lambda_3=1$,故$|\boldsymbol{A}-2\boldsymbol{E}|=\lambda_1\lambda_2\lambda_3=0$.

7. $a=b=0$(提示:$\boldsymbol{A}$与$\boldsymbol{B}$相似,从而有相同的特征值).

8. (1) $a=2$;(2) 可取$\boldsymbol{P}=\begin{pmatrix}1&1&1\\1&1&-1\\0&1&1\end{pmatrix}$.

9. (1) $\boldsymbol{P}=\begin{pmatrix}3&1\\-2&1\end{pmatrix}$;(2) $\boldsymbol{A}^m=\frac{1}{5}\begin{pmatrix}3(-1)^m+2\cdot4^m&-3(-1)^m+3\cdot4^m\\-2(-1)^m+2\cdot4^m&2(-1)^m+3\cdot4^m\end{pmatrix}$.

11. $\boldsymbol{\alpha}_2=\begin{pmatrix}5\\-1\\-1\end{pmatrix}$,$\boldsymbol{\alpha}_3=\begin{pmatrix}1\\16\\-11\end{pmatrix}$.

12. (1) $\boldsymbol{\eta}_1=\frac{\sqrt{3}}{3}\begin{pmatrix}1\\1\\1\end{pmatrix}$,$\boldsymbol{\eta}_2=\frac{\sqrt{2}}{2}\begin{pmatrix}-1\\0\\1\end{pmatrix}$,$\boldsymbol{\eta}_3=\frac{\sqrt{6}}{6}\begin{pmatrix}1\\-2\\1\end{pmatrix}$;

(2) $\boldsymbol{\eta}_1=\frac{\sqrt{3}}{3}\begin{pmatrix}1\\1\\1\end{pmatrix}$,$\boldsymbol{\eta}_2=\frac{\sqrt{2}}{2}\begin{pmatrix}-1\\0\\1\end{pmatrix}$,$\boldsymbol{\eta}_3=\frac{\sqrt{6}}{6}\begin{pmatrix}1\\-2\\1\end{pmatrix}$;

(3) $\boldsymbol{\eta}_1=\frac{1}{2}\begin{pmatrix}1\\1\\1\\1\end{pmatrix}$, $\boldsymbol{\eta}_2=\frac{1}{2}\begin{pmatrix}1\\1\\-1\\-1\end{pmatrix}$, $\boldsymbol{\eta}_3=\frac{1}{2}\begin{pmatrix}-1\\1\\-1\\1\end{pmatrix}$;

(4) $\boldsymbol{\eta}_1=\frac{\sqrt{3}}{3}\begin{pmatrix}1\\0\\-1\\1\end{pmatrix}$, $\boldsymbol{\eta}_2=\frac{\sqrt{15}}{15}\begin{pmatrix}1\\-3\\2\\1\end{pmatrix}$, $\boldsymbol{\eta}_3=\frac{\sqrt{35}}{35}\begin{pmatrix}-1\\3\\3\\4\end{pmatrix}$.

13. (1) $\boldsymbol{P}=\begin{pmatrix}\frac{\sqrt{3}}{3}&\frac{\sqrt{6}}{6}&\frac{\sqrt{2}}{2}\\\frac{\sqrt{3}}{3}&\frac{\sqrt{6}}{6}&-\frac{\sqrt{2}}{2}\\-\frac{\sqrt{3}}{3}&\frac{\sqrt{6}}{3}&0\end{pmatrix}$; (2) $\boldsymbol{P}=\begin{pmatrix}0&1&0\\-\frac{\sqrt{2}}{2}&0&\frac{\sqrt{2}}{2}\\\frac{\sqrt{2}}{2}&0&\frac{\sqrt{2}}{2}\end{pmatrix}$;

(3) $\boldsymbol{P}=\begin{pmatrix}\frac{\sqrt{2}}{2}&\frac{\sqrt{6}}{6}&-\frac{\sqrt{3}}{6}&-\frac{1}{2}\\\frac{\sqrt{2}}{2}&-\frac{\sqrt{6}}{6}&\frac{\sqrt{3}}{6}&\frac{1}{2}\\0&\frac{\sqrt{6}}{3}&\frac{\sqrt{3}}{6}&\frac{1}{2}\\0&0&\frac{\sqrt{3}}{2}&-\frac{1}{2}\end{pmatrix}$; (4) $\boldsymbol{P}=\begin{pmatrix}\frac{2}{3}&\frac{1}{3}&\frac{2}{3}\\\frac{1}{3}&\frac{2}{3}&-\frac{2}{3}\\-\frac{2}{3}&\frac{2}{3}&\frac{1}{3}\end{pmatrix}$;

(5) $\boldsymbol{P}=\begin{pmatrix}0&\frac{\sqrt{5}}{3}&\frac{2}{3}\\\frac{2\sqrt{5}}{5}&-\frac{2\sqrt{5}}{15}&\frac{1}{3}\\-\frac{\sqrt{5}}{5}&-\frac{4\sqrt{5}}{15}&\frac{2}{3}\end{pmatrix}$.

14. $\boldsymbol{A}=\frac{1}{3}\begin{pmatrix}-1&0&2\\0&1&2\\2&2&0\end{pmatrix}$.

15. (1) 可取 $\boldsymbol{\alpha}_3=\begin{pmatrix}1\\0\\1\end{pmatrix}$; (2) $\boldsymbol{A}=\frac{1}{6}\begin{pmatrix}13&-2&5\\-2&10&2\\5&2&13\end{pmatrix}$.

习 题 六

1. (1) $f(\boldsymbol{x})=\boldsymbol{x}^{\mathrm{T}}\boldsymbol{A}\boldsymbol{x}$,其中 $\boldsymbol{A}=\dfrac{1}{2}\begin{pmatrix}2&5&-1\\5&2&1\\-1&1&2\end{pmatrix}$, $\boldsymbol{x}=\begin{pmatrix}x_1\\x_2\\x_3\end{pmatrix}$;

(2) $f(\boldsymbol{x})=\boldsymbol{x}^{\mathrm{T}}\boldsymbol{A}\boldsymbol{x}$,其中 $\boldsymbol{A}=\dfrac{1}{2}\begin{pmatrix}0&1&1&1\\1&0&1&1\\1&1&0&1\\1&1&1&0\end{pmatrix}$, $\boldsymbol{x}=\begin{pmatrix}x_1\\x_2\\x_3\\x_4\end{pmatrix}$;

(3) $f(\boldsymbol{x})=\boldsymbol{x}^{\mathrm{T}}\boldsymbol{A}\boldsymbol{x}$,其中 $\boldsymbol{A}=\dfrac{1}{2}\begin{pmatrix}2&1&0&\cdots&0\\1&2&1&\cdots&0\\0&1&2&\cdots&0\\\vdots&\vdots&\vdots&&\vdots\\0&0&0&\cdots&2\end{pmatrix}$, $\boldsymbol{x}=\begin{pmatrix}x_1\\x_2\\\vdots\\x_n\end{pmatrix}$;

(4) $f(\boldsymbol{x})=\boldsymbol{x}^{\mathrm{T}}\boldsymbol{A}\boldsymbol{x}$,其中 $\boldsymbol{A}=\begin{pmatrix}1&3&5\\3&5&7\\5&7&9\end{pmatrix}$, $\boldsymbol{x}=\begin{pmatrix}x_1\\x_2\\x_3\end{pmatrix}$.

2. (1) 2; (2) 2; (3) 3.

3. $c=3$.

7. (1) $\begin{pmatrix}x_1\\x_2\\x_3\end{pmatrix}=\begin{pmatrix}1&-1&1\\0&1&-2\\0&0&1\end{pmatrix}\begin{pmatrix}y_1\\y_2\\y_3\end{pmatrix}$, $f=y_1^2+y_2^2$;

(2) $\begin{pmatrix}x_1\\x_2\\x_3\end{pmatrix}=\begin{pmatrix}1&1&3\\1&-1&-1\\0&0&1\end{pmatrix}\begin{pmatrix}z_1\\z_2\\z_3\end{pmatrix}$, $f=2z_1^2-2z_2^2+6z_3^2$;

(3) $\begin{pmatrix}x_1\\x_2\\x_3\end{pmatrix}=\begin{pmatrix}1&2&-5\\0&0&1\\0&1&-2\end{pmatrix}\begin{pmatrix}y_1\\y_2\\y_3\end{pmatrix}$, $f=y_1^2+y_2^2-2y_3^2$;

(4) $\begin{pmatrix}x_1\\x_2\\x_3\end{pmatrix}=\begin{pmatrix}1&-1&1\\0&0&1\\0&1&-1\end{pmatrix}\begin{pmatrix}y_1\\y_2\\y_3\end{pmatrix}$, $f=y_1^2+y_2^2-y_3^2$;

(5) $\begin{pmatrix}x_1\\x_2\\x_3\end{pmatrix}=\begin{pmatrix}0&1&-1\\1&-1&2\\0&0&1\end{pmatrix}\begin{pmatrix}y_1\\y_2\\y_3\end{pmatrix}$, $f=y_1^2+y_2^2+2y_3^2$.

8. (1) 正交矩阵 $\boldsymbol{P}=\frac{1}{3}\begin{pmatrix}2&-2&1\\1&2&2\\-2&-1&2\end{pmatrix}$，二次型 f 在正交变换 $\boldsymbol{x}=\boldsymbol{P}\boldsymbol{y}$ 下的标准形为 $f=y_1^2+4y_2^2-2y_3^2$；

(2) 正交矩阵 $\boldsymbol{P}=\frac{1}{15}\begin{pmatrix}6\sqrt{5}&-2\sqrt{5}&0&5\\3\sqrt{5}&4\sqrt{5}&0&-10\\0&5\sqrt{5}&0&10\\0&0&15&0\end{pmatrix}$，二次型 f 在正交变换 $\boldsymbol{x}=\boldsymbol{P}\boldsymbol{y}$ 下的标准形为 $f=9y_4^2$；

(3) 正交矩阵 $\boldsymbol{P}=\frac{\sqrt{6}}{6}\begin{pmatrix}1&\sqrt{2}&\sqrt{3}\\-2&\sqrt{2}&0\\1&\sqrt{2}&-\sqrt{3}\end{pmatrix}$，二次型 f 在正交变换 $\boldsymbol{x}=\boldsymbol{P}\boldsymbol{y}$ 下的标准形为 $f=3y_2^2-2y_3^2$；

(4) 正交矩阵 $\boldsymbol{P}=\frac{1}{2}\begin{pmatrix}-1&-1&1&1\\1&1&1&1\\-1&1&1&-1\\1&-1&1&-1\end{pmatrix}$，二次型 f 在正交变换 $\boldsymbol{x}=\boldsymbol{P}\boldsymbol{y}$ 下的标准形为 $f=3y_1^2-3y_2^2+5y_3^2-5y_4^2$.

9. (1) 正定二次型；(2) 负定二次型.

10. (1) $-\frac{1}{2}<t<\frac{1}{2}$；(2) $0<t<1$；(3) $-\frac{4}{5}<t<0$；(4) $t>2$.

习 题 七

1. (1) 否；(2) 否；(3) 是；(4) 否.

2. $(2,2,-7,4)^{\mathrm{T}}$.

3. (2) $\left(\frac{23}{13},-\frac{4}{13},\frac{20}{13},\frac{19}{13}\right)^{\mathrm{T}}$.

4. (1) 过渡矩阵 $\begin{pmatrix}0&1&1\\-1&-3&-2\\2&4&4\end{pmatrix}$；(2) $\left(-\frac{11}{2},\frac{1}{2},\frac{3}{2}\right)^{\mathrm{T}}$.

5. (1) 过渡矩阵 $\begin{pmatrix}4&-2&1&0\\8&-4&2&1\\1&0&0&2\\-2&1&0&0\end{pmatrix}$；(2) $(11,23,4,-5)^{\mathrm{T}}$.

6. (1) $\left(-\frac{7}{3},\frac{14}{3},\frac{2}{3},\frac{5}{3}\right)^{\mathrm{T}}$；(2) 过渡矩阵 $\begin{pmatrix}-1&1&-1&1\\0&-1&1&0\\0&0&1&-1\\1&1&0&1\end{pmatrix}$.

7. (1) 是；(2) 是；(3) 否.

8. (2) $\begin{pmatrix} 2 & 2 & 0 & 0 \\ 0 & 0 & 0 & 0 \\ 0 & -1 & 2 & 0 \\ 0 & 1 & 0 & 2 \end{pmatrix}$.

9. (2) $\frac{1}{3}\begin{pmatrix} 4 & 14 & 7 \\ -1 & 4 & -1 \\ 1 & 2 & -2 \end{pmatrix}$.